對本書的讚譽

本書是 Spring Boot 新舊使用者都必讀之作。Mark 很出色地涵蓋了開發 Spring Boot 應用程式的精密細節。本書的程式碼範例貼近實務、易於理解，為開發人員提供了可供參考的指南，而且作為額外的獎勵，此書還涵蓋了咖啡的許多面向！

—Nikhil Nanivadekar，Java Champion

當時我走近這本書，希望一窺 Mark Heckler 獨特技術洞察力和魅力之融合體，我並沒有失望！ Mark 在半年多前加入我們的 Spring 提倡團隊後，一路從初學者成長為了贏家。我知道，他幾十年的業界經驗和對 Spring 相對新鮮的觀點，將使他具備獨特的資格以瞭解那些想要使用 Spring Boot 的人並與之對話。如果你想獲得「讓它動起來（make it wiggle）」的體驗，這本書就該屬於你的書架。如果你想驗證你所知道的東西、想填補你的知識空缺，本書就該屬於你的書架。如果你想要有好的參考資料，它就該屬於你的書架。它，屬於你的書架。

—Josh Long（@starbuxman），Spring Developer Advocate

這本書和它的作者必定是那些剛開始使用 Spring Boot 之人最友好的夥伴，希望你和我一樣喜歡他們的陪伴。

— David Syer 博士，VMware

Mark 以全新的視角介紹了如何運用 Spring Boot 建構應用程式。別錯過這本書。

—Greg L. Turnquist，Spring 團隊成員，
YouTube Spring Boot Learning 節目主持人

Spring Boot：建置與執行

建構雲端原生的 Java 和 Kotlin 應用程式

Spring Boot: Up and Running

Building Cloud Native Java and Kotlin Applications

Mark Heckler 著

黃銘偉 譯

O'REILLY®

目錄

前言

歡迎

「風箏是逆風而起，而非順風。」

—John Neal，摘自 *Enterprise and Perseverance*（*The Weekly Mirror*）。

歡迎來到《*Spring Boot*：**建置與執行**》。很高興你在這裡。

現今還有很多其他的 Spring Boot 書籍，那些好書都是用意良善的人所撰寫的，但是，每位作者都必須決定要在他們的書中包含哪些內容、排除哪些內容、如何展示那些內容，以及大大小小的更多決定，這些決策使他們的書與眾不同。對某位作者而言，感覺是可有可無的材料，對另一位作者來說，可能是絕對必要的。我們都是開發者，和所有的開發人員一樣，我們也都有自己的看法。

我的觀點是，有些部分被遺漏了，而我認為那些東西若不是必要的，就是對新加入 Spring Boot 的開發人員非常有幫助。隨著我與世界各地處於不同階段的開發者進行越來越多的交流，這份缺漏部分的清單也在不斷增加。我們都在不同的時間以不同的方式學習不同的東西。因此才有了這本書。

如果你是 Spring Boot 的新手，或覺得加強你的基礎知識會很有用（讓我們面對現實吧，這樣什麼時候會沒有用呢？），那本書就是為你而寫的。這是溫和友善的入門介紹，涵蓋了 Spring Boot 的關鍵功能，同時描述這些功能在**真實世界**中的應用。

感謝你和我一起踏上這段旅程。讓我們開始吧！

本書編排慣例

本書中使用的編排慣例如下：

斜體字（*Italic*）

代表新名詞、URL、電子郵件位址、檔名和副檔名。

定寬字（`Constant width`）

用於程式碼列表，還有正文中字裡行間參照到程式元素的地方，例如變數或函式名稱、資料庫、資料型別、環境變數、述句和關鍵字。

定寬粗體字（**`Constant width bold`**）

顯示應由使用者照字面輸入的命令或其他文字。

定寬斜體字（*`Constant width italic`*）

顯示應以使用者所提供的值，或由上下文決定的值所取代的文字。

此圖示代表訣竅或建議。

此圖示代表一般註記。

此圖示代表警告或注意事項。

使用範例程式

本書的補充性素材（程式碼範例、習題等）可在此下載取用：*https://resources.oreilly.com/examples/0636920338727*

如果你有技術問題或有關範例程式碼使用上的問題，請發送 email 到 *bookquestions@oreilly.com*

這本書是為了協助你完成工作而存在。一般而言，若有提供範例程式碼，你可以在你的程式和說明文件中使用它們。除非你要重製的程式碼量很可觀，否則無需聯絡我們取得許可。例如，使用本書中幾個程式碼片段來寫程式並不需要取得許可。販賣或散布 O'Reilly 書籍的範例，就需要取得許可。

引用本書的範例程式碼回答問題不需要取得許可。把本書大量的程式範例整合到你產品的說明文件中，則需要取得許可。

引用本書之時，若能註明出處，我們會很感謝，雖然一般來說這並非必須。出處的註明通常包括書名、作者、出版商以及 ISBN。例如：「*Spring Boot: Up and Running* by Mark Heckler (O'Reilly). Copyright 2021 Mark Heckler, 978-1-098-10339-1.」。

如果覺得你對程式碼範例的使用方式有別於上述的許可情況，或超出合理使用（fair use）的範圍，請不用客氣，儘管連絡我們：*permissions@oreilly.com*。

致謝

對於鼓勵我寫這本書的每一個人，以及在我寫這本書的時候鼓勵我的人，我都說不完的感謝。如果你讀了早期發行的版本，並提供了回饋意見，或甚至只是在 Twitter 上的一句好話，我都想感謝你們，你們不知道這對我來說有多麼重要。我對你們表示最深切的感激。

有幾個人讓這一切成為可能，而不僅只停留在有朝一日能寫出本書的樂觀計畫：

致我的老闆、導師兼朋友 Tasha Isenberg。Tasha，你和我一起努力調整時間的安排，在迫不得已的時候，為我清出了一條衝刺的路徑，並在關鍵的期限內完成了任務。我真的很感激在 VMware 內部有這樣一位善解人意且堅定的支持者。

致 David Syer 博士，也是 Spring Boot、Spring Cloud、Spring Batch 的創始者，以及無數 Spring 專案的貢獻者。您的見解和回饋意見真的非常出色，而且令人難以置信的思慮周全，我對您所做的一切感激不盡。

致 Spring Data 團隊成員 Greg Turnquist。感謝你批判式的眼光和未經粉飾的回饋意見，你提供了寶貴的額外視角，並因此使本書明顯地變得更好。

致我的編輯 Corbin Collins 與 Suzanne (Zan) McQuade。從構思到完成，你們都給予了極度的支持，鼓勵我拿出最好的作品，並想辦法滿足外界環境似乎有意壓垮的最後期限。你們是最棒的！

致 Rob Romano、Caitlin Ghegan、Kim Sandoval 以及整個 O'Reilly 製作團隊。你們助我越過了終點線，並在最後最重要的一段路上為我加油，並在字面意義和象徵意義上，都讓這本書投入了生產。

最後，也是最重要的一點，要感謝我那聰明、可愛又極度有耐心的妻子 Kathy。如果說你激勵了我，並使我能做到我所達成的一切，那會是最輕描淡寫的說法。我從內心深處感激妳的一切。

第一章

Spring Boot 概述

本章將探討 Spring Boot 的三大核心功能，以及它們如何成為身為開發人員的你之力量強化器。

Spring Boot 的三大基礎功能

Spring Boot 的三個核心功能是簡化的依存性管理（dependency management）、簡化的部署（deployment），以及自動組態（autoconfiguration），其他所有功能都建立在這三個基礎之上。

簡化的依存性管理之啟動器

Spring Boot 的一個超讚之處在於它讓依存性的管理……變得容易處理。

如果你開發過的軟體需要匯入（import）其他軟體，那麼無論時間長短，幾乎可以肯定是，你一定會對依存關係的管理感到頭疼。你在應用程式中提供的任何功能，通常都需要大量的「前線（frontline）」依存關係。例如，如果你想提供一個 RESTful Web API，你必須提供一種方法透過 HTTP 對外供應你的端點、收聽請求，並將這些端點與處理請求用的方法或函式綁定在一起，然後建構並回傳適當的回應。

幾乎無一例外的是，每個主要的依存關係都包含了許多其他的次要依存關係，以履行所承諾的功能。接續我們提供 RESTful API 的例子，我們可以預期會看到一個依存關係群集（放在某些合理但尚有討論空間的結構中），其中包含會以特定格式（例如 JSON、XML、HTML）提供回應的程式碼、將物件轉換為請求格式的程式碼；收聽和處理請求並回傳回應的程式碼，還有程式碼來解碼建立多功能 API 用的複雜 URI；支援各種線路層協定（wire protocols）的程式碼等等。

即使是這個相當簡單的例子，我們的建置檔中就已經可能需要大量的依存關係。而且此時我們甚至尚未考慮我們應用程式中希望包含哪些功能，只考慮到它對外的互動。

現在，我們來談談版本（versions），那些依存關係中每一個的版本。

多個程式庫一起使用，需要一定的嚴謹性，因為一個個依存關係的某個版本可能只用另一個依存關係的特定版本進行過測試（或甚至是與之並用才能正確運作）。當這些問題不可避免地出現時，就會導致我所說的「依存關係打地鼠（Dependency Whack-a-Mole）」現象。

就像它同名的嘉年華遊戲，Dependency Whack-a-Mole 可能是一種令人沮喪的體驗。跟它的名字不同的是，追尋和打擊因依存關係之間的不匹配而產生的臭蟲（bug）時，沒有獎品可拿，只有難以捉摸的最終診斷和追查它們所浪費的**大量時間**。

進入 Spring Boot 和它的啟動器（starters）。Spring Boot 啟動器是所謂的物料清單（Bills of Materials，BOM），它建立在這樣一個已被證明的前提之下：絕大多數情況下，你提供一種特定功能時，你幾乎每次都是以同樣的方式來做的。

在前面的例子中，每次構建 API 時，我們都會對外供應端點、收聽請求、處理請求，轉換為物件或從物件轉為其他格式，以多種標準格式交換資訊，使用特定的協定透過線路收發資料等等。這種設計 / 開發 / 使用（design/development/usage）的模式並不會有太大變化，這是整個業界都採用的做法，頂多只有微小差異。而且就和其他類似的模式一樣，它很方便地都被 Spring Boot 啟動器囊括其中。

新增單一個啟動器，例如 `spring-boot-starter-web`，就能夠以**單一的應用程式依存關係**（*single application dependency*）提供所有的這些相關功能。這單一啟動器所包含的所有依存關係也都是版本同步（version-synchronized）的，這意味著它們已經一起被成功地測試過了，而所包含的程式庫 A 的版本已被證明能與所包含的程式庫 B 和 C 及 D 等等的版本一起正常運行。這極度簡化了你的依存關係清單，以及你的生活，因為你得提供的應用程式關鍵功能之依存關係之間難以識別的版本衝突問題，已經被它確實消除了。

在極少數情況下，當你必須加入由內建的依存關係的不同版本所提供的功能時，你可以單純覆寫那個測試過的版本就行了。

如果你非得覆寫一個依存關係的預設版本，就那樣做吧……但你也許應該提高你的測試水平，以減少你這樣做所帶來的風險。

如果某些依存關係對你的應用程式來說是不必要的，你也可以排除它們，但同樣的注意事項也適用。

總而言之，Spring Boot 的啟動器概念大大地簡化了你的依存關係，減少了為應用程式添加成套功能所需的工作量；此外，這也大幅減低了你在測試、維護和升級它們時所需負擔的額外開銷。

簡化版部署的可執行 JAR

很久以前，在應用伺服器（application servers）橫行的時代，Java 應用程式的部署（deployments）是一件很複雜的事情。

為了要賦予運作中的應用程式某項功能，譬如說資料庫的存取能力（就像今天的許多微服務和當時及現在幾乎所有的單體服務所需要的那樣），你得進行以下工作：

1. 安裝並設定 Application Server（應用伺服器）。
2. 安裝資料庫驅動程式（database drivers）。
3. 創建資料庫連線（database connection）。
4. 建立一個連線集區（connection pool）。
5. 建置並測試你的應用程式。
6. 將你的應用程式和它的（通常是為數眾多的）依存關係部署到 Application Server 上。

請注意，這個清單假設有管理員會設置機器或虛擬機器（virtual machine），並且在某些時候你已經獨立於這個過程建立好了資料庫。

Spring Boot 將這個繁瑣的部署過程徹底顛覆，將之前的那些步驟壓縮為一步，或者說兩步，如果你將複製的動作或 `cf push` 單個檔到目的地的動作算成實際的一個步驟（*step*）的話。

Spring Boot 並非所謂的 über JAR 的起源，但它為之帶來了革命性的變化。Spring Boot 的設計者並沒有從應用程式的 JAR 和所有依存的 JAR 中取出每一個檔案，然後把它們組合成單一的目標 JAR（這有時也被稱為 *shading*），而是從真正新穎的角度來處理問題：如果我們可以**把 *JAR* 內嵌成為巢狀**（*nest JAR*），同時保留它們要交付的預期格式，那會怎樣？

內嵌 JAR 而非遮蔽（shading）它們，可以減輕許多潛在問題的威脅，因為當依存的 JAR A 和依存的 JAR B 各自使用 C 的不同版本時，並不會遇到版本衝突；它還消除了由於重新包裝軟體，並將之與使用不同許可證（license）的其他軟體結合，而產生的潛在法律問題。讓所有依存的 JAR 保持原始格式，可以乾淨俐落地避免這些問題和其他議題。

如果你想提取 Spring Boot 可執行 JAR（executable JAR）的內容，也是很簡單的事情。在某些情況下，這樣做有一些很好的理由存在，我也會在本書中討論這些緣由。至於現在，你只需知道 Spring Boot 可執行 JAR 已經為你準備就緒了。

包含所有依存關係的這單一個 Spring Boot JAR 使部署變得輕而易舉。Spring Boot 外掛（plug-in）不需要收集和驗證所有的依存關係，而是確保它們都被壓縮到輸出的 JAR 中。一旦你有了這些，只要執行像 `java -jar <SpringBootAppName.jar>` 這樣的一道命令，應用程式就可以在具備 Java 虛擬機器（Java Virtual Machine，JVM）的地方運行。

還有更多。

藉由在你的建置檔（build file）中設置單一個特性（property），Spring Boot 的建置外掛（build plug-in）也可以讓這單一的 JAR 完全可（單獨）執行。還是假設有 JVM 存在，而不是得打入或編寫麻煩的整行命令 `java -jar <SpringBootAppName.jar>`，你可以單純鍵入 `<SpringBootAppName.jar>`（當然，要用你的檔名替換），然後就這樣，可以開始運行了。沒有比這更簡單的了。

自動組態

自動組態（autoconfiguration）有時被那些剛接觸 Spring Boot 的人稱為「魔法」，它也許是 Spring Boot 帶給開發者最大的「力量倍增器（force multiplier）」。我經常把它稱為開發人員的超能力：Spring Boot 將新穎的主張帶入廣泛並重複出現的使用案例中，藉此賦予了你**瘋狂的生產力**（*insane productivity*）。

軟體中的主張？這有什麼用!？

如果你已經做了很長時間的開發人員，你肯定會注意到一些模式經常重複。當然，並非一定如此，但比例很高，可能有 80-90% 的時間裡，事情都落在設計、開發或活動的某個範圍內。

我在前面提到了軟體內部的這種重複性，因為這就是使得 Spring Boot 的啟動器有驚人的一致性和實用性的原因。這種重複性也意味著，當涉及到一定得編寫以完成特定任務的程式碼時，就會是精簡這些活動的好時機。

借用 Spring Data（一個與 Spring Boot 相關並因為 Spring Boot 而變得可能的專案）的例子，我們知道，每次我們需要存取一個資料庫時，都得打開與該資料庫之間某種形式的連線。我們也明白，當我們的應用程式完成任務時，這個連線必須被關閉以避免潛在的問題。在這過程中，我們可能會使用查詢（簡單或複雜的、唯讀或可寫的），對資料庫發出很多請求，而這些查詢會需要一些努力才能正確建立。

現在想像一下，我們可以簡化這一切。在我們指定資料庫時，自動開啟一個連線；應用程式終止時，自動關閉連線。遵循一種簡單且可預期的慣例，只要你這位開發人員最少的努力就能**自動**創建出查詢。使得這最少量的程式碼也能輕鬆自訂，同樣是按照簡單的慣例，可靠地建立出一致且有效率的複雜訂製查詢。

這種編程方法有時被稱為**慣例重於組態**（*convention over configuration*），如果你是某項特殊慣例的新手，這乍看之下可能會顯得有些突兀，但若你以前實作過類似的功能，經常要寫幾百行重複、令人頭疼的設置 / 拆除 / 組態（setup/teardown/configuration）程式碼來完成最簡單的任務，那麼這就如同一股新鮮的空氣。Spring Boot（以及大多數 Spring 專案）都遵循**慣例重於組態**的真言，提供了這樣的保證：如果你遵循簡單、成熟且有豐富說明文件的慣例來做某件事，你必須編寫的組態程式碼就會是最少的，或者根本不需要。

自動組態賦予你超能力的另一種方式是透過 Spring 團隊對於「開發者優先（developer-first）」環境組態的絕對專注。身為開發人員，若我們能專注於手頭的任務，而非千篇一律的設置瑣事，我們的生產力就會是最高的。Spring Boot 如何實現這一點呢？

這裡讓我們借用另一個與 Spring Boot 相關的專案 Spring Cloud Stream 作為例子：連接到 RabbitMQ 或 Apache Kafka 等訊息傳遞平台時，開發人員通常必須為上述平台指定某些組態才能連接並使用它，例如主機名稱（hostname）、通訊埠（port）、證明資訊（credentials）等。注重開發體驗，意味著在沒有指定的情況下，所提供的預設值會**有利於開發者在本地端的工作**：localhost、預設通訊埠等。這作為一種**主張**（*opinion*）

是有道理的，因為這對開發環境來說，幾乎 100% 是一致的，雖然在生產環境中並不一定如此。在生產環境中，由於平台和託管環境（hosting environments）的差異很大，你就得提供具體的設定值。

使用這些預設值的共用開發專案，也消除了設置開發者環境所需的大量時間。你贏了，你的團隊也贏了。

有的時候，當你的具體用例並不完全符合 80-90% 的典型用例，這時你就屬於另外 10-20% 的有效用例。在那些情況中，自動組態可以選擇性地被覆寫，甚至完全停用自動組態，但當然，你那時會失去所有的超能力。覆寫特定主張通常是依照你的意願設定一或多個特性，或者提供一或多個「bean」來完成 Spring Boot 通常會替你進行自動組態的事情；換句話說，在非得那樣做的極少數情況下，這通常是一件非常簡單的事情。最後，自動組態是一項強大的工具，它默默地、不知疲倦地代替你處理工作，使你的生活更輕鬆，工作效率也大大提升。

總結

Spring Boot 的三大核心功能是簡化的依存性管理、簡化的部署和自動組態，其他的一切都建立在這三個基礎上。這三種功能都是可以自訂的，但你很少需要那樣做。而這三者都致力於讓你成為一名更好、更有效率的開發人員。Spring Boot 為你帶來了雙翼！

在下一章中，我們將介紹你在開始建立 Spring Boot 應用程式時的一些好選項。選擇是好東西！

第二章

挑選你的工具並開始動手

開始創建 Spring Boot 應用程式很容易，如你很快就會看到的那樣。最困難的部分可能是決定你想挑選的可用選項。

在本章中，我們將檢視你在建立 Spring Boot 應用程式時的一些絕佳選擇：建置系統（build systems）、語言、工具鏈（toolchains）、程式碼編輯器等。

Maven 或 Gradle？

從歷史上看，Java 應用程式開發者有幾個專案建置工具（build tools）的選擇。隨著時間的推移，有些工具已經失寵了（出於對的原因），現在我們以兩個工具為中心凝聚成了一個社群：Maven 和 Gradle。這兩個工具 Spring Boot 都有同等的支援。

Apache Maven

Maven 是建置自動化系統（build automation system）流行且可靠的一個選擇，它已經存在相當長的一段時間，從 2002 年開始，到 2003 年成為 Apache 軟體基金會（Apache Software Foundation）的頂級專案。它的宣告式做法（declarative approach）在概念上比當時和現在的替代選擇更為簡單：只需創建一個名為 *pom.xml* 的 XML 格式檔，其中包含所需的依存關係和外掛。當你執行 `mvn` 命令，你可以指定一個要完成的「階段（phase）」，它可以完成所需的任務，如編譯、刪除先前的輸出、打包（packaging）、執行某個應用程式等等：

```xml
<?xml version="1.0" encoding="UTF-8"?>
<project xmlns="http://maven.apache.org/POM/4.0.0"
                xmlns:xsi="http://www.w3.org/2001/XMLSchema-instance"
                xsi:schemaLocation="http://maven.apache.org/POM/4.0.0
                https://maven.apache.org/xsd/maven-4.0.0.xsd">
        <modelVersion>4.0.0</modelVersion>
        <parent>
                <groupId>org.springframework.boot</groupId>
                <artifactId>spring-boot-starter-parent</artifactId>
                <version>2.4.0</version>
                <relativePath/> <!-- lookup parent from repository -->
        </parent>
        <groupId>com.example</groupId>
        <artifactId>demo</artifactId>
        <version>0.0.1-SNAPSHOT</version>
        <name>demo</name>
        <description>Demo project for Spring Boot</description>

        <properties>
                <java.version>11</java.version>
        </properties>

        <dependencies>
                <dependency>
                        <groupId>org.springframework.boot</groupId>
                        <artifactId>spring-boot-starter</artifactId>
                </dependency>

                <dependency>
                        <groupId>org.springframework.boot</groupId>
                        <artifactId>spring-boot-starter-test</artifactId>
                        <scope>test</scope>
                </dependency>
        </dependencies>

        <build>
                <plugins>
                        <plugin>
                                <groupId>org.springframework.boot</groupId>
                                <artifactId>spring-boot-maven-plugin</artifactId>
                        </plugin>
                </plugins>
        </build>

</project>
```

Maven 也會創建並預期一個依照慣例結構化的特定專案。你通常不應該偏離這個結構太多（如果有的話），除非你準備好對抗你的建置工具，這會是一種適得其反的追求。對於絕大多數專案來說，慣例的 Maven 結構都能完美地運作，所以這不太可能是你需要改變的東西。圖 2-1 顯示了一個具有典型 Maven 專案結構的 Spring Boot 應用程式。

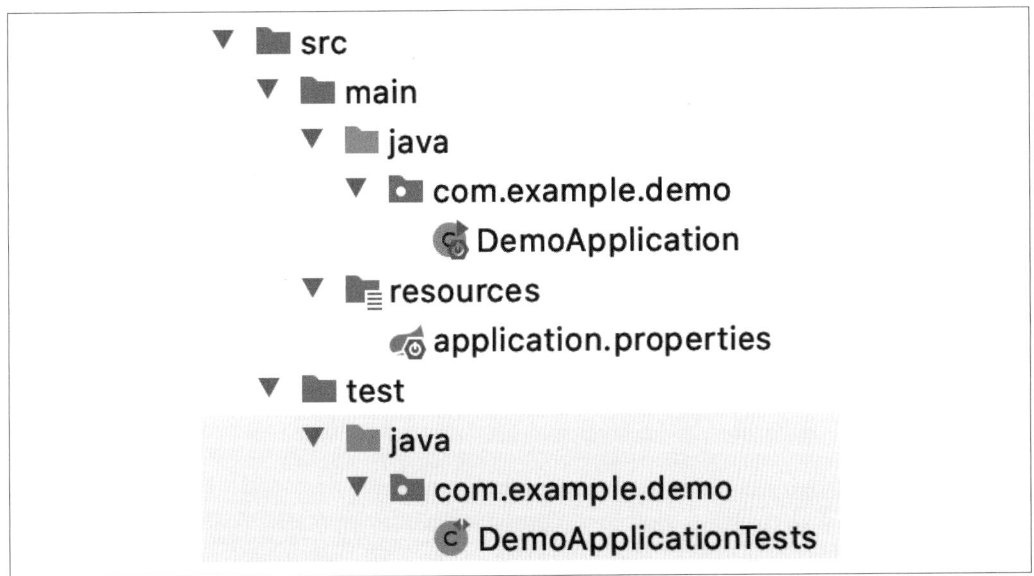

圖 2-1　一個 Spring Boot 應用程式中的 Maven 專案結構

關於 Maven 預期的專案結構，更多的細節請參閱 The Maven Project 的 Introduction to the Standard Directory Layout（*https://oreil.ly/mavenprojintro*）。

如果有一天，你覺得 Maven 的專案慣例或結構嚴密的建置做法顯得過於拘謹，那還有另一個很好的選擇。

Gradle

Gradle 是建置 Java 虛擬機器（Java Virtual Machine，JVM）專案的另一個熱門選擇。Gradle 最早發佈於 2008 年，它利用一個 DSL（Domain Specific Language，領域特定語言）來產生一個 *build.gradle* 建置檔案，它既簡潔又有彈性。Spring Boot 應用程式的一個 Gradle 建置檔範例如下：

```
plugins {
	id 'org.springframework.boot' version '2.4.0'
	id 'io.spring.dependency-management' version '1.0.10.RELEASE'
	id 'java'
}

group = 'com.example'
version = '0.0.1-SNAPSHOT'
sourceCompatibility = '11'

repositories {
	mavenCentral()
}

dependencies {
	implementation 'org.springframework.boot:spring-boot-starter'
	testImplementation 'org.springframework.boot:spring-boot-starter-test'
}

test {
	useJUnitPlatform()
}
```

Gradle 允許身為開發者的你，挑選要用 Groovy 或 Kotlin 程式語言作為 DSL。它還提供了數個功能，旨在減少你等待專案建置的時間，例如下面這幾個：

- Java 類別的增量編譯（incremental compilation）
- 避免 Java 的編譯（在沒有發生變化的情況下）
- 一個專門用於專案編譯的常駐程式（daemon）

在 Maven 和 Gradle 之間擇一使用

你對建置工具的選擇在此時聽起來似乎並沒有什麼選擇可言，為什麼不乾脆選擇 Gradle 就好呢？

Maven 較為嚴格的宣告式（有些人可能會說是主張式的）做法使專案與專案之間、環境與環境之間保持了驚人的一致性。如果你遵循 Maven 的方式，通常很少會有問題出現，讓你能專注於你的程式碼，建置過程不會有什麼無謂的麻煩。

作為以程式設計 / 指令稿建構（programming/scripting）為中心的建置系統，Gradle 在消化新語言版本的初始發行版時，偶爾會出現問題。Gradle 團隊反應迅速，通常會急速發派這些問題以進行處理，但如果你喜歡（或必須）立即潛入早期試用的語言版本，這就值得考慮。

Gradle 可能建置地更快，有時會明顯**快很多**，尤其是在大型專案中。即使是這樣，對於你基於微服務（microservices-based）的典型專案而言，在類似的 Maven 和 Gradle 專案之間，建置時間不太可能相差那麼多。

Gradle 的靈活性對於簡單的專案和有非常複雜建置需求的專案而言，可以說是一股清流；但特別是在那些複雜的專案中，如果事情沒有按照你預期的方式運作，Gradle 額外的彈性可能會導致你花費更多的時間進行調整和故障排除。TANSTAAFL（There Ain't No Such Thing as a Free Lunch，天下沒有白吃的午餐）。

Spring Boot 同時支援 Maven 和 Gradle，而如果你使用 Initializr（將在後面的章節中介紹），就會為你創建專案和所需的建置檔，讓你快速啟動和運行。簡而言之，兩種選擇都可以嘗試看看，然後挑選最適合你的方式。無論用的是哪一種，Spring Boot 都很樂意支援你。

Java 或 Kotlin？

雖然可以在 JVM 上使用的語言有很多，但有兩個語言有最廣泛被使用：一個是最初的 JVM 語言 Java，另一個是相對較新的語言 Kotlin。這兩個語言在 Spring Boot 中都是一等公民。

Java

依據你是將公開的 1.0 版本還是該專案的起源視為其正式的誕生日期來看，Java 分別已經存在 25 年或 30 年了。不過，它並非停滯不前。自 2017 年 9 月以來，Java 一直以 6 個月的發行週期演進，使得功能的改進比之前更加頻繁。維護者清理了源碼庫，修剪掉了因為新功能而變得沒必要的功能，並引進了由 Java 社群驅動的重要功能。Java 比以往任何時候都更有活力。

這種活躍的創新步伐，加上 Java 的長壽和一貫的回溯相容性（backward compatibility），意味著全世界每天都有無數的 Java 商店在維護和建立關鍵的 Java 應用程式。這些應用中有許多都使用了 Spring。

Java 幾乎可以說是構成了整個 Spring 源碼庫的堅實基礎，因此，它是建置 Spring Boot 應用程式的最佳選擇。想要檢視 Spring、Spring Boot 和所有相關專案的程式碼，只需訪問承載它們的 GitHub 並在那裡查看程式碼，或者複製專案進行離線檢閱即可。而且，由於有大量的範例程式碼、範例專案和使用 Java 編寫的「入門（Getting Started）」指南，使用 Java 編寫 Spring Boot 應用程式，比起市面上任何其他工具鏈的組合，更可能得到更好的支援。

Kotlin

相對而言，Kotlin 就算是後起之秀了。Kotlin 是由 JetBrains 在 2010 年所創建，並在 2011 年公開，它的建立是為了解決 Java 可用性方面的缺陷。Kotlin 從一開始就被設計成：

簡潔的

Kotlin 只需要最少的程式碼來向編譯器（以及自己和其他開發人員）清晰地傳達意圖。

安全的

Kotlin 藉由在**預設情況下**避免空值（null values）來消除與空值相關的錯誤，除非開發者特地覆寫了行為以允許空值。

可互通的

Kotlin 的目標是與所有既存的 JVM、Android 和瀏覽器程式庫順利互通。

對工具友好

你能在眾多 IDE（Integrated Development Environments，整合式開發環境）中或從命令列建置 Kotlin 應用程式，就像 Java 一樣。

Kotlin 的維護者不僅非常謹慎，也以極快的速度擴展了該語言的功能。因為他們的核心設計焦點並非 25 年多的語言相容性，所以能夠迅速添加非常實用的功能，而這些功能很可能會出現在 Java 之後的一些版本中。

除了簡潔性，Kotlin 也是一門非常流暢的語言。先不談太多細節，有幾個語言特色促成了這種語言學上的優雅性，其中包含 `extension functions` 和 `infix notation`。我將在後面更深入討論這些概念，但 Kotlin 使這樣的語法選項變成可能：

```
infix fun Int.multiplyBy(x: Int): Int { ... }

// 使用中綴記法（infix notation）呼叫函式
1 multiplyBy 2

// 等同於
1.multiplyBy(2)
```

正如你所想像的那樣，能夠定義你自己的更流暢的「語言中的語言」，對 API 設計來說可是一大福音。結合 Kotlin 的簡潔性，這可使 Kotlin 編寫的 Spring Boot 應用程式比它們相應的 Java 程式更短、更易讀，而且在意圖的溝通上沒有損失。

自 2017 年秋季發佈 5.0 版本以來，Kotlin 一直都是 Spring Framework 中的一等公民，在那之後，完整的支援也延伸到 Spring Boot（2018 年春季）和其他的元件專案。此外，所有的 Spring 說明文件都正在擴展，將會包含 Java **以及** Kotlin 的範例。這意味著，在效果上，你可以像使用 Java 一樣，輕鬆地以 Kotlin 編寫整個 Spring Boot 應用程式。

在 Java 和 Kotlin 之間擇一使用

令人訝異的是，你實際上不必選擇。Kotlin 編譯出來的位元組碼（bytecode）輸出與 Java 相同，而且由於創建出來的 Spring 專案可以同時包含 Java 原始碼檔案（source files）和 Kotlin，並且能夠輕易調用這兩種編譯器，所以即使是**在同一個專案中**，你也可以選用對你更有意義的任何一個。魚與熊掌兼得的感覺如何啊？

當然，如果你更喜歡其中一個，或有其他個人或專業的約束，你顯然可以只用其中一個或另一個來開發整個應用程式。有選擇是好事，不是嗎？

選擇一個 Spring Boot 版本

對於生產用的應用程式（production applications），你應該始終使用當前版本的 Spring Boot，但有以下暫時性且適用範圍窄的例外：

- 你們目前執行的是舊版本，但正依據某種順序升級、重新測試並部署你們的應用程式，因此只是進度尚未到達這個特定的 app 而已。
- 你們目前執行的是舊版本，因為有一個已確定的衝突或錯誤，已經向 Spring 團隊回報了，並被指示等待 Boot 或問題所在的依存關係之更新。
- 你們需要利用 snapshot（快照）、milestone（里程碑）或 release candidate（發佈候選）這類 GA（General Availability，可供一般使用）前版本中的功能，並願意接受尚未宣佈為 GA（即「可供生產使用」）的程式碼固有的風險。

Snapshot、milestone 和 Release Candidate（RC）版本在發佈前都經過了廣泛的測試，所以在確保其穩定性方面已經做了大量的嚴格工作。不過在完整的 GA 版本被批准並發佈之前，總是有可能出現 API 變更、錯誤修正等情況。對你應用程式的風險是很低的，但是考慮使用任何早期取用（early-access）軟體時，你都得自行決定（並測試和確認）是否可以控制這些風險。

Spring 的 Initializr

創建 Spring Boot 應用程式的方法有很多，但大多數都會回到單一的起點：Spring Initializr，如圖 2-2 所示。

有時單純以 `start.spring.io` 這個 URL 來參考，Spring Initializr 可透過著名 IDE 的專案建立精靈（project creation wizards）、命令列（command line）取用，最常見的是透過 Web 瀏覽器。使用 Web 瀏覽器提供了一些額外的實用功能，而這些功能目前無法透過其他途徑取用。

要以「最佳的可能方式（Best Possible Way）」開始建立 Spring Boot 專案，請指引瀏覽器前往 *https://start.spring.io*。從那裡，我們會選擇幾個選項，然後開始進行。

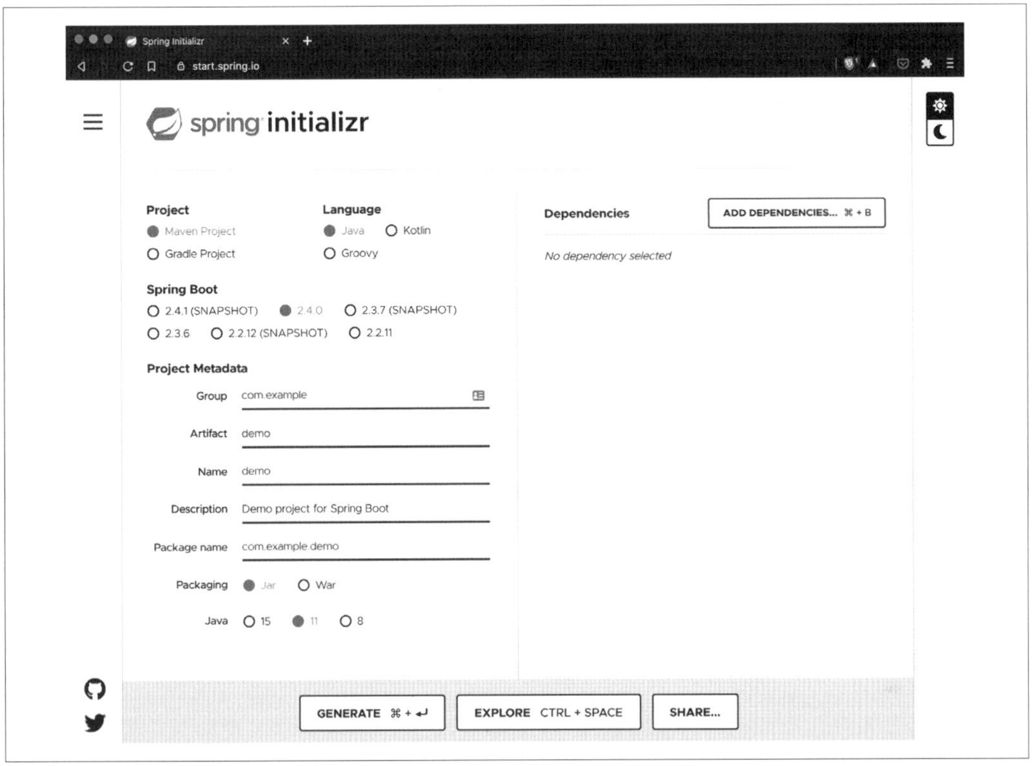

圖 2-2　Spring Initializr

安裝 Java

我假設，到了這一步，你已經事先在你的機器上安裝了目前版本的 Java Development Kit（JDK），這有時也被稱為 *Java Platform, Standard Edition*。如果尚未安裝 Java，你需要在繼續之前先行安裝。

詳細的指示並不在本書的範圍之內，但提供一些建議也無妨，對吧？ :)

我發現在機器上安裝和管理一或多個 JDK 最簡單的方法是使用 SDKMAN!（*https://sdkman.io*）。這個套件管理器（package manager）還便於你安裝以後會用到的 Spring Boot 命令列介面（Command Line Interface，CLI）以及許多其他工具，所以它是一個非常實用的工具 app。依循 *https://sdkman.io/install* 的指示進行，就能助你準備就緒。

SDKMAN! 是用 bash（Unix/Linux shell）指令稿編寫的，因此，它可以原生地（natively）在 MacOS 和 Linux 以及其他具有 Unix 或 Linux 基礎的作業系統上安裝和運行。SDKMAN! 也可以在 Windows 上運行，但不是原生的；為了要在 Windows 環境中安裝並執行 SDKMAN!，你必須先安裝 Windows Subsystem for Linux（WSL，*https://oreil.ly/WindowsSubL*）、Git Bash for Windows（*https://oreil.ly/GitBashWin*）和 MinGW（*http://www.mingw.org*）。細節請參閱前面連結的 SDKMAN! 安裝頁面。

在 SDKMAN! 中，使用 `sdk list java` 來查看選項，然後執行 `sdk install java <insert_desired_java_here>` 就能安裝所需的 Java 版本。有許多很好的選擇存在，但一開始，我建議你選擇目前以 AdoptOpenJDK 和 Hotspot JVM 所打包的 Long Term Support（LTS，長期支援）版本，例如 `11.0.7.hs-adpt`。

如果你出於某種原因不想使用 SDKMAN!，你也可以選擇直接從 *https://adoptopenjdk.net* 下載並安裝 JDK。這樣做可以讓你設定好並開始運行，但會增加更新的難度，而且對你將來的更新動作或多個 JDK 的管理沒有幫助。

要開始使用 Initializr，首先要選擇我們計畫在專案中使用的建置系統。如前所述，我們有兩個很好的選擇：Maven 和 Gradle。在此例中，我們選擇 Maven。

接著，我們將選擇 Java 作為這個專案的（語言）基礎。

你可能已經注意到了，Spring Initializr 為所呈現的選項挑選了夠多的預設值，足以創建一個專案，無需你做任何輸入。抵達這個網頁時，Maven 和 Java 都已經預先被選定了。當前版本的 Spring Boot 也是如此，而對於這個專案（以及大多數的專案）來說，那都是你會想要選擇的。

我們可以讓 Project Metadata 底下的選項保持原樣，不會有問題，雖然我們會在未來的專案中修改它們。

至於現在，我們也不引入任何依存關係。如此一來，我們就可以專注於專案創建的機制，而非任何特定的結果。

不過，在生成該專案之前，我還想指出 Spring Initializr 有幾個非常不錯的功能，連同一個旁註。

如果想在專案根據你當前的選擇產生專案之前，檢視你專案的詮釋資料（metadata）和依存關係之細節，你可以點擊 Explore 按鈕，或使用鍵盤快速鍵 Ctrl+Space，開啟 Spring Initializr 的 Project Explorer（如圖 2-3 所示）。然後 Initializr 將向你展示專案的結構和建置檔，這些將包含在你即將下載的壓縮（*.zip*）過的專案中。你可以查看目錄/套件（directory/package）的結構、應用程式特性檔（application properties file，後面會有更多介紹），以及你建置檔中指定的專案特性和依存關係：因為我們在這個專案中使用 Maven，所以我們的會是 *pom.xml*。

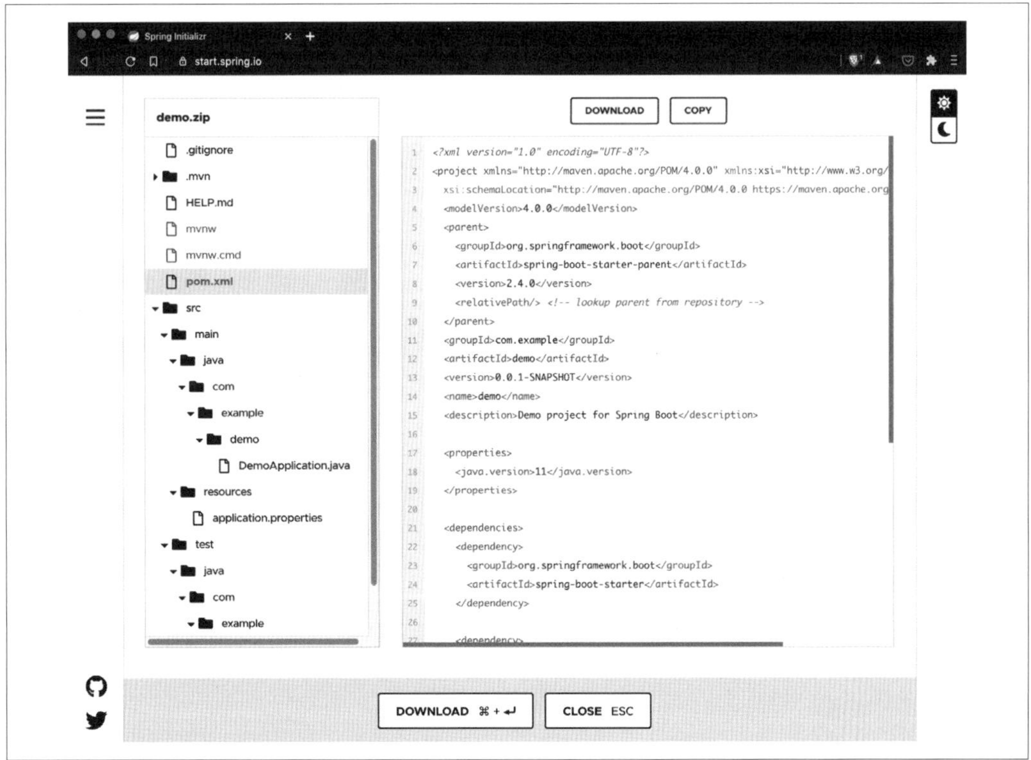

圖 2-3　Spring Initializr 的 Project Explorer

這是在下載、解壓並將全新的空專案載入到 IDE 之前，驗證專案組態和依存關係的一種快速且便利的方法。

Spring Initializr 另一個較小但受到眾多開發者歡迎的功能，就是黑暗模式（dark mode）。藉由點擊頁面頂部的 `Dark UI` 進行切換，如圖 2-4 所示，你就可以切換到 Initializr 的黑暗模式，並使其成為每次你訪問該頁面時的預設模式。這是一個小功能，但如果你的機器在其他地方都保持黑暗模式，它肯定會使 Initializr 的載入不那麼刺眼，更令人愉快。你會想要一直回來的！

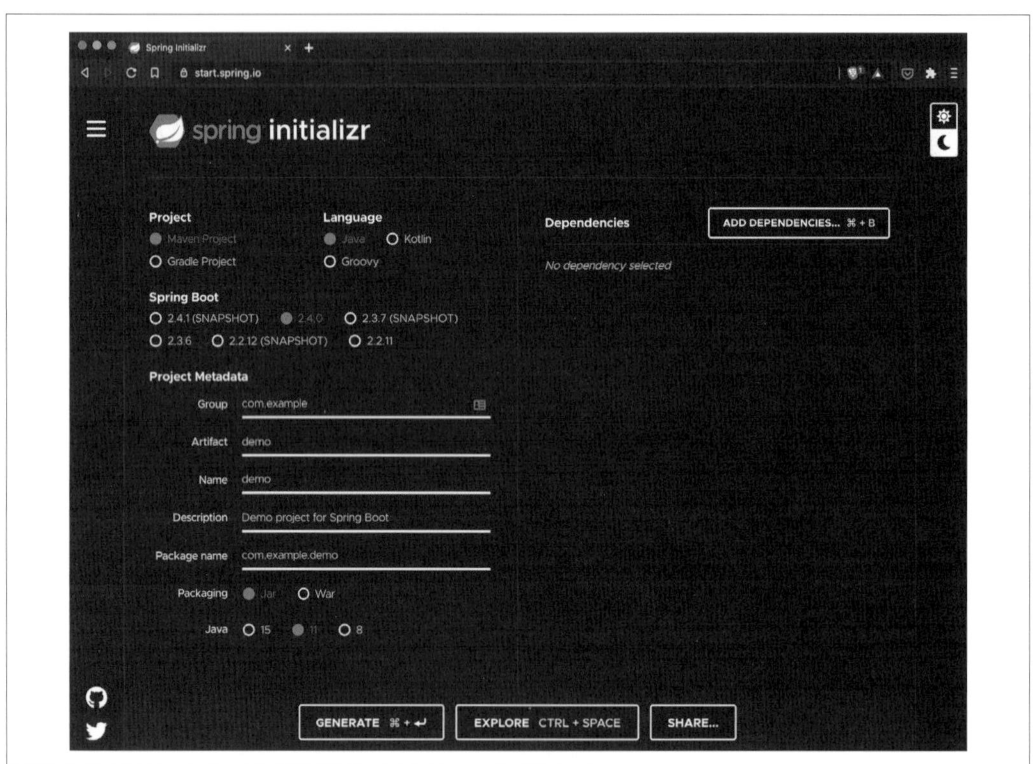

圖 2-4　Spring Initializr，黑暗模式！

除了主應用程式類別（main application class）和它的主方法（main method），再加上一個空的測試（empty test），Spring Initializr 不會為你產生程式碼，它是依據你的指引，為你生成專案（*project*）。這是一個很小但卻非常重要的區別：程式碼生成的結果差異非常大，而且往往在你開始修改的那一刻起就束縛了你。藉由產生專案結構，包括帶有指定依存關係（dependencies）的建置檔（build file），Initializr 為你提供了一個有利的起跑點，讓你編寫得以運用 Spring Boot 自動組態（autoconfiguration）功能所需的程式碼。自動組態賦予了你沒有束縛的超能力。

接下來，點擊 Generate 按鈕來產生、打包並下載你的專案，將其保存到你在本地機器上所選的位置，然後前往那個下載的 *.zip* 檔案並將之解壓縮，準備開發你的應用程式。

Straight Outta 命令列

如果你樂於花費盡可能多的時間在命令列上，或者希望最終用指令稿（script）創建專案，Spring Boot Command Line Interface（CLI，命令列介面）就是專為你設計的。Spring Boot CLI 有許多強大的功能，但現在，我們會把重點放在一個新的 Boot 專案的創建上。

安裝 Spring Boot CLI

也許安裝 Spring Boot CLI 最簡單的方法，就是透過 SDKMAN!，就像安裝 JDK、Kotlin 工具程式等一樣。在終端機視窗中，你可以執行

```
sdk list
```

以查看可供安裝的各種套件。圖 2-5 顯示了 Spring Boot CLI 的進入點。接下來，執行

```
sdk list springboot
```

來查看可用的 Spring Boot CLI 版本，然後用以下方法安裝（目前）最新的版本

```
sdk install springboot
```

如果你在執行 SDKMAN! 命令 `install <tool> <version_identifier>` 的時候沒有提供特定的版本識別字（version identifier），SDKMAN! 通常會安裝該語言 / 工具（language/tool）推薦的最新正式版本。這對不同的支援套件有不同的含義，舉例來說，會安裝的是 Java 最新的 Long Term Support（LTS）版本，而非可用的較新的（非 LTS）版本。這是因為 Java 新編號的版本每六個月發佈一次，並且定期將一個版本指定為 LTS 版本，這意味著受到官方支援的通常會有一或多個較新的版本，每個版本只支援六個月（用於功能評估、測試，甚或生產部署），同時還有一個特定的 LTS 版本會有更新和錯誤修復的完整支援。

這個備註有點泛泛而談，因為不同的 JDK 供應商之間可能會有一定的差異，儘管大多數都不會偏離（如果有的話）習慣性的指定方式。整個討論都專注在細節上，但對於我們在此的目的而言，這沒有任何影響。

```
--------------------------------------------------------------------------------
Spring Boot (2.4.0)                          http://projects.spring.io/spring-boot/

Spring Boot takes an opinionated view of building production-ready Spring
applications. It favors convention over configuration and is designed to get you
up and running as quickly as possible.

                                                          $ sdk install springboot
--------------------------------------------------------------------------------
```

圖 2-5　SDKMAN! 之上的 Spring Boot CLI

一旦安裝了 Spring Boot CLI，你就能用下面的命令建立我們剛剛創建的同一個專案：

```
spring init
```

要將壓縮後的專案解壓縮到名為 *demo* 的目錄中，可以執行以下命令：

```
unzip demo.zip -d demo
```

等等，怎麼可能如此簡單？一句話：預設值。Spring CLI 使用與 Spring Initializr（Maven、Java 等）相同的預設組態，讓你只為你想改變的值提供引數。讓我們特地為其中的一些預設值提供指定值（並為專案的解壓縮添加一個有用步驟），以便更好地瞭解其中所涉及的東西：

```
spring init -a demo -l java --build maven demo
```

我們仍然使用 Spring CLI 初始化一個專案，但現在我們提供下列引數：

- `-a demo`（或 `--artifactId demo`）允許我們為專案提供一個人為的 ID，在本例中，我們稱它為「demo」。
- `-l java`（或 `--language java`）讓我們指定 Java、Kotlin 或 Groovy[1] 作為這個專案的主要語言。
- `--build` 是建置系統引數的旗標（flag），有效的值有 `maven` 與 `gradle`。
- `-x demo` 請求 CLI 解壓縮 Initializr 回傳的結果專案之 *.zip* 檔案。注意這個 `-x` 是選擇性的，指定一個沒有延伸檔名（extension）的文字標籤（就像我們在此所做的那樣）會被推斷為一個解壓縮目錄。

所有的這些選項都可以在命令列執行 `spring help init` 以進一步檢視。

在指定依存關係時，事情會變得更加複雜一點。正如你所想像的那樣，從 Spring Initializr 所提供的「選單」中進行挑選就好所帶來的簡便性，是很難抵抗的。但 Spring CLI 的彈性在快速啟動、指令稿編寫和管線的建置方面是非常有利的。

還有一點：預設情況下，CLI 運用 Initializr 來提供它的專案建置功能，這意味著，藉由這任一種機制（CLI 或 Initializr 網頁）所創建的專案都是完全相同的。這種一致性對於直接使用 Spring Initializr 功能的店家來說是絕對必要的。

不過，偶爾一個組織會施加嚴格的控管，限制他們開發人員能用來創建專案的依存關係有哪些。很老實的說，這種做法讓我很難過，感覺非常有時效性，阻礙了組織的敏捷性和使用者 / 市場（user/market）的反應能力。如果你在這樣的組織中，這會使你「完成工作（get the job done）」的能力複雜化，妨礙你達成想要完成的任何任務。

在這種情況下，你可以建立自己的專案產生器（甚或複製 Spring Initializr 的儲存庫），並透過結果網頁直接使用它……或只對外開放 REST API 的部分，並在 Spring CLI 中運用它。要做到這一點，只需將此參數添加到前面顯示的命令中（當然，用你的有效 URL 替換上去）：

```
--target https://insert.your.url.here.org
```

1 Spring Boot 中仍然提供對 Groovy 的支援，但遠不如 Java 或 Kotlin 被廣泛使用。

留在 IDE 中

無論你是如何創建 Spring Boot 專案的，你都會需要開啟它，並編寫一些程式碼以建立出一個有用的應用程式。

有三個主要的 IDE 和眾多的文字編輯器（text editors）可以為你的開發提供支援。這些 IDE 包括（但不限於）Apache NetBeans（*https://netbeans.apache.org*）、Eclipse（*https://www.eclipse.org*）和 IntelliJ IDEA（*https://www.jetbrains.com/idea*）。這三種都是開源軟體（open source software，OSS），而且在很多情況下都是免費的[2]。

在本書中，和我的日常生活一樣，主要使用 IntelliJ Ultimate Edition。選擇 IDE 的時候，其實並沒有什麼錯誤的選擇可言，而只是個人的偏好（或組織的命令或偏好），所以請使用最適合你和你品味的 IDE。大多數的概念在主要的選擇之間都能轉移得很好。

也有幾個編輯器在開發人員中獲得了大量的追隨者。有些像是 Sublime Text（*https://www.sublimetext.com*），是付費的應用程式，基於其品質和壽命，有很多的追隨者。其他較新進入該領域的應用程式，例如 Atom（*https://atom.io*，由 GitHub 創建，現歸 Microsoft 所有）和 Visual Studio Code（*https://code.visualstudio.com*，簡稱 VSCode，由 Microsoft 創建），正在迅速增加功能和忠實的追隨者。

在本書中，我偶爾會使用 VSCode 或從相同源碼庫建置出來，但禁用遙測 / 追蹤（telemetry/tracking）的對應軟體 VSCodium（*https://vscodium.com*）。為了支援大多數開發人員期望或需要從他們的開發環境中獲得的一些功能，我為 VSCode/VSCodium 新增了下列擴充功能：

Spring Boot Extension Pack（*Pivotal*）（*https://oreil.ly/SBExtPack*）

　　這包含其他一些擴充功能，例如 `Spring Initializr Java Support`、`Spring Boot Tools` 以及 `Spring Boot Dashboard`，它們分別便於在 VSCode 內創建、編輯和管理 Spring Boot 應用程式。

Debugger for Java（*Microsoft*）（*https://oreil.ly/DebuggerJava*）

　　Spring Boot Dashboard 的依存關係。

---

2 它們有兩種選擇：Community Edition（CE，社群版）和 Ultimate Edition（UE，終極版）。Community Edition 支援 Java 和 Kotlin 的 app 開發，但要獲得所有可用的 Spring 支援，必須使用 Ultimate Edition。某些用例有資格獲得 UE 的免費授權，當然你也可以進行購買。此外，三者都為 Spring Boot 應用程式提供了出色的支援。

IntelliJ IDEA Keybindings（*Keisuke Kato*）（*https://oreil.ly/IntellijIDEAKeys*）

因為我主要使用 IntelliJ，這讓我更容易在兩者之間切換。

Java™ 的語言支援（*Red Hat*）（*https://oreil.ly/JavaLangSupport*）

Spring Boot Tools 的依存關係。

Maven for Java（*Microsoft*）（*https://oreil.ly/MavenJava*）

方便使用基於 Maven 的專案。

你可能會發現還有其他一些擴充功能對處理 XML、Docker 或其他輔助技術很有幫助，但就我們目前的用途而言，這些就是基本的要素了。

接續我們的 Spring Boot 專案，接下來你要在所選的 IDE 或文字編輯器中開啟它。對於本書中的大多數例子，我們將使用 IntelliJ IDEA，這是由 JetBrains 公司開發的非常強大的 IDE（以 Java 和 Kotlin 編寫）。如果你已經將 IDE 與專案建置檔關聯起來了，你可以雙擊專案目錄底下的 `pom.xml` 檔（在 Mac 上使用 Finder；在 Windows 上使用檔案總管，或在 Linux 上使用各種檔案管理員），然後自動將專案載入到 IDE 中。如果沒有，你可以在你的 IDE 或編輯器中，以其開發者推薦的方式打開專案。

許多 IDE 和編輯器都提供某種方式建立啟動和載入用的命令列捷徑，只要一道簡短的命令就能帶出你的專案。例如 IntelliJ 的 `idea`、VSCode/VSCodium 的 `code`，以及 Atom 的 `atom` 捷徑。

巡覽 main()

現在我們已經在 IDE（或編輯器）中載入了專案，讓我們看看是什麼讓 Spring Boot 專案（圖 2-6）有別於標準的 Java 應用程式。

一個標準的 Java 應用程式（預設情況下）包含一個空的 `public static void main` 方法。當我們執行一個 Java 應用程式，JVM 會搜索這個方法作為該程式的起始點，若沒有這個方法，應用程式會啟動失敗，出現類似這樣的錯誤：

```
Error:
Main method not found in class PlainJavaApp, please define the main method as:
        public static void main(String[] args)
or a JavaFX application class must extend javafx.application.Application
```

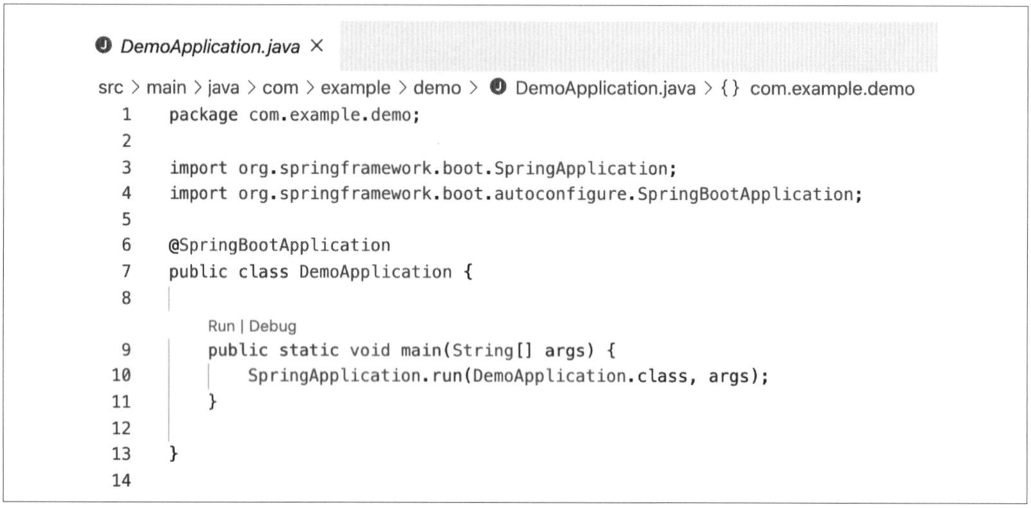

DemoApplication.java ×

src > main > java > com > example > demo > DemoApplication.java > {} com.example.demo

```java
package com.example.demo;

import org.springframework.boot.SpringApplication;
import org.springframework.boot.autoconfigure.SpringBootApplication;

@SpringBootApplication
public class DemoApplication {

    Run | Debug
    public static void main(String[] args) {
        SpringApplication.run(DemoApplication.class, args);
    }

}

```

圖 2-6　我們 Spring Boot 的 demo 應用程式的主應用程式類別

當然，你可以把應用程式啟動時要執行的程式碼放在一個 Java 類別的主方法（main method）中，Spring Boot 應用程式正是這樣做的。啟動時，一個 Spring Boot app 會檢查環境、設定應用程式的組態、創建初始情境（context），然後執行 Spring Boot 應用程式。它透過單一個頂層注釋（top-level annotation）和單行程式碼來完成這些工作，如圖 2-7 所示。

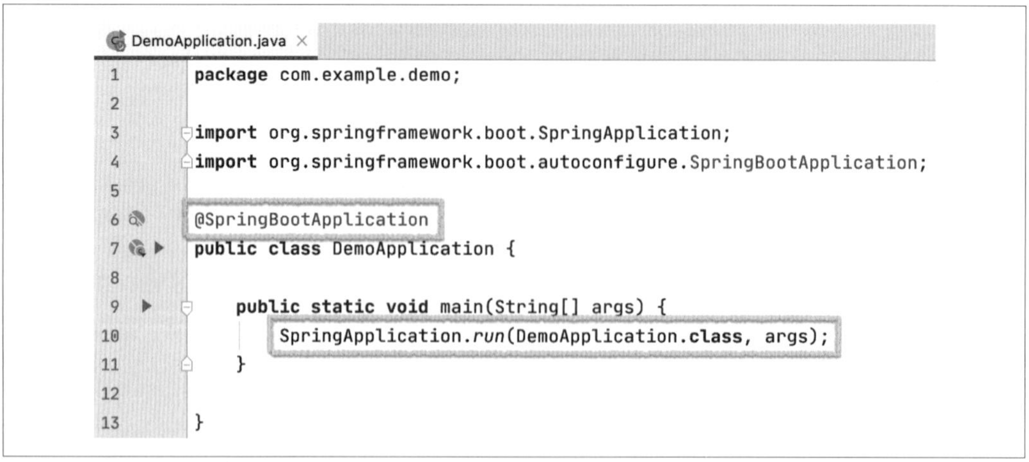

DemoApplication.java ×

```java
package com.example.demo;

import org.springframework.boot.SpringApplication;
import org.springframework.boot.autoconfigure.SpringBootApplication;

@SpringBootApplication
public class DemoApplication {

    public static void main(String[] args) {
        SpringApplication.run(DemoApplication.class, args);
    }

}
```

圖 2-7　Spring Boot 應用程式的要素

隨著本書的開展，我們將深入瞭解這些機制。現在只需說，Boot **在設計上**（*by design*）而且**在預設情況下**（*by default*）就能讓我們在應用程式啟動過程中，免除很多繁瑣的應用程式設定工作，這樣你就可以迅速著手撰寫有意義的程式碼。

總結

本章檢視了你在創建 Spring Boot 應用程式時的一些絕佳選擇。無論你是喜歡使用 Maven 或 Gradle 建置專案，還是使用 Java 或 Kotlin 編寫程式碼，或者透過 Spring Initializr 或其命令列夥伴 Spring Boot CLI 提供的 Web 介面建立專案，你都能夠運用 Spring Boot 的完整功能，並享受其易用性，絲毫無須任何妥協。你還可以使用具有頂級 Spring Boot 支援的各種 IDE 和文字編輯器來處理 Boot 專案。

正如這裡和第 1 章所介紹的那樣，Spring Initializr 為你努力工作，讓你的專案得以快速、輕鬆地創建。Spring Boot 透過以下功能在整個開發生命週期中做出了有意義的貢獻：

- 簡化的依存性管理，從專案的創建到開發及維護，都有它的身影。
- 自動組態（autoconfiguration）大大減少或消除你在處理問題領域本身之前可能需要寫的樣板程式碼（boilerplate）。
- 簡化部署，使打包和部署變得輕而易舉。

而且無論你在途中選擇了何種建置系統、語言或工具鏈，所有這些功能都是完全受支援的。這是彈性驚人且強大的組合。

在下一章中，我們將創建第一個真正有意義的 Spring Boot 應用程式：提供 REST API 的一個 app。

第三章

建立你的第一個 Spring Boot REST API

在本章中，我將解釋並示範如何使用 Spring Boot 開發一個可以運作的基本應用程式。由於大多數應用程式都涉及到將後端雲資源提供給使用者的工作，而這通常是透過前端的 UI 進行的，因此 API（Application Programming Interface，應用程式設計介面）對於理解和實用性而言，都是絕佳的起點。讓我們開始吧。

API 的運作原理和存在原因

什麼都能做的單體應用程式（monolithic application）的時代已經結束了。

這並不是說單體程式不再存在，也不是說在未來的日子裡不會再有單體程式被創造出來。在各種情況下，在一個套件（package）中提供眾多功能的單體應用程式仍然是有意義的，特別是在下列環境中：

- 應用領域，而且領域的邊界在很大程度上是未知的情況下。
- 所提供的能力是緊密耦合（tightly coupled）的，而且模組互動的絕對效能優先於靈活性。
- 所有相關能力的規模擴充需求（scaling requirements）是已知且一致的。
- 功能不是易變的，變化緩慢或範疇有限，或者兩者兼有。

對於其他的一切，則都是微服務（microservices）。

當然，這是嚴重的過度簡化，但我相信這是實用的總結。藉由將功能分割成更小、有凝聚力的「組塊（chunks）」，我們就能將之去耦合（decouple），從而有潛力構成更靈活、更穩健的系統，可以更快速地部署，維護起來也比較容易。

在任何分散式系統（沒錯，一個由微服務組成的系統正是這種系統）中，通訊（communication）是關鍵。任何服務都不是一個孤島。雖然有許多機制可用來連接應用程式 / 微服務（applications/microservices），但我們經常是藉由模擬日常生活的基本結構來當作我們旅程的起點，也就是網際網路（internet）。

網際網路是為通訊而生的。事實上，它的前身，也就是 ARPANET（Advanced Research Projects Agency Network）的設計者就預見到了這種需求：即使在有「重大中斷（significant interruption）」發生的情況下，也必須保持系統間的通訊。那麼合理的結論會是，我們在日常生活中大量用來進行溝通、以 HTTP 為基礎的類似做法，也可以巧妙地讓我們「透過線路（over the wire）」建立、檢索、更新或刪除各種資源。

雖然我很喜歡歷史，但我不會深究 REST API 的歷史，只會說 Roy Fielding 在 2000 年的博士論文中闡述了它們的原理，而這奠基於 1994 年的 *HTTP 物件模型*（*HTTP object model*）之上。

什麼是 REST 以及為何它很重要？

如前所述，API 是我們開發人員會寫入（*write to*）的規格 / 介面（specification/interface），如此我們的程式碼才能使用其他程式碼：程式庫（libraries）、其他應用程式或服務。但 *REST API* 中的 *REST* 代表什麼呢？

REST 是 *representational state transfer*（*表現層狀態轉換*）縮寫，這是一種有點神秘的說法，其實就是，當一個應用程式與另一個應用程式通訊時，Application A 會攜帶著它當前的狀態；它並不預期 Application B 在通訊呼叫之間保持狀態（目前的、累積性的、以行程為基礎的資訊）。Application A 每次向 Application B 發出請求時，都會提供其相關狀態的表示值（representation）。你可以輕易看出為什麼這樣做可以提高系統的生存能力和適應力，因為若是出現通訊問題或 Application B 當掉並被重新啟動，它不會失去與 Application A 之間互動的當前狀態。Application A 單純只需重新發出請求，並從兩端應用程式上次離開的地方接著進行即可。

這種廣義概念通常被稱為無狀態（*stateless*）的應用程式/服務（applications/services），因為每個服務都會維護自己當前的狀態，即使是在一連串的互動中，也不會預期其他人代替它這麼做。

HTTP 動詞風格的 API

這種 REST API，有時被稱為 RESTful（字面上的意思是：「平靜悠閒」的）API，這是很不錯、很輕鬆的觀點，不是嗎？

有數個標準化的 HTTP 動詞被定義在 IETF（Internet Engineering Task Force）的幾個 RFC（requests for comments）中。

其中有一小部分經常被用來建置 API，還有幾個偶爾會被用到。REST API 主要建立在下列 HTTP 動詞的基礎之上：

- `POST`
- `GET`
- `PUT`
- `PATCH`
- `DELETE`

這些動詞對應到我們會在資源上進行的典型運算：建立（`POST`）、讀取（`GET`）、更新（`PUT` 和 `PATCH`），以及刪除（`DELETE`）。

我承認，這有點模糊了界限：我很寬鬆地把 `PUT` 等同於更新資源；而雖然程度沒那麼嚴重，我同時也寬鬆地把 `POST` 等同於創建資源。請讀者耐心等待，我會在一步步實作的過程中說明清楚的。

偶爾也會用到以下兩個動詞：

- `OPTIONS`
- `HEAD`

這些能夠用來取回請求 / 回應對組（request/response pairs）可用的通訊選項（`OPTIONS`）和取回除去其主體（`HEAD`）的一個回應標頭（response header）。

對於本書，或對大多數的生產用途而言，我將專注於上面第一個，即大量被使用的那一組。為了開始進行（「get」 started，並非刻意雙關），讓我們創建一個簡單的微服務，實作出一個非常基本的 REST API。

回到 Initializr

我們像往常一樣從 Spring Initializr 開始，如圖 3-1 所示。我變更了 Group 和 Artifact 欄位以反映我所使用的細節（請隨意使用你喜歡的命名法），在 Options 底下選擇 Java 11（這是選擇性的，列出的任何版本都很好），並且只選擇 Spring Web 依存關係。正如它在所顯示的描述中所指出的那樣，這個依存關係帶來了一些功能，包括「[building] web, *including RESTful*, applications using Spring MVC」（強調是後加的）。這正是我們手頭任務所需要的。

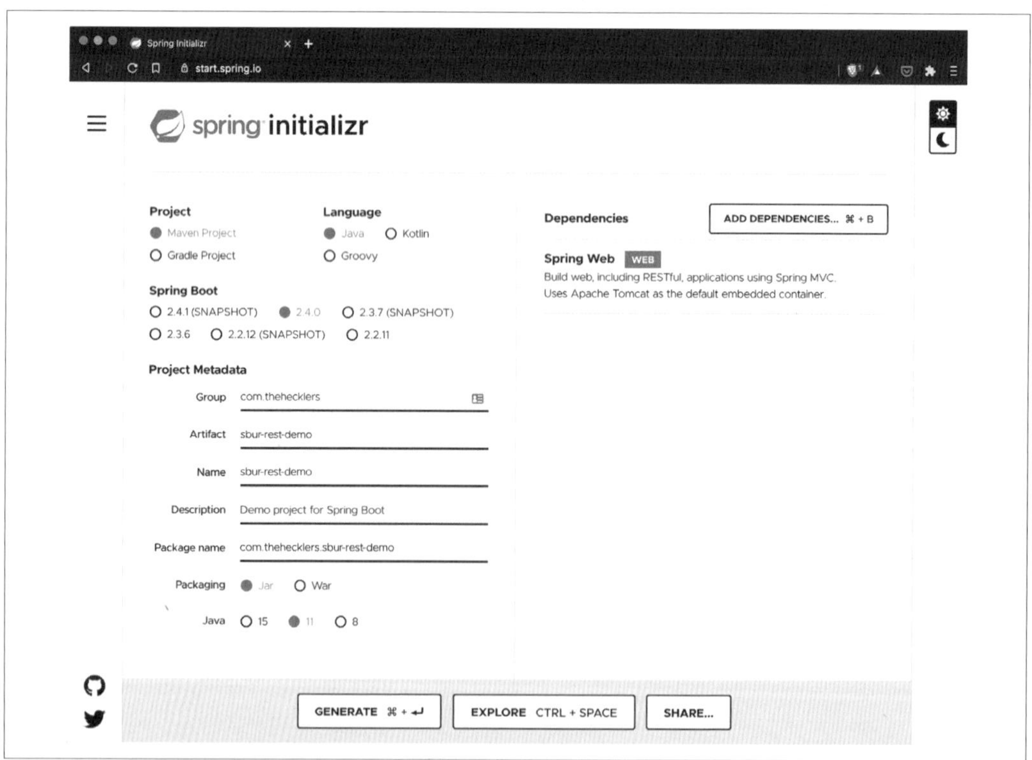

圖 3-1 創建一個 Spring Boot 專案以建置一個 REST API

一旦我們在 Initializr 中生成了專案，並將所產生的 *.zip* 檔案儲存在本地端，我們就要解開這個壓縮過的專案檔，通常是在下載到你檔案瀏覽器中的 *sbur-rest-demo.zip* 檔案上點兩下，或在 shell/terminal 視窗中使用 *unzip*，然後在你選擇的 IDE 或文字編輯器中打開解壓縮了的專案，以獲得類似圖 3-2 的畫面。

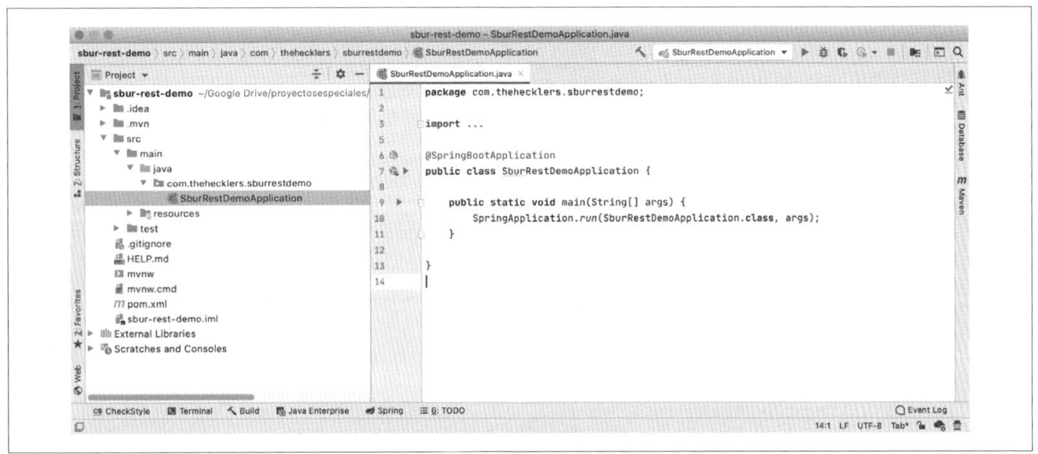

圖 3-2　我們的新 Spring Boot 專案，就等著我們開始了

創建一個簡單的領域

為了**運用資源**，我們需要寫一些程式碼來**容納資源**。讓我們先創建一個非常簡單的領域類別（domain class），表示我們想要管理的資源。

我的好朋友們（現在包括你）都知道，我是個有點像咖啡迷的人。因此，我將使用一個咖啡領域（coffee domain）作為此範例的領域，而其中帶有一個表示特定類型咖啡的類別。

讓我們從 `Coffee` 類別的建立開始。對此例而言，這是必要的，因為我們需要某種資源，以示範如何透過 REST API 來管理資源。但領域的簡單性或複雜性對這個例子來說是附帶的，所以我將保持簡單，以專注於目標：結果產生的 REST API。

如圖 3-3 所示，`Coffee` 類別有兩個成員變數（member variables）。

- 一個 `id` 欄位（field），用來唯一識別特定的一種咖啡
- 以名稱描述咖啡的一個 `name` 欄位

```java
@SpringBootApplication
public class SburRestDemoApplication {

    public static void main(String[] args) {
        SpringApplication.run(SburRestDemoApplication.class, args);
    }

}

class Coffee {
    private final String id;
    private String name;

    public Coffee(String id, String name) {
        this.id = id;
        this.name = name;
    }

    public Coffee(String name) {
        this(UUID.randomUUID().toString(), name);
    }

    public String getId() {
        return id;
    }

    public String getName() {
        return name;
    }

    public void setName(String name) {
        this.name = name;
    }
}
```

圖 3-3　Coffee 類別：我們的領域類別

我將 id 欄位宣告為 final，這樣它就只能被指定（assigned）一次，永遠不會被修改；因此，這也意味著，創建 Coffee 類別之實體（instance）時，它必須被指定，也代表它沒有變動器方法（mutator method）。

我建立了兩個建構器（constructors）：其中之一同時接受兩個參數，而另外一個建構器，如果創建一個 `Coffee` 之時沒有提供參數，它就會提供一個唯一的識別字（unique identifier）。

接著，我為 `name` 欄位建立了存取器（accessor）和變動器方法，或者說取值器（getter）和設值器（setter）方法，如果你比較喜歡這樣稱呼它們的話。這個欄位沒有被宣告為 `final`，因此是可變（mutable）的。這是一個值得商榷的設計抉擇，但它很好地滿足了我們這個例子即將到來的需求。

有了這些，我們現在就有一個基本的領域準備就緒了。接下來就是 REST（休息）的時間了。

GET-ting

最常用的動詞裡面，最常用到的，或許就是 `GET` 了吧。所以讓我們 *get* started（「開始吧」，這裡就是刻意雙關了）。

@RestController 概述

在不太過深入的前提下簡而言之，建立 Spring MVC（Model-View-Controller）的目的就是為了將資料（data）、資料的遞送（delivery）和資料的呈現方式（presentation）之間的關注點分開，假設視圖（views）將作為伺服器描繪出來的網頁（server-rendered web page）提供。`@Controller` 注釋（annotation）有助於將各個部分聯繫起來。

`@Controller` 是 `@Component` 注釋的一個刻板印象 / 別名（stereotype/alias），這意味著在應用程式啟動時，一個 Spring Bean（由 app 中 Spring IoC 控制反轉容器所創建並管理的物件）會從該類別創建出來。經過 `@Controller` 注釋的類別容納了一個 `Model` 物件，以向表現層（presentation layer）提供基於模型的資料（model-based data），並與 `ViewResolver` 一起工作，指引應用程式顯示某個特定的視圖，如某項視圖技術所描繪出來的那樣。

Spring 支援多種視圖技術和範本引擎，將在後面的章節中介紹。

還可能做到的是，指示一個 `Controller` 類別以 JSON（JavaScript Object Notation）或其他資料導向的格式（如 XML）來回傳一個經過格式化的回應，要這麼做，只需在類別或方法中添加 `@ResponseBody` 注釋（預設為 JSON）。這會使一個方法的 Object/Iterable 回傳值是 Web 請求的**整個**回應**主體**（*body*），而非作為 `Model` 的一部分回傳。

`@RestController` 注釋是一個方便的注釋，它把 `@Controller` 與 `@ResponseBody` 結合成了單一的描述性注釋，簡化了你的程式碼，使意圖更加明顯。只要我們把一個類別注釋為 `@RestController`，就可以開始創建我們的 REST API 了。

Let's GET Busy 忙起來吧

REST API 處理的是物件（objects），而物件可能單獨出現，也可能作為一組相關物件出現。為了善用我們的咖啡場景，舉例來說，你可能會想檢索（retrieve）某種特定的咖啡，或者你可能希望檢索所有的咖啡，或所有被認為是深度烘焙（dark roast）的咖啡，或落在一個範圍的識別字之間的，或描述中包含「哥倫比亞（Colombian）」的。為了滿足檢索一個物件的一或多個實體的需求，在我們的程式碼中建立多個方法是很好的做法。

首先，我會建立一個串列的 `Coffee` 物件，以支援會回傳多個 `Coffee` 物件的方法，如下面的基本類別定義所示。我將持有這組咖啡的變數定義為 `Coffee` 物件所成的一個 `List`。我挑選 `List` 作為我成員變數型別的高階介面，但實際上我指定一個空的 `ArrayList` 在 `RestApiDemoController` 類別內使用：

```
@RestController
class RestApiDemoController {
        private List<Coffee> coffees = new ArrayList<>();
}
```

推薦的實務做法是採用能夠乾淨俐落滿足內部和外部 API 的最高階型別（類別、介面）。這些可能並不是在所有情況下都能達成，就像它們在這裡那樣。在內部，`List` 所提供的 API 階層，使我能依據我的標準建立出最乾淨的實作；在外部，我們甚至可以定義出更高階的抽象層，就如我很快會展示的。

為了確認一切都照預期運作，有一些資料可以檢索總是好主意。在下面的程式碼中，我為 `RestApiDemoController` 類別建立了一個建構器，添加了程式碼在物件創建時充填那個咖啡串列（list of coffees）：

```
@RestController
class RestApiDemoController {
	private List<Coffee> coffees = new ArrayList<>();

	public RestApiDemoController() {
		coffees.addAll(List.of(
				new Coffee("Café Cereza"),
				new Coffee("Café Ganador"),
				new Coffee("Café Lareño"),
				new Coffee("Café Três Pontas")
		));
	}
}
```

如下面的程式碼所示，我在 `RestApiDemoController` 類別中建立了一個方法，該方法回傳由咖啡構成的一個可迭代的群組（iterable group），由我們的成員變數 `coffees` 代表。我選擇使用一個 `Iterable<Coffee>`，因為任何可迭代的型別（iterable type）都能適切地提供這個 API 所需的功能性：

使用 `@RequestMapping` 來 `GET` 那個咖啡串列

```
@RestController
class RestApiDemoController {
	private List<Coffee> coffees = new ArrayList<>();

	public RestApiDemoController() {
		coffees.addAll(List.of(
				new Coffee("Café Cereza"),
				new Coffee("Café Ganador"),
				new Coffee("Café Lareño"),
				new Coffee("Café Três Pontas")
		));
	}

	@RequestMapping(value = "/coffees", method = RequestMethod.GET)
	Iterable<Coffee> getCoffees() {
		return coffees;
	}
}
```

在 `@RequestMapping` 注釋中，我添加了 `/coffees` 的路徑規格（path specification）以及一個 `RequestMethod.GET` 的方法類型（method type），表示該方法將回應路徑為 `/coffees` 的請求，並限制請求只能是 `HTTP GET` 請求。資料的檢索由此方法處理，但任何形式的更新則否。Spring Boot 透過 Spring Web 中所包含的 Jackson 依存關係，自動執行物件到 JSON 或其他格式的 marshalling（整列）和 unmarshalling（反整列）動作。

我們可以使用另一個方便的注釋進一步簡化這個過程。使用 `@GetMapping` 結合了只允許 `GET` 請求的指示、減少了樣板程式碼，並且只需要指定路徑，甚至省略了 `path =`，因為沒有參數解衝突（parameter deconfliction）的需要。下面的程式碼清楚展示了這種注釋調換的易讀性優勢：

```
@GetMapping("/coffees")
Iterable<Coffee> getCoffees() {
    return coffees;
}
```

關於 @RequestMapping 的實用提示

`@RequestMapping` 有幾個特化的便利注釋：

- `@GetMapping`
- `@PostMapping`
- `@PutMapping`
- `@PatchMapping`
- `@DeleteMapping`

這些映射注釋（mapping annotations）其中的任何一個都可以套用在類別或方法層級上，而且路徑是可以相加（additive）的。舉個例子來說，如果我對 `RestApiDemoController` 及其 `getCoffees()` 方法進行注釋，如程式碼中所示，應用程式的回應將與前面兩個程式碼片段中所示的下列程式碼完全相同：

```
@RestController
@RequestMapping("/")
class RestApiDemoController {
        private List<Coffee> coffees = new ArrayList<>();
```

```
    public RestApiDemoController() {
            coffees.addAll(List.of(
                            new Coffee("Café Cereza"),
                            new Coffee("Café Ganador"),
                            new Coffee("Café Lareño"),
                            new Coffee("Café Três Pontas")
            ));
    }

    @GetMapping("/coffees")
    Iterable<Coffee> getCoffees() {
            return coffees;
    }
}
```

檢索我們臨時搭建的資料儲存區中的所有咖啡有其用處，但這還不夠。如果我們想檢索某種特定的咖啡呢？

檢索單一個項目運作起來就跟檢索數個項目類似。我將新增名為 getCoffeeById 的另一個方法來為我們管理這種問題，如下一段程式碼所示。

指定路徑中的 {id} 部分是一個 URI（uniform resource identifier）變數，以 @PathVariable 來注釋它，其值就會經由 id 方法參數傳遞給 getCoffeeById 方法。

迭代過這個咖啡串列，如果找到匹配的咖啡，該方法將回傳一個充填好的 Optional<Coffee>；如果請求的 id 不在我們的咖啡小群組中，則回傳一個空的 Optional<Coffee>：

```
@GetMapping("/coffees/{id}")
Optional<Coffee> getCoffeeById(@PathVariable String id) {
    for (Coffee c: coffees) {
        if (c.getId().equals(id)) {
            return Optional.of(c);
        }
    }

    return Optional.empty();
}
```

POST-ing

要創建資源，HTTP POST 方法是首選。

一個 POST 提供一項資源的詳細資訊，通常是以 JSON 格式記載，並請求目標服務在指定的 URI 底下創建該項資源。

如接下來的程式碼片段所示，一個 POST 是相對簡單的事情：我們的服務以 Coffee 物件的形式接收指定咖啡的細節（感謝 Spring Boot 的自動 marshalling 動作）並將之新增到我們的咖啡串列中。然後，它會把那個 Coffee 物件（預設情況下，Spring Boot 會自動把它轉為 JSON）回傳給發出請求的應用程式或服務：

```
@PostMapping("/coffees")
Coffee postCoffee(@RequestBody Coffee coffee) {
    coffees.add(coffee);
    return coffee;
}
```

PUT-ting

一般來說，PUT 請求會被用來更新具有已知 URI 的現有資源。

根據 IETF 標題為 Hypertext Transfer Protocol (HTTP/1.1): Semantics and Content（*https://tools.ietf.org/html/rfc7231*）的文件：如果資源存在，PUT 請求應該更新指定的資源；如果資源不存在，則應創建該資源。

下面的程式碼依照規格作業：搜尋具有指定識別字（identifier）的咖啡，如果找到了，就更新它。如果串列中沒有這種咖啡，就創建它：

```
@PutMapping("/coffees/{id}")
Coffee putCoffee(@PathVariable String id, @RequestBody Coffee coffee) {
    int coffeeIndex = -1;

    for (Coffee c: coffees) {
        if (c.getId().equals(id)) {
            coffeeIndex = coffees.indexOf(c);
            coffees.set(coffeeIndex, coffee);
        }
```

```
    }

    return (coffeeIndex == -1) ? postCoffee(coffee) : coffee;
}
```

DELETE-ing

要刪除一個資源，我們使用 `HTTP DELETE` 請求。如接下來的程式碼片段所示，我們建立了一個方法，它接受一個咖啡的識別字作為 `@PathVariable`，並使用 `removeIf Collection` 方法從我們的串列中移除符合條件的咖啡。`removeIf` 接受一個 `Predicate`，這意味著我們可以提供一個要估算（evaluate）的 lambda，它會為要刪除的咖啡回傳一個 `true` 的布林值（boolean value）。很好也很簡潔：

```
@DeleteMapping("/coffees/{id}")
void deleteCoffee(@PathVariable String id) {
    coffees.removeIf(c -> c.getId().equals(id));
}
```

更多

雖然還有很多能做的事情可以改善這個場景，但我將特別關注其中兩件事：減少重複並在規格要求的地方回傳 HTTP 狀態碼（HTTP status codes）。

為了減少程式碼中的重複，我將把 `RestApiDemoController` 類別中，所有方法共通的 URI 映射部分提升到類別等級的 `@RequestMapping` 注釋，使用 `"/coffees"`。然後，我們可以從每個方法的映射 URI 規格中去掉相同的那部分 URI，減少一點文字雜訊，如下列程式碼所示：

```
@RestController
@RequestMapping("/coffees")
class RestApiDemoController {
        private List<Coffee> coffees = new ArrayList<>();

        public RestApiDemoController() {
                coffees.addAll(List.of(
                                new Coffee("Café Cereza"),
                                new Coffee("Café Ganador"),
                                new Coffee("Café Lareño"),
                                new Coffee("Café Três Pontas")
                ));
        }
```

```
    @GetMapping
    Iterable<Coffee> getCoffees() {
        return coffees;
    }

    @GetMapping("/{id}")
    Optional<Coffee> getCoffeeById(@PathVariable String id) {
        for (Coffee c: coffees) {
            if (c.getId().equals(id)) {
                return Optional.of(c);
            }
        }

        return Optional.empty();
    }

    @PostMapping
    Coffee postCoffee(@RequestBody Coffee coffee) {
        coffees.add(coffee);
        return coffee;
    }

    @PutMapping("/{id}")
    Coffee putCoffee(@PathVariable String id, @RequestBody Coffee coffee) {
        int coffeeIndex = -1;

        for (Coffee c: coffees) {
            if (c.getId().equals(id)) {
                coffeeIndex = coffees.indexOf(c);
                coffees.set(coffeeIndex, coffee);
            }
        }

        return (coffeeIndex == -1) ? postCoffee(coffee) : coffee;
    }

    @DeleteMapping("/{id}")
    void deleteCoffee(@PathVariable String id) {
        coffees.removeIf(c -> c.getId().equals(id));
    }
}
```

接著，我查閱了前面提到的 IETF 文件，注意到雖然 HTTP 狀態碼並沒有為 GET 指定，而對 POST 和 DELETE 方法也只是建議而已，但對於 PUT 方法的回應來說，則是必需的。為了做到這點，我修改了 putCoffee 方法，如下面的程式碼片段所示。putCoffee 方法現在將不只是回傳更新過或新創建的 Coffee 物件，而是回傳一個 ResponseEntity，其中包含上述的 Coffee 物件和適當的 HTTP 狀態碼：如果那個 PUT 咖啡尚不存在，就是 201（已建立）；如果它存在並被更新了，就會是 200（OK）。當然，我們還可以做得更多，但目前的應用程式碼滿足了需求，並且呈現了簡單明瞭且乾淨俐落的內外部 API：

```
@PutMapping("/{id}")
ResponseEntity<Coffee> putCoffee(@PathVariable String id,
        @RequestBody Coffee coffee) {
    int coffeeIndex = -1;

    for (Coffee c: coffees) {
        if (c.getId().equals(id)) {
            coffeeIndex = coffees.indexOf(c);
            coffees.set(coffeeIndex, coffee);
        }
    }

    return (coffeeIndex == -1) ?
            new ResponseEntity<>(postCoffee(coffee), HttpStatus.CREATED) :
            new ResponseEntity<>(coffee, HttpStatus.OK);
}
```

信任，但驗證

所有的程式碼就定位之後，就讓我們來測試這個 API 的功能吧。

幾乎所有基於 HTTP 的雜事，我都使用 HTTPie（*https://httpie.org*）命令列的 HTTP 客戶端來處理。偶爾我也會使用 curl（*https://curl.haxx.se*）或 Postman（*https://www.postman.com*），但我發現 HTTPie 是一個多功能的客戶端，具有簡潔的命令列介面和出色的實用性。

如圖 3-4 所示，我在 *coffees* 端點查詢當前我們串列中的所有咖啡。HTTPie 預設使用 GET 請求，若沒有提供主機名稱，則預設為 *localhost*，減少不必要的輸入動作。正如預期，我們看到了我們用來預先充填我們串列的所有四種咖啡。

```
mheckler-a01 :: ~ » http :8080/coffees
HTTP/1.1 200
Connection: keep-alive
Content-Type: application/json
Date: Thu, 19 Nov 2020 00:04:42 GMT
Keep-Alive: timeout=60
Transfer-Encoding: chunked

[
    {
        "id": "41ba3a26-b94c-4ab2-84ff-71a8ab63aad9",
        "name": "Café Cereza"
    },
    {
        "id": "686ed31a-0719-4907-b4ec-d79f41c8be2d",
        "name": "Café Ganador"
    },
    {
        "id": "f96da5f2-ede8-4862-aa81-ea4c3a5b626a",
        "name": "Café Lareño"
    },
    {
        "id": "11f1dcef-7808-4971-99fc-0cc1458baff2",
        "name": "Café Três Pontas"
    }
]
```

圖 3-4　GET-ting 所有咖啡

接下來，我複製剛才列出的咖啡之一的 `id` 欄位，並把它貼到另一個 GET 請求中。圖 3-5 顯示了正確的回應。

```
mheckler-a01 :: ~ » http :8080/coffees/41ba3a26-b94c-4ab2-84ff-71a8ab63aad9
HTTP/1.1 200
Connection: keep-alive
Content-Type: application/json
Date: Thu, 19 Nov 2020 00:09:10 GMT
Keep-Alive: timeout=60
Transfer-Encoding: chunked

{
    "id": "41ba3a26-b94c-4ab2-84ff-71a8ab63aad9",
    "name": "Café Cereza"
}
```

圖 3-5　GET-ting 一種咖啡

要以 HTTPie 執行一個 POST 請求很簡單：只需用管線（pipe）連接一個純文字檔，其中包含帶有 id 和 name 欄位的 Coffee 物件，以 JSON 表示，HTTPie 就會認為是要進行 POST 作業。圖 3-6 顯示了該命令及其成功的結果。

```
mheckler-a01 :: ~/dev » http :8080/coffees < coffee.json
HTTP/1.1 200
Connection: keep-alive
Content-Type: application/json
Date: Thu, 19 Nov 2020 00:10:48 GMT
Keep-Alive: timeout=60
Transfer-Encoding: chunked

{
    "id": "99999",
    "name": "Kaldi's Coffee"
}
```

圖 3-6　POST-ing 一種新的咖啡到串列中

如前所述，如果請求的資源尚未存在，一個 PUT 命令應該能讓我們更新現有資源，或添加一項新的資源。在圖 3-7 中，我指定了剛剛新增的咖啡的 id，並傳了名稱不同的另一個 JSON 物件給該命令。結果就是，id 為「99999」的咖啡現在的名字是「Caribou Coffee」，而不是之前的「Kaldi's Coffee」。回傳碼是 200（OK），這也如預期。

```
mheckler-a01 :: ~/dev » http PUT :8080/coffees/99999 < coffee2.json
HTTP/1.1 200
Connection: keep-alive
Content-Type: application/json
Date: Thu, 19 Nov 2020 00:12:13 GMT
Keep-Alive: timeout=60
Transfer-Encoding: chunked

{
    "id": "99999",
    "name": "Caribou Coffee"
}
```

圖 3-7　PUT-ting 更新一種現有的咖啡

在圖 3-8 中，我以同樣的方式發起了一個 PUT 請求，但在 URI 中參考了一個不存在的 id。應用程式盡責地遵循 IETF 指定的行為添加了它，並正確地回傳了一個 HTTP 狀態 201（已建立）。

```
mheckler-a01 :: ~/dev » http PUT :8080/coffees/88888 < coffee3.json
HTTP/1.1 201
Connection: keep-alive
Content-Type: application/json
Date: Thu, 19 Nov 2020 00:13:35 GMT
Keep-Alive: timeout=60
Transfer-Encoding: chunked

{
    "id": "88888",
    "name": "Mötor Oil Coffee"
}
```

圖 3-8　PUT-ting 一種新的咖啡

用 HTTPie 建立 DELETE 請求與建立 PUT 請求非常相似：必須指定 HTTP 動詞，資源的 URI 必須完整。圖 3-9 顯示了結果：HTTP 狀態碼為 200（OK），表示資源成功被刪除，而且沒有顯示值，因為資源已經不存在了。

```
mheckler-a01 :: ~/dev » http DELETE :8080/coffees/99999
HTTP/1.1 200
Connection: keep-alive
Content-Length: 0
Date: Thu, 19 Nov 2020 00:14:47 GMT
Keep-Alive: timeout=60
```

圖 3-9　DELETE-ing 一種咖啡

最後，我們重新查詢了整個咖啡串列，以確認預期的最終狀態。如圖 3-10 所示，我們現在多了一種之前不在我們串列中的咖啡（Mötor Oil Coffee），正如預期的那樣。API 驗證成功。

```
mheckler-a01 :: ~/dev » http :8080/coffees
HTTP/1.1 200
Connection: keep-alive
Content-Type: application/json
Date: Thu, 19 Nov 2020 00:15:50 GMT
Keep-Alive: timeout=60
Transfer-Encoding: chunked

[
    {
        "id": "41ba3a26-b94c-4ab2-84ff-71a8ab63aad9",
        "name": "Café Cereza"
    },
    {
        "id": "686ed31a-0719-4907-b4ec-d79f41c8be2d",
        "name": "Café Ganador"
    },
    {
        "id": "f96da5f2-ede8-4862-aa81-ea4c3a5b626a",
        "name": "Café Lareño"
    },
    {
        "id": "11f1dcef-7808-4971-99fc-0cc1458baff2",
        "name": "Café Três Pontas"
    },
    {
        "id": "88888",
        "name": "Mötor Oil Coffee"
    }
]
```

圖 3-10　GET-ting 現在串列中的所有咖啡

總結

本章示範了如何使用 Spring Boot 開發一個可運作的基本應用程式。由於大多數應用程式都涉及到將後端雲資源對外開放給用戶，通常是透過一個前端使用者介面，我展示了如何創建和發展一個有用的 REST API，該 API 能以許多一致的方式來消耗，以提供創建、讀取、更新和刪除資源所需的功能，這對幾乎每種關鍵系統來說，都是至關緊要的。

我檢視並解釋了 `@RequestMapping` 注釋，以及它配合所定義的 HTTP 動詞使用的各種便利的特化注釋：

- `@GetMapping`
- `@PostMapping`
- `@PutMapping`

- `@PatchMapping`
- `@DeleteMapping`

在建立了處理這些注釋及其相關動作的方法後，我對程式碼進行了一些重構，以簡化程式碼，並在需要的地方提供 HTTP 回應碼。驗證 API 的動作確認了它有正確運作。

在下一章中，我將討論並示範如何為我們的 Spring Boot 應用程式新增資料庫存取（database access）功能，使其越來越有用，並為正式上線生產做好準備。

第四章

讓你的 Spring Boot App 存取資料庫

正如前一章所討論的那樣，應用程式經常出於許多非常好的原因而對外開放無狀態的 API（stateless API）。然而，在幕後，很少有實用的應用程式是完全短暫存在的，通常都會為了**某些東西**儲存某種狀態。舉例來說，線上商店購物車的每個請求很有可能都包含它的狀態，不過只要下了訂單，該筆訂單的資料就會被保留下來。有很多方式可以做到這一點，也有很多方法可以分享或繞送（route）這些資料，但無一例外的是，在足夠大的系統中，無論規模為何，這都會涉及到一或多個資料庫（databases）。

在本章中，我將示範如何為上一章中建立的 Spring Boot 應用程式新增資料庫存取（database access）功能。本章旨在對 Spring Boot 的資料功能進行簡短的介紹，後續章節將會更深入探討。但在許多情況下，這裡所涵蓋的基礎知識都仍然適用，並提供了一個完全充足的解決方案。讓我們深入瞭解一下吧。

程式碼 *Checkout* 檢查

請從程式碼儲存庫（code repository）check out 分支 *chapter4begin* 以開始進行。

啟動 Autoconfig 以存取資料庫

如前所述，Spring Boot 的目標是最大限度地簡化 80-90% 的用例：開發人員一遍又一遍運用的程式碼及流程模式。一旦識別出這些模式，Boot 就會開始行動，以合理的預設組態自動初始化所需的 beans。要自訂一項功能，只需提供一或多個特性值（property values），或為一或多個 beans 建立量身訂製的版本就行了；只要 autoconfig 檢測到變化，它就會停下來遵循開發人員的指引。資料庫存取就是一個完美的例子。

我們希望獲得什麼？

在我們前面的範例應用程式中，我用了一個 `ArrayList` 來儲存並維護我們的咖啡串列。這種做法對於單一應用程式來說夠簡單明瞭，但它確實有其缺點。

首先，它完全沒有彈性。如果你的應用程式或執行它的平台出現故障，那麼在應用程式運行期間（不管是幾秒鐘還是幾個月）對該串列所做的全部更改都會消失。

其次，它不具有規模擴充性。啟動應用程式的另一個實體會導致第二個（或後續的）應用程式實體擁有自己維護的另一個咖啡串列。資料並沒有在多個實體之間共用，因此一個實體對咖啡的變更（新增咖啡、刪除、更新）對取用不同應用實體的任何人來說，都是看不到的。

顯然，這不是現實中可行的辦法。

我在即將到來的章節中，會介紹一些不同的方式來完全解決這些非常真實的問題。但現在，讓我們打下一些基礎，作為實現這一目標的有用步驟。

新增資料庫依存關係

為了從你的 Spring Boot 應用程式存取資料庫，你需要幾樣東西：

- 正在運行的資料庫，無論是由你的應用程式所發起，嵌入在其中的資料庫，還是你的應用程式可取用的資料庫。
- 一般由資料庫供應商所提供資料庫驅動程式（database drivers），讓你能進行程式化的存取（programmatic access）。
- 用來存取目標資料庫的一個 Spring Data 模組。

某些 Spring Data 模組本身就包含適當的資料庫驅動程式，以 Spring Initializr 中的一個可選擇的依存關係形式存在。在其他情況下，例如當 Spring 使用 JPA（Java Persistence API）來存取 JPA 相容的資料儲存區時，就得選擇 Spring Data JPA 依存關係，並且為目標資料庫（例如 PostgreSQL）挑選特定的驅動程式。

為了邁出從記憶體構造（memory constructs）到續存資料庫（persistent database）的第一步，我會先在專案的建置檔（build file）中添加依存關係，進而新增這種能力。

H2 是一個完全用 Java 編寫的快速資料庫，它有一些有趣而實用的功能。首先，它是 JPA 相容的，因此我們可以用與其他 JPA 資料庫（例如 Microsoft SQL、MySQL、Oracle 或 PostgreSQL）相同的方式將我們的應用程式連接至它。它也有置於記憶體（in-memory）和基於磁碟（disk-based）的模式。這讓我們在從記憶體內的 `ArrayList` 轉換到記憶體中的資料庫後，有了一些實用的選項：我們可以將 H2 改為基於磁碟的續存區，或者（因為我們現在使用的是 JPA 資料庫）換成一個不同的 JPA 資料庫。這時無論哪種選擇都變得簡單多了。

為了使我們的應用程式能夠與 H2 資料庫互動，我將在專案的 *pom.xml* 的 `<dependencies>` 部分添加以下兩個依存關係項：

```
<dependency>
    <groupId>org.springframework.boot</groupId>
    <artifactId>spring-boot-starter-data-jpa</artifactId>
</dependency>
<dependency>
    <groupId>com.h2database</groupId>
    <artifactId>h2</artifactId>
    <scope>runtime</scope>
</dependency>
```

H2 資料庫驅動程式依存關係的 `runtime` 範疇指出，它將存在於執行時期（runtime）和測試（test）的 classpath 中，但不會在編譯（compile）的 classpath 中。對於編譯時不需要的程式庫來說，這是可以採用的良好實務做法。

一旦你儲存了更新過的 *pom.xml*，並（若有必要）重新匯入 / 重新整理（reimport/refresh）了你的 Maven 依存關係，你就可以取用新增的依存關係中所包含的功能。接下來，是時候寫點程式碼來運用它了。

新增程式碼

因為我們已經有了以某種方式管理咖啡的程式碼，我們就得在添加新的資料庫功能時重構一下。我發現開始著手的最好地方是領域類別，在本例中即為 `Coffee`。

@Entity

如前所述，H2 是 JPA 相容的資料庫，所以我將添加 JPA 注釋（annotations）來連接這些點。對於 `Coffee` 類別本身，我添加了一個來自 `javax.persistence` 的 `@Entity` 注釋，這指出 `Coffee` 是一個可續存（persistable）的實體，而對於現有的 `id` 成員變數，我添加了 `@Id` 注釋（也是來自 `javax.persistence`），將其標示為資料表（database table）的 ID 欄位。

如果類別名稱（本例中的 `Coffee`）不匹配所需的資料表名，`@Entity` 注釋也接受一個 `name` 參數，用來指定與注釋過的實體（annotated entity）相匹配的資料表名。

如果你的 IDE 足夠有幫助，它可能會向你提供回饋資訊，說明 `Coffee` 類別中還缺少什麼東西。例如，IntelliJ 會將類別名稱用紅色底線表示，並在滑鼠移過時提供如圖 4-1 中所示的實用快顯視窗。

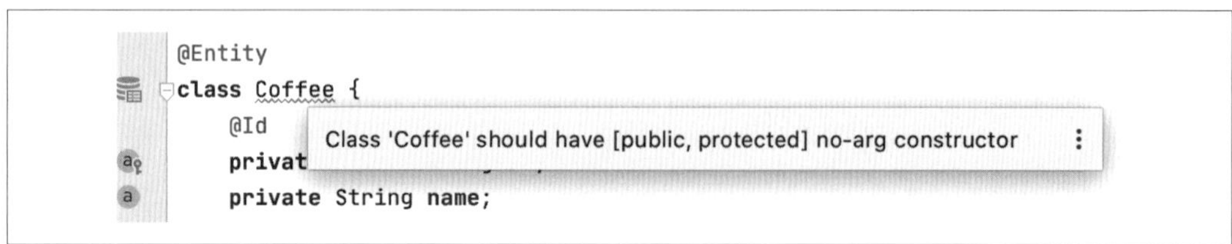

圖 4-1　JPA `Coffee` 類別中缺少了建構器

要從資料表中的資料列（table rows）創建出物件時，Java Persistence API 要求使用一個無引數的建構器（no-argument constructor），所以我接下來會添加這個建構器。這就導致了我們的下一個 IDE 警告，如圖 4-2 所示：為了擁有一個無引數的建構器，我們必須讓所有成員變數都是可變（mutable）的，也就是 nonfinal 的。

```
@Entity
class Coffee {
    @Id
    private final String id;
    private Str  Variable 'id' might not have been initialized
                 Add constructor parameter ⌥⇧↩   More actions... ⌥↩
    public Coff
    }
```

圖 4-2　在無引數建構器中，id 不能是 final

把 id 成員變數宣告中的 final 關鍵字去掉就解決了這個問題。要讓 id 可變，我們的 Coffee 類別還需要有一個 id 的變動器方法（mutator method），讓 JPA 能夠指定值給該成員，所以我也加上了 setId() 方法，如圖 4-3 所示。

```
public void setId(String id) {
    this.id = id;
}
```

圖 4-3　新的 setId() 方法

儲存庫（Repository）

隨著 Coffee 被定義為一個有效的 JPA 實體（entity），能夠被儲存和檢索，現在該是時候建立與資料庫的連線了。

雖然是這樣一個簡單的概念，長期以來，在 Java 生態系統中，設定組態並建立資料庫連線都是一件相當麻煩的事情。正如在第 1 章中提到的那樣，使用應用伺服器來乘載一個 Java 應用程式，需要開發人員執行幾個繁瑣的步驟，而這就只是為了讓事情準備就緒而已。一旦你開始與資料庫互動，或者直接從某個 Java 工具或客戶端應用程式存取一個資料儲存區，你將被要求執行額外的步驟，這涉及到 PersistenceUnit、EntityManagerFactory 與 EntityManager API（可能還有 DataSource 物件），開啟和關閉資料庫等等。對於開發人員必須經常做的事情來說，這真是一種大量重複的儀式。

Spring Data 引進了儲存庫（repositories）的概念。`Repository` 是在 Spring Data 中定義的一個介面，做為各種資料庫之上的一個有用的抽象層。另外還有從 Spring Data 存取資料庫的其他機制，將在後續章節中說明，但各種「風味」的 `Repository` 可以說是在絕大多數情況下最實用的。

`Repository` 本身只是下列型別的一個預留位置：

- 儲存在資料庫中的物件
- 物件唯一的 ID 或主鍵欄位（primary key field）。

當然，儲存庫還有很多其他的功能，我在第 6 章中介紹了大量的內容。現在，先讓我們把注意力集中在與我們目前的例子直接相關的兩個儲存庫上：`CrudRepository` 與 `JpaRepository`。

還記得我之前提到的，編寫程式碼時，最好使用適合目的之最高階介面的做法嗎？雖然 `JpaRepository` 擴充（extends）了一些介面，因此包含了更廣泛的功能，但 `CrudRepository` 涵蓋了所有關鍵的 CRUD 功能，對於我們（到目前為止）的簡單應用程式來說，就已經足夠了。

要為我們的應用程式啟用儲存庫的支援，首先要做的是藉由擴充 Spring Data `Repository` 的介面來定義一個針對我們應用程式的介面：.interfaceCoffeeRepo

```
interface CoffeeRepository extends CrudRepository<Coffee, String> {}
```

這裡定義的兩種型別分別是要儲存的物件型別，以及其唯一 ID 的型別。

這展示了在一個 Spring Boot app 中建立儲存庫的最簡單的表達方式。為一個儲存庫定義查詢（queries）是可能的，而且有時非常有用；我也會在未來的一章中深入探討這點。但這裡就是「神奇」的部分：Spring Boot 的自動組態（autoconfiguration）會考慮到 classpath 上的資料庫驅動程式（在本例中即為 H2）、我們應用程式中定義的儲存庫介面（repository interface），以及 JPA 實體 `Coffee` 的類別定義，並**代替我們**建立一個 database proxy bean。當模式如此清晰且一致時，就不需要為每個應用程式都寫幾行幾乎完全相同的樣板程式碼了，這讓開發人員有更多時間去開發被要求的新功能。

「Springing into action」，即「開始行動」

現在要運用這個儲存庫了。我會像之前的章節一樣，一步一步來，先簡介功能，之後再進行詳細說明。

首先，我將 repository bean 自動連接 / 注入（autowire/inject）到 RestApiDemoController 中，以便控制器（controller）在經由外部 API 接收到請求時，能夠存取它，如圖 4-4 所示。

```
@RestController
@RequestMapping("/coffees")
class RestApiDemoController {
    private final CoffeeRepository coffeeRepository;

    private List<Coffee> coffees = new ArrayList<>();

    public RestApiDemoController(CoffeeRepository coffeeRepository) {
        this.coffeeRepository = coffeeRepository;

        this.coffeeRepository.saveAll(List.of(
                new Coffee( name: "Café Cereza"),
                new Coffee( name: "Café Ganador"),
                new Coffee( name: "Café Lareño"),
                new Coffee( name: "Café Três Pontas")
        ));

        coffees.addAll(List.of(
                new Coffee( name: "Café Cereza"),
                new Coffee( name: "Café Ganador"),
                new Coffee( name: "Café Lareño"),
                new Coffee( name: "Café Três Pontas")
        ));
    }
```

圖 4-4　將儲存庫自動連接到 RestApiDemoController 中

首先，我以下列方式宣告成員變數：

```
private final CoffeeRepository coffeeRepository;
```

下一步，我像這樣把它加到建構器中作為一個參數：

```
public RestApiDemoController(CoffeeRepository coffeeRepository){}
```

在 Spring Framework 4.3 之前，在所有情況下都必須在方法上方添加 @Autowired 注釋，以指出一個參數代表的是會被自動連接 / 注入的一個 Spring bean。從 4.3 開始，一個具有單建構器的類別就不需要為自動連接的參數（autowired parameters）使用該注釋，這是很節省時間的事情。

儲存庫就定位後，我刪除了 List<Coffee> 成員變數，並在建構器中修改了充填該串列的初始動作，改為將相同的咖啡保存到儲存庫中，如圖 4-4 所示。

依據圖 4-5，刪除 coffees 變數後，對它的所有參考都立即被標示為了無法解析的符號（unresolvable symbols），所以接下來的任務，就是用適當的儲存庫互動替換掉那些。

```
@GetMapping
Iterable<Coffee> getCoffees() {
    return coffees;
}
```

Cannot resolve symbol 'coffees'

Create local variable 'coffees' ⌥⇧↩ More actions... ⌥↩

圖 4-5　替換掉被移除的 coffees 成員變數

能不帶參數檢索所有的咖啡，getCoffees() 方法是很好的起點。使用 CrudRepository 內建的 findAll() 方法，我們甚至不需要改變 getCoffees() 的回傳型別，因為它也回傳一個 Iterable 型別；單純呼叫 coffeeRepository.findAll() 並回傳它的結果就可以了，如這裡所示：

```
@GetMapping
Iterable<Coffee> getCoffees() {
    return coffeeRepository.findAll();
}
```

重構 getCoffeeById() 方法，可以讓我們瞭解到，由於儲存庫所帶來的功能，你的程式碼能變得多簡單。我們不再需要手動搜尋咖啡清單，以尋找匹配的 id，CrudRepository 的 findById() 方法為我們處理了這個問題，正如同下面程式碼片段所展示的那樣。由於

findById() 回傳的是一個 Optional 型別，所以我們的方法特徵式（method signature）不需要做任何更改：

```
@GetMapping("/{id}")
Optional<Coffee> getCoffeeById(@PathVariable String id) {
    return coffeeRepository.findById(id);
}
```

將 postCoffee() 方法轉換為使用儲存庫也是相當簡單的工作，如這裡所示：

```
@PostMapping
Coffee postCoffee(@RequestBody Coffee coffee) {
    return coffeeRepository.save(coffee);
}
```

透過 putCoffee() 方法，我們再次看到 CrudRepository 所展現出來大幅節省時間與程式碼的實質功能。我使用內建的 existsById() 儲存庫方法來確定這是新的或現有的 Coffee，並連同所儲存的 Coffee 回傳適當的 HTTP 狀態碼，如這裡的程式碼列表所示：

```
@PutMapping("/{id}")
ResponseEntity<Coffee> putCoffee(@PathVariable String id,
                                 @RequestBody Coffee coffee) {

    return (!coffeeRepository.existsById(id))
            ? new ResponseEntity<>(coffeeRepository.save(coffee),
                HttpStatus.CREATED)
            : new ResponseEntity<>(coffeeRepository.save(coffee), HttpStatus.OK);
}
```

最後，我更新 deleteCoffee() 方法來使用 CrudRepository 內建的 deleteById() 方法，如這裡所示：

```
@DeleteMapping("/{id}")
void deleteCoffee(@PathVariable String id) {
    coffeeRepository.deleteById(id);
}
```

藉由運用 CrudRepository 流暢的 API 所創建的一個 repository bean，大大簡化了 RestApiDemoController 的程式碼，使之在易讀性和可理解性方面都變得更加清晰，這一點從完整的程式碼列表中就可以看出：

```
@RestController
@RequestMapping("/coffees")
class RestApiDemoController {
    private final CoffeeRepository coffeeRepository;
```

```java
    public RestApiDemoController(CoffeeRepository coffeeRepository) {
        this.coffeeRepository = coffeeRepository;

        this.coffeeRepository.saveAll(List.of(
                new Coffee("Café Cereza"),
                new Coffee("Café Ganador"),
                new Coffee("Café Lareño"),
                new Coffee("Café Três Pontas")
        ));
    }

    @GetMapping
    Iterable<Coffee> getCoffees() {
        return coffeeRepository.findAll();
    }

    @GetMapping("/{id}")
    Optional<Coffee> getCoffeeById(@PathVariable String id) {
        return coffeeRepository.findById(id);
    }

    @PostMapping
    Coffee postCoffee(@RequestBody Coffee coffee) {
        return coffeeRepository.save(coffee);
    }

    @PutMapping("/{id}")
    ResponseEntity<Coffee> putCoffee(@PathVariable String id,
                                     @RequestBody Coffee coffee) {

        return (!coffeeRepository.existsById(id))
                ? new ResponseEntity<>(coffeeRepository.save(coffee),
                HttpStatus.CREATED)
                : new ResponseEntity<>(coffeeRepository.save(coffee), HttpStatus.OK);
    }

    @DeleteMapping("/{id}")
    void deleteCoffee(@PathVariable String id) {
        coffeeRepository.deleteById(id);
    }
}
```

現在剩下的就是驗證我們的應用程式是否能如預期運作，外部功能是否保持不變。

另一種測試功能的方法（也是推薦的實務做法）是先建立單元測試（unit tests），就像 Test Driven Development （TDD，測試驅動的開發）一樣。我強烈推薦在現實世界的軟體開發環境中使用這種方法，但我發現，如果目標是示範和解釋個別的軟體開發概念，那麼少一點會更好，以盡可能少的展示來清楚傳達關鍵概念，增強信號，減低雜訊，即使這些雜訊在以後會有用處。因此，我將在本書後面專門的一章中涵蓋測試。

儲存與取回資料

親愛的朋友，我們要再一次進入突破口：使用 HTTPie 從命令列取用此 API。查詢 *coffees* 端點的結果，就跟之前從我們的 H2 資料庫回傳的四種咖啡相同，如圖 4-6 所示。

```
mheckler-a01 :: ~ » http :8080/coffees
HTTP/1.1 200
Connection: keep-alive
Content-Type: application/json
Date: Wed, 25 Nov 2020 21:08:48 GMT
Keep-Alive: timeout=60
Transfer-Encoding: chunked

[
    {
        "id": "ff3d96e0-236e-4157-8b45-9e9699276d6d",
        "name": "Café Cereza"
    },
    {
        "id": "d7a0f2a1-38f7-46ef-a884-8beb43e655cf",
        "name": "Café Ganador"
    },
    {
        "id": "d5458c8c-f480-47dc-9926-42fcb1f4051d",
        "name": "Café Lareño"
    },
    {
        "id": "1726fcdf-94f9-4f7b-9e60-e6e1b453f56f",
        "name": "Café Três Pontas"
    }
]
```

圖 4-6　GET-ting 所有的咖啡

複製剛剛列出的其中一種咖啡的 `id` 欄位，並將其貼上到一種特定咖啡的 GET 請求中，會產生圖 4-7 所示的輸出。

```
mheckler-a01 :: ~ » http :8080/coffees/ff3d96e0-236e-4157-8b45-9e9699276d6d
HTTP/1.1 200
Connection: keep-alive
Content-Type: application/json
Date: Wed, 25 Nov 2020 21:20:18 GMT
Keep-Alive: timeout=60
Transfer-Encoding: chunked

{
    "id": "ff3d96e0-236e-4157-8b45-9e9699276d6d",
    "name": "Café Cereza"
}
```

圖 4-7　GET-ting 一種咖啡

在圖 4-8 中，我 POST 了一種新的咖啡到此應用程式及其資料庫。

```
mheckler-a01 :: ~/dev » http :8080/coffees < coffee.json
HTTP/1.1 200
Connection: keep-alive
Content-Type: application/json
Date: Wed, 25 Nov 2020 21:22:17 GMT
Keep-Alive: timeout=60
Transfer-Encoding: chunked

{
    "id": "99999",
    "name": "Kaldi's Coffee"
}
```

圖 4-8　POST-ing 一種新的咖啡到串列中

正如前一章所討論的那樣，如果請求的資源尚未存在，PUT 命令應該能讓我們更新一個現有的資源或添加一個新的資源。在圖 4-9 中，我指定了剛剛新增的咖啡之 `id`，並傳遞了一個 JSON 物件給該道命令，對那種咖啡的名稱進行了修改。更新後，`id` 為「99999」的咖啡現在的名稱會是「Caribou Coffee」而非「Kaldi's Coffee」，回傳碼則是 200（OK），一如預期。

```
mheckler-a01 :: ~/dev » http PUT :8080/coffees/99999 < coffee2.json
HTTP/1.1 200
Connection: keep-alive
Content-Type: application/json
Date: Wed, 25 Nov 2020 21:24:04 GMT
Keep-Alive: timeout=60
Transfer-Encoding: chunked

{
    "id": "99999",
    "name": "Caribou Coffee"
}
```

圖 4-9　PUT-ting 一個更新到現有的咖啡

接著我發起了一個類似的 PUT 請求，但在 URI 中指定一個不存在的 id。應用程式遵循 IETF 指定的行為新增了一種咖啡到資料庫，並正確地回傳了 201（已建立）的 HTTP 狀態，如圖 4-10 所示。

```
mheckler-a01 :: ~/dev » http PUT :8080/coffees/88888 < coffee3.json
HTTP/1.1 201
Connection: keep-alive
Content-Type: application/json
Date: Wed, 25 Nov 2020 21:25:28 GMT
Keep-Alive: timeout=60
Transfer-Encoding: chunked

{
    "id": "88888",
    "name": "Mötor Oil Coffee"
}
```

圖 4-10　PUT-ting 一種新咖啡

最後，我發出一個 DELETE 請求來測試指定咖啡的刪除動作，根據圖 4-11，這只回傳了 HTTP 狀態碼 200（OK），表示資源被成功刪除，而沒有其他東西，因為該項資源已經不存在了。為了檢查我們的結束狀態，我們再次查詢咖啡的完整串列（圖 4-12）。

```
mheckler-a01 :: ~/dev » http DELETE :8080/coffees/99999
HTTP/1.1 200
Connection: keep-alive
Content-Length: 0
Date: Wed, 25 Nov 2020 21:26:55 GMT
Keep-Alive: timeout=60
```

圖 4-11 DELETE-ing 一種咖啡

```
mheckler-a01 :: ~/dev » http :8080/coffees
HTTP/1.1 200
Connection: keep-alive
Content-Type: application/json
Date: Wed, 25 Nov 2020 21:28:20 GMT
Keep-Alive: timeout=60
Transfer-Encoding: chunked

[
    {
        "id": "ff3d96e0-236e-4157-8b45-9e9699276d6d",
        "name": "Café Cereza"
    },
    {
        "id": "d7a0f2a1-38f7-46ef-a884-8beb43e655cf",
        "name": "Café Ganador"
    },
    {
        "id": "d5458c8c-f480-47dc-9926-42fcb1f4051d",
        "name": "Café Lareño"
    },
    {
        "id": "1726fcdf-94f9-4f7b-9e60-e6e1b453f56f",
        "name": "Café Três Pontas"
    },
    {
        "id": "88888",
        "name": "Mötor Oil Coffee"
    }
]
```

圖 4-12 GET-ting 列表中的所有咖啡

和之前一樣，我們現在又多了一種最初不在我們儲存庫裡的咖啡：Mötor Oil Coffee。

稍微打磨

和往常一樣，有許多領域可以從額外的關注中受益，但我將把重點限制在兩個方面：將樣本資料的初始族群提取到一個單獨的元件（component）中，以及為清晰起見，稍微重新排序了一下條件。

上一章，我在 RestApiDemoController 類別中用一些初始值充填了咖啡的串列，所以在本章中（到目前為止），我在轉換到具有儲存庫存取功能的資料庫後，保持了同樣的結構。更好的實務做法是把該功能抽取到可以快速且輕鬆啟用或禁用的獨立元件中。

有許多方法可以在應用程式啟動時，自動執行程式碼，包括使用一個 CommandLineRunner 或 ApplicationRunner，並指定一個 lambda 來完成想要的目標：在此例中，就是建立並儲存樣本資料。但我更喜歡使用一個 @Component 類別和一個 @PostConstruct 方法來達成同樣的事情，原因如下：

- 當 CommandLineRunner 和 ApplicationRunner 生產 bean（bean-producing）的方法自動連接（autowire）一個 repository bean 時，在測試中模擬（mock）那個 repository bean 的單元測試（在典型情況下）就會中斷。
- 如果你在測試中模擬 repository bean，或者希望在不建立樣本資料的情況下運行應用程式，那麼單純只要註解掉它的 @Component 注釋，就可以快速且方便地停用實際的資料充填 bean（data-populating bean）。

我建議建立一個類似下面程式碼區塊中所示的 DataLoader 類別：將創建樣本資料的邏輯提取到 DataLoader 類別的 loadData() 方法中，並用 @PostContruct 注釋它，讓 RestApiDemoController 恢復到它預期的單一用途，即提供一個外部 API，並使 DataLoader 對它的預期（且明顯的）目的負責：

```
@Component
class DataLoader {
    private final CoffeeRepository coffeeRepository;

    public DataLoader(CoffeeRepository coffeeRepository) {
        this.coffeeRepository = coffeeRepository;
    }

    @PostConstruct
```

```
    private void loadData() {
        coffeeRepository.saveAll(List.of(
                new Coffee("Café Cereza"),
                new Coffee("Café Ganador"),
                new Coffee("Café Lareño"),
                new Coffee("Café Três Pontas")
        ));
    }
}
```

另一個需要打磨的地方是，對 **putCoffee()** 方法中，三元運算子（ternary operator）的 boolean 條件做些小調整。在重構該方法以使用儲存庫後，沒有令人信服的理由再去估算否定條件了。從該條件中移除 not（!）運算子，會稍微提高清晰度。當然，交換三元運算子的 true 和 false 值是必要的，才能保持原來的結果，如下列程式碼所反映出來的：

```
@PutMapping("/{id}")
ResponseEntity<Coffee> putCoffee(@PathVariable String id,
                                 @RequestBody Coffee coffee) {

    return (coffeeRepository.existsById(id))
            ? new ResponseEntity<>(coffeeRepository.save(coffee),
                HttpStatus.OK)
            : new ResponseEntity<>(coffeeRepository.save(coffee),
                HttpStatus.CREATED);
}
```

程式碼 *Checkout* 檢查

完整的章節程式碼，請 check out 程式碼儲存庫的分支 *chapter4end*。

總結

本章示範了如何在上一章建立的 Spring Boot 應用程式中新增資料庫存取功能。雖然本章旨在簡明扼要地介紹 Spring Boot 的資料功能，但我還是提供了以下內容的概述：

- Java 的資料庫存取
- Java Persistence API（JPA）
- H2 資料庫

- Spring Data JPA
- Spring Data 儲存庫（repositories）
- 透過儲存庫建立樣本資料的機制

後續章節將更深入探討 Spring Boot 的資料庫存取功能，但本章所涉及的基礎知識提供了一個堅實的地基，能夠建構其他東西，而且，在許多情況下，這些基礎知識本身就足夠了。

在下一章中，我將討論和演示 Spring Boot 所提供的實用工具，在事情沒有照預期運行，或你需要驗證它們的時候，這些工具可用來觀察你的應用程式。

第五章

配置並檢視你的 Spring Boot App

任何應用程式都可能出現許多問題，在這眾多問題中，某些可能會有簡單的解決方案。然而，除了偶爾運氣好猜中之外，在真正解決問題之前，我們都還是必須確定問題的根本原因。

除錯 Java 或 Kotlin 應用程式（或是任何其他的應用程式，就此而言）是每個開發人員在職業生涯的早期就應該學會的基本技能，並在整個職業生涯中不斷完善和拓展它。但我發現這一點並非普遍都是如此，所以如果你還沒有熟練掌握你所選擇的語言和工具的除錯功能，請盡快探索你所掌握的選項。這真的在你開發的所有東西中都很很重要，並且可以為你節省大量的時間。

即便如此，除錯程式碼也只是確立、識別和隔離應用程式所展現的行為的一個層次而已。隨著應用程式變得更加動態和分散，開發人員經常需要做以下工作：

- 動態地配置（configure）和重新配置應用程式
- 判斷 / 確認（determine/confirm）當前的設定及其來源
- 檢視和監控應用程式的環境和健康指標
- 暫時調整執行中的應用程式的記錄層級（logging levels），以識別出根本原因。

本章示範如何使用 Spring Boot 的內建配置功能、其自動組態報告（Autoconfiguration Report）和 Spring Boot Actuator 來靈活且動態地建立、識別和修改應用程式的環境設定。

程式碼 *Checkout* 檢查

請從程式碼儲存庫 check out 分支 *chapter5begin* 以開始進行。

應用程式組態

沒有應用程式是一座孤島。

絕大多數當我說這句話的時候，是為了指出一個不言而喻的事實，也就是，幾乎在所有的情況下，若沒有與其他應用 / 服務（applications/services）進行互動，一個應用程式並無法提供其所有的效用。但還有另一個含義也同樣真確：如果沒有透過某種方式存取其環境，任何應用程式都無法發揮其效用。一個靜態的、無法配置（unconfigurable）的應用程式是僵化、沒彈性、蹣跚難行的。

Spring Boot 應用程式為開發人員提供了各種強大的機制，以動態配置（dynamically configure）或重新配置（reconfigure）他們的應用程式，甚至是在 app 運行的過程中。這些機制運用 Spring `Environment` 來管理來自所有來源的組態特性，包括以下：

- 若處於活動狀態，Spring Boot 開發者工具（devtools）在 *$HOME/.config/spring-boot* 目錄底下的全域設定特性（global settings properties）。
- 測試上的 `@TestPropertySource` 注釋。
- 測試上的 `properties` 屬性，可在 `@SpringBootTest` 和各種測試注釋（test annotations）上取用，用來測試一個 application slice。
- 命令列引數（command line arguments）。
- 來自 `SPRING_APPLICATION_JSON` 的特性（內嵌在環境變數或系統特性中的行內 JSON）。
- `ServletConfig` 初始參數。
- `ServletContext` 初始參數。
- 來自 *java:comp/env* 的 JNDI 屬性。
- Java 系統特性（`System.getProperties()`）。
- OS 環境變數（environment variables）。
- 只在 `random.*` 中有特性的一個 `RandomValuePropertySource`。

- 在打包起來的 jar 之外，profile 限定的應用程式特性（*application-{profile}.properties* 和 YAML 變體）。
- 包裹在 jar 裡面的 profile 限定的應用程式特性（*application-{profile}.properties* 和 YAML 變體）。
- 在打包起來的 jar 之外的應用程式特性（*application.properties* 和 YAML 變體）。
- 包裹在 jar 中的應用程式特性（*application.properties* 和 YAML 變體）。
- `@Configuration` 類別上的 `@PropertySource` 注釋；請注意，這種特性來源（property sources）會到應用程式情境（application context）重新整理之後，才會被加到 Environment 中，這時要配置在刷新開始前就讀取的某些特性，例如 `logging.*` 與 `spring.main.*`，就嫌太晚了。
- 藉由設定 `SpringApplication.setDefaultProperties` 來指定的預設特性。

前面的特性來源是按優先順序遞減的次序排列：源於清單中較高處的來源之特性會取代較低處的來源之相同屬性 [1]。

所有的這些都是非常有用的，但我將在本章的程式碼場景中，特別選擇幾個出來：

- 命令列引數
- OS 環境變數
- 包裹在 jar 內的應用程式特性（*application.properties* 和 YAML 變體）。

讓我們從定義在 app 的 *application.properties* 檔案中的特性開始吧，然後沿著食物鏈向上發展。

@Value

`@Value` 注釋可能是將組態設定攝入到程式碼中最直接的做法，它以模式比對（pattern-matching）和 Spring Expression Language（SpEL）為中心構建而成，簡單而強大。

1 Spring Boot PropertySources 的優先順序（*https://oreil.ly/OrderPredSB*）。

我會先在我們應用程式的 *application.properties* 檔案中定義單一個特性，如圖 5-1 所示。

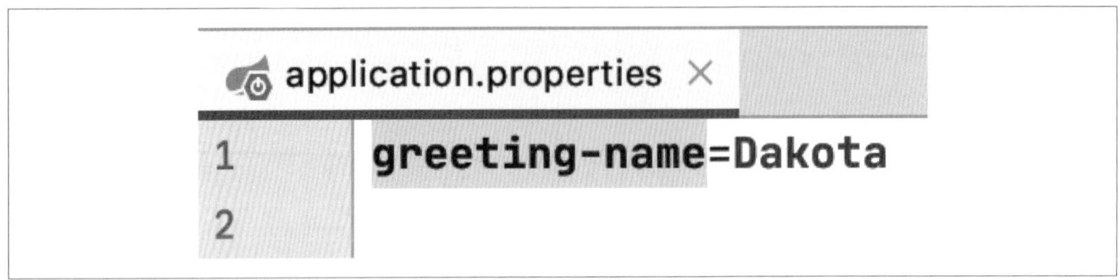
application.properties
1 greeting-name=Dakota
2

圖 5-1　在 *application.properties* 中定義 `greeting-name`

為了展示如何使用這個特性，我在應用程式中創建了一個額外的 `@RestController` 來處理與問候（greeting）應用程式使用者有關的任務，如圖 5-2 所示。

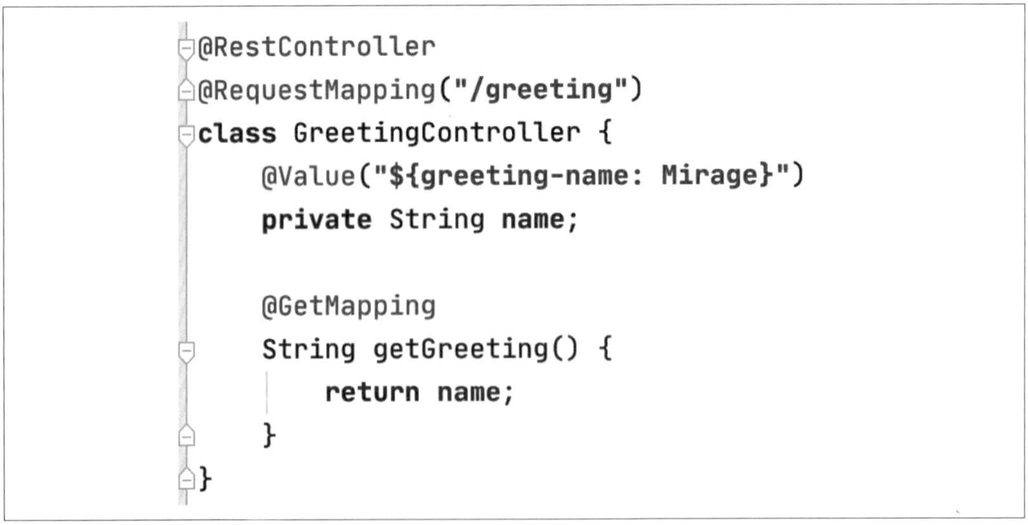

```
@RestController
@RequestMapping("/greeting")
class GreetingController {
    @Value("${greeting-name: Mirage}")
    private String name;

    @GetMapping
    String getGreeting() {
        return name;
    }
}
```

圖 5-2　問候用的 `@RestController` 類別

注意 `@Value` 注釋是套用到 `name` 成員變數，並接受型別為 `String` 的單一參數，稱作 `value`。我使用 SpEL 來定義 `value`，將變數名稱（作為要估算的運算式）放在分隔符號 `${` 和 `}` 之間。還有一點值得注意：SpEL 允許在冒號後面加上一個預設值（在此例中為「Mirage」），這適用在 app 的 `Environment` 中沒有定義變數的情況。

執行應用程式並查詢 */greeting* 端點後，應用程式如預期的那樣回應了「Dakota」，如圖 5-3 所示。

```
mheckler-a01 :: ~/dev » http :8080/greeting
HTTP/1.1 200
Connection: keep-alive
Content-Length: 6
Content-Type: text/plain;charset=UTF-8
Date: Fri, 27 Nov 2020 15:24:32 GMT
Keep-Alive: timeout=60

Dakota
```

圖 5-3　具有定義的特性值的問候回應

為了驗證預設值是否被估算（evaluated），我在 *application.properties* 中用一個 # 註解了以下這行，並重新啟動應用程式：

```
#greeting-name=Dakota
```

現在查詢 *greeting* 端點的結果會是圖 5-4 所示的回應。既然 `greeting-name` 在應用程式的 `Environment` 的任何來源中都不再有定義，所以預設值「Mirage」就會如預期出現。

```
mheckler-a01 :: ~/dev » http :8080/greeting
HTTP/1.1 200
Connection: keep-alive
Content-Length: 7
Content-Type: text/plain;charset=UTF-8
Date: Fri, 27 Nov 2020 15:28:28 GMT
Keep-Alive: timeout=60

Mirage
```

圖 5-4　使用預設值的問候回應

將 `@Value` 與你自創的特性並用，提供了另一種有用的功能：一個特性的值可以使用另一個特性的值來衍生 / 構建（derived/built）。

為了示範特性的內嵌（property nesting）如何工作，我們至少需要兩個特性。我在 *application.properties* 中創建了第二個特性 `greeting-coffee`，如圖 5-5 所示。

```
1   greeting-name=Dakota
2   greeting-coffee=${greeting-name} is drinking Café Cereza
3
```

圖 5-5　把特性值餵給另一個特性

接下來，我為我們的 `GreetingController` 添加了一點程式碼，來表示一個咖啡化的問候語，以及我們能存取以查看結果的一個端點（endpoint）。請注意，我也為 `coffee` 的值提供了一個預設值，如圖 5-6 所示。

```java
@RestController
@RequestMapping("/greeting")
class GreetingController {
    @Value("${greeting-name: Mirage}")
    private String name;

    @Value("${greeting-coffee: ${greeting-name} is drinking Café Ganador}")
    private String coffee;

    @GetMapping
    String getGreeting() {
        return name;
    }

    @GetMapping("/coffee")
    String getNameAndCoffee() {
        return coffee;
    }
}
```

圖 5-6　為 `GreetingController` 添加咖啡問候語

為了驗證正確的結果，我重新啟動應用程式，並查詢新的 `/greeting/coffee` 端點，結果就是圖 5-7 所顯示的輸出。請注意，由於相關的兩個特性都是定義在 *application.properties* 中，所以顯示的值與那些值的定義是一致的。

```
mheckler-a01 :: ~/dev » http :8080/greeting/coffee
HTTP/1.1 200
Connection: keep-alive
Content-Length: 30
Content-Type: text/plain;charset=UTF-8
Date: Fri, 27 Nov 2020 15:36:51 GMT
Keep-Alive: timeout=60

Dakota is drinking Cafe Cereza
```

圖 5-7　查詢咖啡問候端點

與生活和軟體開發中的所有事物一樣，`@Value` 也有一些限制。由於我們為 `greeting-coffee` 特性提供了一個預設值，我們就能在 *application.properties* 中註解掉它的定義，`@Value` 注釋仍然可以使用 `GreetingController` 中的 `coffee` 成員變數正確處理它的（預設）值。然而，在該特性檔中註解掉 `greeting-name` 與 `greeting-coffee` 會導致沒有 `Environment` 來源實際定義它們，當應用程式試圖使用 `greeting-coffee` 中的 `greeting-name` 參考（現在尚未定義）來初始化 `GreetingController` 這個 bean 時，就會進一步導致以下錯誤。

```
org.springframework.beans.factory.BeanCreationException:
    Error creating bean with name 'greetingController':
        Injection of autowired dependencies failed; nested exception is
        java.lang.IllegalArgumentException:
            Could not resolve placeholder 'greeting-name' in value
            "greeting-coffee: ${greeting-name} is drinking Cafe Ganador"
```

為了簡潔明瞭，這裡刪除了完整的堆疊軌跡（stacktrace）。

定義在 *application.properties* 中並僅透過 `@Value` 使用之特性的另一個限制是：它們不會被 IDE 識別為有被應用程式使用，因為它們只在程式碼中以引號分隔的 `String` 變數內被參考，因此，沒有直接與程式碼綁定。當然，開發人員可以用雙眼檢查特性名稱的拼寫和用法是否正確，但這完全是手動操作，因此更容易出錯。

正如你所想像的那樣，特性的使用和定義若有具備型別安全性（typesafe）且可被工具驗證（tool-verifiable）的機制所用，將是更好的全方位選擇。

@ConfigurationProperties

`@Value` 的靈活性令人讚譽有加，同時我們也認識到它的缺點，Spring 團隊建立了 `@ConfigurationProperties`。使用 `@ConfigurationProperties`，開發人員可以定義特性、將相關特性分組，並以工具可驗證且具有型別安全性的方式參考 / 使用（reference/use）它們。

舉例來說，如果在一個 app 的 *application.properties* 檔案中定義了一個在程式碼中沒用到的特性，開發人員將看到該特性的名稱被凸顯出來，以將其標示為已確認的未使用特性（confirmed unused property）；同樣地，如果該特性被定義為一個 `String`，但與一個型別不同的成員變數相關聯，IDE 也會指出型別的不匹配。這些都是很有價值的助力，可以發現簡單但經常發生的錯誤。

為了示範如何讓 `@ConfigurationProperties` 發揮作用，我將先定義一個 POJO 來封裝所需的相關特性：在本例中，即為我們之前參考過的 `greeting-name` 與 `greeting-coffee` 特性。如下面的程式碼所示，我建立了一個 `Greeting` 類別來存放這兩個特性：

```
class Greeting {
    private String name;
    private String coffee;

    public String getName() {
        return name;
    }

    public void setName(String name) {
        this.name = name;
    }

    public String getCoffee() {
        return coffee;
    }

    public void setCoffee(String coffee) {
        this.coffee = coffee;
    }
}
```

為了註冊 `Greeting` 來管理組態特性，我添加了圖 5-8 所示的 `@ConfigurationProperties` 注釋，並指定了用於所有 `Greeting` 特性的 `prefix`（前綴）。此注釋讓該類別只能用於組態特性，我們還得告知應用程式處理以這種方式注釋的類別，這種特性才會包含在應用程式的 `Environment` 中。注意由此產生的實用錯誤訊息：

```
@ConfigurationProperties(prefix = "greeting")
class Greetin   Not registered via @EnableConfigurationProperties, marked as Spring component, or
    private S   scanned via @ConfigurationPropertiesScan
    private S
                org.springframework.boot.context.properties
    public St   @Target({ElementType.TYPE,ElementType.METHOD})
        retur   @Retention(RetentionPolicy.RUNTIME)
                @Documented
    }           public interface ConfigurationProperties
                extends annotation.Annotation
    public vo   Maven: org.springframework.boot:spring-boot:2.4.0
        this.
    }

    public String getCoffee() {
        return coffee;
    }

    public void setCoffee(String coffee) {
        this.coffee = coffee;
    }
}
```

圖 5-8　注釋與錯誤

在大多數情況下，指示應用程式處理 @ConfigurationProperties 類別，並將其特性加到 app 的 Environment，最好的辦法是將 @ConfigurationPropertiesScan 新增到主應用程式類別中，如這裡所示：

```
@SpringBootApplication
@ConfigurationPropertiesScan
public class SburRestDemoApplication {

    public static void main(String[] args) {
        SpringApplication.run(SburRestDemoApplication.class, args);
    }

}
```

讓 Boot 掃描 @ConfigurationProperties 類別的規則之例外是，如果你需要有條件地啟用某些 @ConfigurationProperties 類別，或者如果你正在建立自己的自動組態（autoconfiguration）。然而，在所有其他情況下，都應該使用 @ConfigurationPropertiesScan 來掃描（scan）並啟用 @ConfigurationProperties 類別，其方式與 Boot 的元件掃描機制（component scanning）類似。

為了使用注釋處理器（annotation processor）產生詮釋資料（metadata），使 IDE 能夠連接 `@ConfigurationProperties` 類別和 *application.properties* 檔案中所定義的相關特性，我在專案的 *pom.xml* 建置檔中新增了以下的依存關係（dependency）：

```
<dependency>
    <groupId>org.springframework.boot</groupId>
    <artifactId>spring-boot-configuration-processor</artifactId>
    <optional>true</optional>
</dependency>
```

這個依存關係也能在專案創建之時，就在 Spring Initializr 中選取，並自動新增。

一旦組態處理器（configuration processor）的依存關係被新增到建置檔中，就需要重新整理 / 重新匯入（refresh/reimport）依存關係並重新建置專案以運用它們。為了重新匯入依存關係，我打開 IntelliJ 中的 Maven 選單，點擊左上方的 Reimport 按鈕，如圖 5-9 所示。

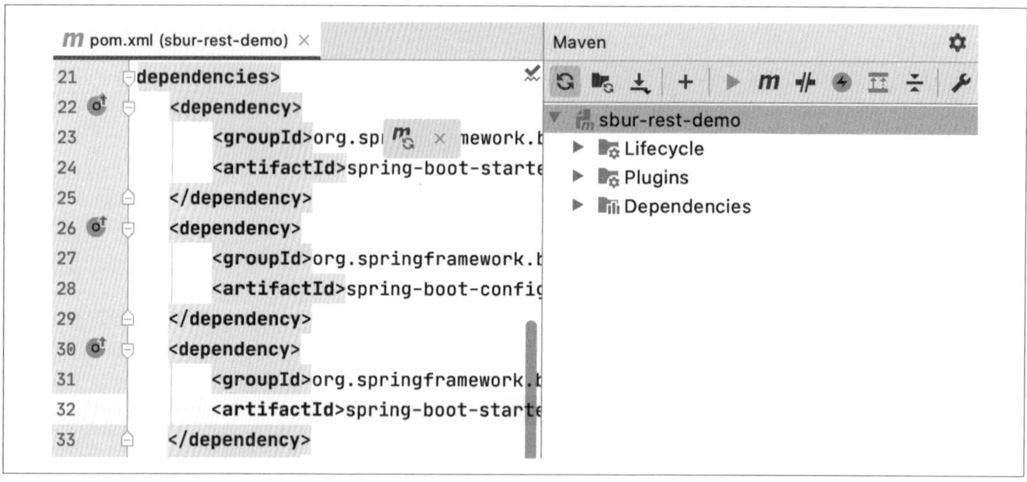

圖 5-9　重新匯入專案的依存關係

除非該選項停用了，否則 IntelliJ 還會在更改後的 *pom.xml* 上呈現一個小按鈕，讓你不需要打開 Maven 選單就能快速重新匯入。在圖 5-9 中，可以看到重疊顯示的重新匯入按鈕，它是一個小小的 *m*，其左下角部分有一個環狀箭號，懸浮在第一個依存關係的 `<groupid>` 條目上。重新匯入完成後，它就會消失。

依存關係更新後，我在 IDE 中重新建置專案，以納入組態處理器。

現在，要為這些特性定義一些值。回到 *application.properties*，當我開始輸入 `greeting`，IDE 會幫忙顯示出匹配的特性名稱，如圖 5-10 所示。

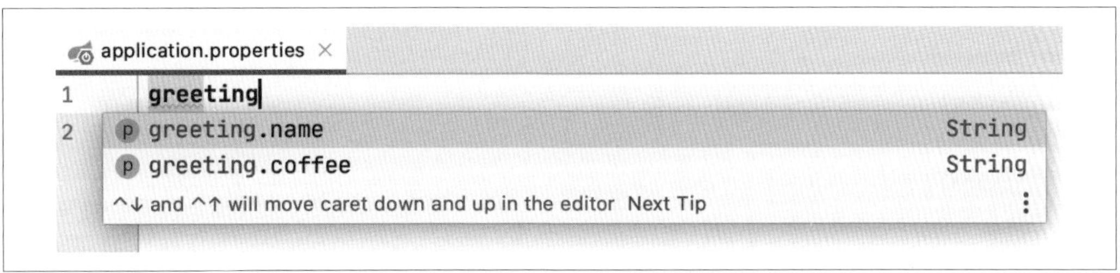

圖 5-10　IDE 對於 `@ConfigurationProperties` 完整的特性支援

為了使用這些特性而非我們之前使用的特性，需要進行一些重構。

我可以單純使用 `GreetingController` 自己的成員變數 `name` 和 `coffee` 再搭配它們的 `@Value` 注釋，但我是為 `Greeting` bean 建立一個成員變數，它現在負責管理 `greeting.name` 和 `greeting.coffee` 特性，並經由建構器注入到 `GreetingController` 中，如下面的程式碼所示：

```
@RestController
@RequestMapping("/greeting")
class GreetingController {
    private final Greeting greeting;

    public GreetingController(Greeting greeting) {
        this.greeting = greeting;
    }

    @GetMapping
    String getGreeting() {
        return greeting.getName();
    }
```

```
    @GetMapping("/coffee")
    String getNameAndCoffee() {
        return greeting.getCoffee();
    }
}
```

執行此應用程式並查詢 *greeting* 和 *greeting/coffee* 端點，結果如圖 5-11 所示。

```
mheckler-a01 :: ~/dev » http :8080/greeting
HTTP/1.1 200
Connection: keep-alive
Content-Length: 6
Content-Type: text/plain;charset=UTF-8
Date: Fri, 27 Nov 2020 16:37:52 GMT
Keep-Alive: timeout=60

Dakota

mheckler-a01 :: ~/dev » http :8080/greeting/coffee
HTTP/1.1 200
Connection: keep-alive
Content-Length: 30
Content-Type: text/plain;charset=UTF-8
Date: Fri, 27 Nov 2020 16:37:57 GMT
Keep-Alive: timeout=60

Dakota is drinking Cafe Cereza
```

圖 5-11　檢索 Greeting 的特性

由一個 @ConfigurationProperties bean 所管理的特性仍然會從 Environment 及其所有潛在的來源獲取它們的值。與基於 @Value 的特性相比，唯一缺少的是，在注釋的成員變數處指定預設值的能力。這比乍看之下的犧牲還要小，因為 app 的 *application.properties* 檔案通常是為應用程式定義合理預設值的地方。如果需要不同的特性值來適應不同的部署環境，這些環境限定的值會透過其他來源，例如環境變數或命令列參數，被攝入到應用程式的 Environment 中。簡而言之，@ConfigurationProperties 單純只是為預設特性值強制要求較佳的實務做法。

潛在的第三方選項

到目前為止，@ConfigurationProperties 的實用性已經夠令人印象深刻了，但它還有進一步的功能：包裝第三方的元件並把它們的特性整合到應用程式的 Environment 中。為了示範如何操作，我建立了一個 POJO 來模擬一個可能被整合到應用程式中的元件。請注意，在運用此功能是最便利的典型用例中，我們會在專案中添加一個外部依存關係，並查閱元件的說明文件來判斷要為之建立一個 Spring bean 的類別，而不是像我在這裡做的手動創建。

在下面的程式碼列表中，我建立了模擬的第三方元件，名為 Droid，它有兩個特性，即 id 和 description，以及它們相關的存取器（accessor）和變動器（mutator）方法：

```
class Droid {
    private String id, description;

    public String getId() {
        return id;
    }

    public void setId(String id) {
        this.id = id;
    }

    public String getDescription() {
        return description;
    }

    public void setDescription(String description) {
        this.description = description;
    }
}
```

下一步就和真正的第三方元件一樣：以一個 Spring bean 的形式實體化該元件。Spring bean 可以透過多種方式從所定義的 POJO 建立出來，但最適合這個特殊用例的方式是，在以 @Configuration 注釋的一個類別中建立一個以 @Bean 注釋的方法，不管是直接那樣做，或透過一個元注釋（meta-annotation）。

一個在其定義中整合 @Configuration 的元注釋是 @SpringBootApplication，它可以在主應用程式類別上發現。這就是開發人員經常把創建 bean 的方法（bean creation methods）放在那裡的原因。

在 IntelliJ 和大多數其他 IDE 以及對 Spring 有可靠支援的進階文字編輯器中，你可以深入 Spring 的元注釋，探索內嵌其中的注釋。在 IntelliJ 中，Cmd + LeftMouseClick（在 MacOS 上）的組合將展開注釋。`@SpringBootApplication` 包含了 `@SpringBootConfiguration`，而後者包含了 `@Configuration`，這使得我們與目標只有兩度之隔。

在下面的程式碼列表中，我展示了創建 bean 的方法和必要的 `@ConfigurationProperties` 注釋，以及 `prefix` 參數，指出 `Droid` 的特性應該納入到 `Environment` 中的頂層特性分組 `droid` 之下。

```
@SpringBootApplication
@ConfigurationPropertiesScan
public class SburRestDemoApplication {

    public static void main(String[] args) {
        SpringApplication.run(SburRestDemoApplication.class, args);
    }

    @Bean
    @ConfigurationProperties(prefix = "droid")
    Droid createDroid() {
        return new Droid();
    }
}
```

和之前一樣，這需要重新建置專案，讓組態處理器偵測到這個新的組態特性來源對外開放的特性。建置完成之後，我們可以回到 *application.properties*，看到那兩個 `droid` 特性現在都已經浮出水面，並帶有型別資訊，如圖 5-12 所示。

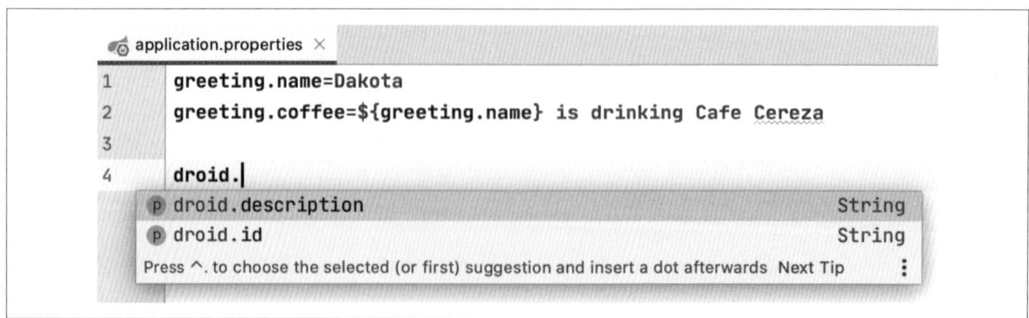

圖 5-12　現在可以在 application.properties 中看見 `droid` 的特性和型別資訊

我指定了一些值給 droid.id 和 droid.description 作為預設值使用，如圖 5-13 所示。對於所有的 Environment 特性，甚或從第三方獲得的那些特性而言，這都是值得養成的好習慣。

```
application.properties ×
greeting.name=Dakota
greeting.coffee=${greeting.name} is drinking Cafe Cereza

droid.id=BB-8
droid.description=Small, rolling android. Probably doesn't drink coffee.
```

圖 5-13　在 application.properties 中指定了預設值的 droid 特性

為了驗證 Droid 的特性是否一切都按照預期運作，我建立了一個非常簡單的 @RestController，它只有一個 @GetMapping 方法，如下面的程式碼所示：

```
@RestController
@RequestMapping("/droid")
class DroidController {
    private final Droid droid;

    public DroidController(Droid droid) {
        this.droid = droid;
    }

    @GetMapping
    Droid getDroid() {
        return droid;
    }
}
```

建置並執行專案後，我查詢新的 */droid* 端點並確認有適當的回應，如圖 5-14 所示。

```
mheckler-a01 :: ~/dev » http :8080/droid
HTTP/1.1 200
Connection: keep-alive
Content-Type: application/json
Date: Fri, 27 Nov 2020 17:29:29 GMT
Keep-Alive: timeout=60
Transfer-Encoding: chunked

{
    "description": "Small, rolling android. Probably doesn't drink coffee.",
    "id": "BB-8"
}
```

圖 5-14　查詢 /droid 端點以檢索來自 Droid 的特性

自動組態報告

如前所述，Boot 透過自動組態（autoconfiguration）為開發人員做了很多事情：用它所需的 beans 設定應用程式，以實現對於所選能力、依存關係和程式碼是重要組成部分的功能。前面也提到這種能力：為了以更特定的方式（對於你的用例而言）實作功能性，要能夠覆寫任何必要的自動組態。但是，如何才能看到哪些 beans 被創建了、哪些 beans 沒有被創建，以及什麼條件導致了這兩種結果呢？

出於 JVM 的靈活性，使用 `debug` 旗標以幾種方式之一生成自動組態報告是很簡單的事：

- 以 `--debug` 選項執行應用程式的 jar 檔案：`java -jar bootapplication.jar --debug`
- 以一個 JVM 參數執行應用程式的 jar 檔案：`java -Ddebug=true -jar bootapplication.jar`
- 在應用程式的 *application.properties* 檔案中加上 `debug=true`。
- 在你的 shell（Linux 或 Mac）中執行 `export DEBUG=true`，或者把它加到你的 Windows 環境中，然後執行 `java -jar bootapplication.jar`。

在應用程式的 `Environment` 中為 `debug` 新增一個肯定值的任何方式（如上述的那些）都能提供同樣的結果。這些只是比較常用的選擇。

自動組態報告中列出正向匹配（positive matches，即那些估算為真並導致某個動作發生的條件）的部分被列在以「Positive matches」為標題的那一段。在此我複製了該段落的標題，以及正向匹配及其導致的自動組態動作的一個例子：

```
============================
CONDITIONS EVALUATION REPORT
============================


Positive matches:
-----------------
   DataSourceAutoConfiguration matched:
      - @ConditionalOnClass found required classes 'javax.sql.DataSource',
      'org.springframework.jdbc.datasource.embedded.EmbeddedDatabaseType'
      (OnClassCondition)
```

這個特定的匹配展示了我們預期會發生的事情，不過確認以下幾點總是好的：

- JPA 和 H2 是應用程式的依存關係。
- JPA 能與 SQL 資料來源（datasources）一起作業。
- H2 是一個內嵌的資料庫（embedded database）。
- 有找到支援內嵌式 SQL 資料來源的類別。

結果就是，DataSourceAutoConfiguration 被調用了。

同樣地，「Negative matches（負向匹配）」的部分顯示了 Spring Boot 的自動組態沒有採取的動作及其原因，如下所示：

```
Negative matches:
-----------------
   ActiveMQAutoConfiguration:
      Did not match:
         - @ConditionalOnClass did not find required class
          'javax.jms.ConnectionFactory' (OnClassCondition)
```

在這種情況下，ActiveMQAutoConfiguration 沒有被執行，因為應用程式在啟動時並沒有找到 JMS 的 ConnectionFactory 類別。

另一個實用的小插曲是列出「Unconditional classes（無條件類別）」的部分，這些類別的創建無需滿足任何條件。考慮到前一節的內容，我接下來列出了一個特別有趣的類別：

```
Unconditional classes:
----------------------
    org.springframework.boot.autoconfigure.context
     .ConfigurationPropertiesAutoConfiguration
```

如你所見，ConfigurationPropertiesAutoConfiguration 總是會被實體化，以管理在一個 Spring Boot 應用程式中建立和參考的任何 ConfigurationProperties，這對每個 Spring Boot app 都是不可或缺的。

致動器

致動器（*actuator*）

名詞。專門用於引動（actuates）的東西：用來移動或控制某物的機械裝置。

Spring Boot Actuator 原始的版本在 2014 年達到了 General Availability（GA），並因其為生產型 Boot 應用程式提供了寶貴的洞察力而備受好評。Actuator 透過 HTTP 端點或 JMX（Java Management Extensions）為執行中的應用程式提供監控和管理的能力，它包含並對外開放了 Spring Boot 所有生產等級的功能。

跟 Spring Boot 的 2.0 版本一起完全改造過，Actuator 現在運用 Micrometer 的儀器化程式庫（instrumentation library），透過一致的外觀提供源自眾多先進監控系統的指標，類似於 SLF4J 在各種日誌機制（logging mechanisms）方面的運作方式。這大幅拓展了可以在任何給定的 Spring Boot 應用程式中透過 Actuator 整合、監控和揭露的事物之範疇。

為了開始使用 Actuator，我在當前專案的 *pom.xml* 依存關係段落添加了另一個依存關係項，如以下程式碼片段所示，`spring-boot-starter-actuator` 依存關係提供了必要的功能。為了做到這點，它帶入了 Actuator 本身和 Micrometer，配合自動組態功能，幾乎不費吹灰之力就能在 Spring Boot 應用程式中就定位，開始作用：

```
<dependencies>
    ... (other dependencies omitted for brevity)
    <dependency>
        <groupId>org.springframework.boot</groupId>
        <artifactId>spring-boot-starter-actuator</artifactId>
    </dependency>
</dependencies>
```

在重新整理 / 重新匯入（refreshing/reimporting）依存關係後，我重新執行應用程式。隨著應用程式的執行，我們可以透過訪問 Actuator 的主端點來查看它預設對外開放的資訊。同樣地，我使用 HTTPie 來完成這項任務，如圖 5-15 所示。

預設情況下，所有的 Actuator 資訊都被歸組在 app 的 */actuator* 端點下，但這也是可以配置的。

對於 Actuator 的粉絲（和粉絲群）來說，這些資訊似乎不算多，但這種簡短是刻意的。

```
mheckler-a01 :: ~/dev » http :8080/actuator
HTTP/1.1 200
Connection: keep-alive
Content-Type: application/vnd.spring-boot.actuator.v3+json
Date: Fri, 27 Nov 2020 17:34:29 GMT
Keep-Alive: timeout=60
Transfer-Encoding: chunked

{
    "_links": {
        "health": {
            "href": "http://localhost:8080/actuator/health",
            "templated": false
        },
        "health-path": {
            "href": "http://localhost:8080/actuator/health/{*path}",
            "templated": true
        },
        "info": {
            "href": "http://localhost:8080/actuator/info",
            "templated": false
        },
        "self": {
            "href": "http://localhost:8080/actuator",
            "templated": false
        }
    }
}
```

圖 5-15　存取 Actuator 端點，預設組態

Actuator 能存取並對外開放關於執行中應用程式的大量資訊，這些訊息對於開發者、操作人員，以及可能想要威脅你應用程式安全的不法分子來說，都是非常有用的。Actuator 遵循 Spring Security 的公認目標，即 *secure by default*（**預設就安全**），它的自動組態透露了非常有限的 *health*（**健康**）和 *info*（**資訊**）回應（事實上，*info* 預設為一個空的集合），不加設定的話（out of the box，OOTB），只會提供一個應用程式的執行狀況和其他非常少的資訊。

和大多數 Spring 的東西一樣，你可以創建一些非常複雜的機制來控制對各種 Actuator 資料來源的存取方式，但也有一些快速、一致和簡單的選項可用。現在讓我們來看看那些選項吧。

藉由特性可以很容易地配置 Actuator，可以是一組包含的端點（included endpoints），也可以是一組排除的端點（excluded endpoints）。為了簡單起見，我選擇了包含路線，在 *application.properties* 中添加以下內容：

```
management.endpoints.web.exposure.include=env, info, health
```

在這個例子中，我指示該 app（和 Actuator）只透露 */actuator/env*、*/actuator/info*，和 */actuator/health* 端點（以及任何從屬端點）。

圖 5-16 確認了重新執行應用程式並查詢它的 */actuator* 端點後的預期結果。

為了充分展示 Actuator 的 OOTB 功能，我可以更進一步，**單純只為了示範用途**而完全停用安全性，使用一個萬用字元（wildcard）配合上述的 *application.properties* 設定：

```
management.endpoints.web.exposure.include=*
```

這一點再怎麼強調都不為過：敏感性資料的安全機制應該只為演示或驗證的目的而被停用。**永遠不要關閉生產用途的應用程式的安全機制**。

為了在啟動應用程式時進行驗證，Actuator 盡職地報告了當前它對外開放的端點數量和到達它們的根路徑（在本例中，預設的是 */actuator*），如下面啟動報告的片段所示。這是一個有用的提醒 / 警告（reminder/warning），它提供了一種快速的視覺檢查，確保在將應用程式推進到目標部署地之前，沒有比預期更多的端點被透露。

```
INFO 22115 --- [           main] o.s.b.a.e.web.EndpointLinksResolver      :
    Exposing 13 endpoint(s) beneath base path '/actuator'
```

要檢查目前透過 Actuator 可以存取的所有映射，只需查詢所提供的 Actuator 根路徑，就能取回一個完整的列表：

```
mheckler-a01 :: ~/dev » http :8080/actuator
HTTP/1.1 200
Connection: keep-alive
Content-Type: application/vnd.spring-boot.actuator.v3+json
Date: Fri, 27 Nov 2020 17:43:27 GMT
Keep-Alive: timeout=60
Transfer-Encoding: chunked

{
    "_links": {
        "beans": {
```

```
mheckler-a01 :: ~/dev » http :8080/actuator
HTTP/1.1 200
Connection: keep-alive
Content-Type: application/vnd.spring-boot.actuator.v3+json
Date: Fri, 27 Nov 2020 17:38:30 GMT
Keep-Alive: timeout=60
Transfer-Encoding: chunked

{
    "_links": {
        "env": {
            "href": "http://localhost:8080/actuator/env",
            "templated": false
        },
        "env-toMatch": {
            "href": "http://localhost:8080/actuator/env/{toMatch}",
            "templated": true
        },
        "health": {
            "href": "http://localhost:8080/actuator/health",
            "templated": false
        },
        "health-path": {
            "href": "http://localhost:8080/actuator/health/{*path}",
            "templated": true
        },
        "info": {
            "href": "http://localhost:8080/actuator/info",
            "templated": false
        },
        "self": {
            "href": "http://localhost:8080/actuator",
            "templated": false
        }
    }
}
```

圖 5-16　指定了要包含的端點後，存取 Actuator

```
        "href": "http://localhost:8080/actuator/beans",
        "templated": false
    },
    "caches": {
        "href": "http://localhost:8080/actuator/caches",
        "templated": false
    },
    "caches-cache": {
        "href": "http://localhost:8080/actuator/caches/{cache}",
```

```
        "templated": true
    },
    "conditions": {
        "href": "http://localhost:8080/actuator/conditions",
        "templated": false
    },
    "configprops": {
        "href": "http://localhost:8080/actuator/configprops",
        "templated": false
    },
    "env": {
        "href": "http://localhost:8080/actuator/env",
        "templated": false
    },
    "env-toMatch": {
        "href": "http://localhost:8080/actuator/env/{toMatch}",
        "templated": true
    },
    "health": {
        "href": "http://localhost:8080/actuator/health",
        "templated": false
    },
    "health-path": {
        "href": "http://localhost:8080/actuator/health/{*path}",
        "templated": true
    },
    "heapdump": {
        "href": "http://localhost:8080/actuator/heapdump",
        "templated": false
    },
    "info": {
        "href": "http://localhost:8080/actuator/info",
        "templated": false
    },
    "loggers": {
        "href": "http://localhost:8080/actuator/loggers",
        "templated": false
    },
    "loggers-name": {
        "href": "http://localhost:8080/actuator/loggers/{name}",
        "templated": true
    },
    "mappings": {
        "href": "http://localhost:8080/actuator/mappings",
        "templated": false
    },
```

```
        "metrics": {
            "href": "http://localhost:8080/actuator/metrics",
            "templated": false
        },
        "metrics-requiredMetricName": {
            "href": "http://localhost:8080/actuator/metrics/{requiredMetricName}",
            "templated": true
        },
        "scheduledtasks": {
            "href": "http://localhost:8080/actuator/scheduledtasks",
            "templated": false
        },
        "self": {
            "href": "http://localhost:8080/actuator",
            "templated": false
        },
        "threaddump": {
            "href": "http://localhost:8080/actuator/threaddump",
            "templated": false
        }
    }
}
```

Actuator 端點的列表能讓我們大致掌握所捕捉並透露的訊息之範圍，但對好或壞的行為者而言都特別有用處的是下面這些：

/actuator/beans

應用程式所創建的所有 Spring beans

/actuator/conditions

符合（或不符合）創建 Spring beans 的條件；類似於前面討論過的 Conditions Evaluation Report。

/actuator/configprops

應用程式可取用的所有 `Environment` 特性

/actuator/env

應用程式執行環境的各個面向；特別適合用來查看每個單獨 `configprop` 的來源。

/actuator/health

健康資訊（基本或擴充的，取決於設定）

/actuator/heapdump

起始堆積傾印（heap dump），用於故障排除與分析。

/actuator/loggers

每個元件的記錄層級（logging levels）

/actuator/mappings

所有的端點映射（endpoint mappings）和支援的細節

/actuator/metrics

應用程式目前正在採集的指標

/actuator/threaddump

起始執行緒傾印（thread dump），用於故障排除與分析

這些，以及其餘所有預先配置的 Actuator 端點，在需要的時候很方便，也很容易存取以進行檢視。持續專注於應用程式的環境，即使在這些端點中，也有些是其中第一優先的。

開放 Actuator

如前所述，Actuator 的預設安全組態刻意只透露了非常有限的 *health* 和 *info* 回應。事實上，*/actuator/health* 端點預設就提供了一種相當實用的「UP」或「DOWN」應用狀態（application status）。

然而，對於大多數的應用程式，Actuator 也會為某些依存關係追蹤健康資訊，只是除非得到授權，否則它不會揭露這些額外的資訊。要為預先配置的依存關係顯示擴充的健康資訊，我新增了下列特性到 *application.properties*：

```
management.endpoint.health.show-details=always
```

健康指標（health indicator）的 `showdetails` 特性有三種可能的值：`never`（預設）、`when_authorized` 和 `always`。在這個例子中，我選擇 `always` 只是為了展示可能的情況，但對於每個投入生產的應用程式，正確的選擇是 `never` 或 `when_authorized`，以便限制應用程式擴充的健康資訊之可見性。

重新啟動應用程式後，存取 */actuator/health* 端點的結果就是，應用程式主要元件的健康資訊被加到了整體的應用程式健康摘要上，如圖 5-17 所示。

```
mheckler-a01 :: ~/dev » http :8080/actuator/health
HTTP/1.1 200
Connection: keep-alive
Content-Type: application/vnd.spring-boot.actuator.v3+json
Date: Fri, 27 Nov 2020 17:47:32 GMT
Keep-Alive: timeout=60
Transfer-Encoding: chunked

{
    "components": {
        "db": {
            "details": {
                "database": "H2",
                "validationQuery": "isValid()"
            },
            "status": "UP"
        },
        "diskSpace": {
            "details": {
                "exists": true,
                "free": 133346631680,
                "threshold": 10485760,
                "total": 499963174912
            },
            "status": "UP"
        },
        "ping": {
            "status": "UP"
        }
    },
    "status": "UP"
}
```

圖 5-17　擴充的健康資訊

透過 Actuator 更加瞭解環境

一個經常困擾開發人員的弊病（現在的公司也會有）就是當行為與預期不符時，假設開發人員對目前應用程式的環境 / 狀態（environment/state）有完全的瞭解。這並不完全出乎意料，尤其是在那段異常程式碼是自己寫的時候。相對快速且寶貴的第一步是**檢查所有的假設**。你**知道**那個值是什麼嗎？或者你只是很確定自己知道而已？

你有檢查過嗎？

特別是在由輸入（inputs）驅動結果的程式碼中，這應該是一個必要的起點。Actuator 有助於使這一點變得不痛苦，查詢應用程式的 */actuator/env* 端點會回傳所有的環境資訊。接下來是該結果的一部分，它只顯示了到目前為止應用程式中的特性集合：

```
{
    "name": "Config resource 'classpath:/application.properties' via location
     'optional:classpath:/'",
    "properties": {
        "droid.description": {
            "origin": "class path resource [application.properties] - 5:19",
            "value": "Small, rolling android. Probably doesn't drink coffee."
        },
        "droid.id": {
            "origin": "class path resource [application.properties] - 4:10",
            "value": "BB-8"
        },
        "greeting.coffee": {
            "origin": "class path resource [application.properties] - 2:17",
            "value": "Dakota is drinking Cafe Cereza"
        },
        "greeting.name": {
            "origin": "class path resource [application.properties] - 1:15",
            "value": "Dakota"
        },
        "management.endpoint.health.show-details": {
            "origin": "class path resource [application.properties] - 8:41",
            "value": "always"
        },
        "management.endpoints.web.exposure.include": {
            "origin": "class path resource [application.properties] - 7:43",
            "value": "*"
        }
    }
}
```

Actuator 不僅顯示了每個被定義的特性目前的值，還顯示了它的來源，詳細到每個值定義之處的行號（line number）和欄號（column number）都有。但是，如果這些值中的一或多個被另一個來源（例如，執行應用程式時的外部環境變數或命令列參數）所覆寫，會發生什麼？

為了演示典型的生產型應用程式情境，我從命令列在應用程式的目錄下執行 `mvn clean package`，然後用以下命令執行此 app：

```
java -jar target/sbur-rest-demo-0.0.1-SNAPSHOT.jar --greeting.name=Sertanejo
```

再一次查詢 */actuator/env*，此時你可以看到有一個新的段落顯示命令列引數，其中只有 `greeting.name` 一個條目：

```
{
    "name": "commandLineArgs",
    "properties": {
        "greeting.name": {
            "value": "Sertanejo"
        }
    }
}
```

按照前面提到的 `Environment` 輸入的優先順序，命令列引數應該覆寫在 *application.properties* 中設定的值。查詢 */greeting* 端點會如預期回傳「Sertanejo」；查詢 */greeting/coffee* 的結果同樣透過 SpEL 運算式把被覆寫的值被整合到了回應：`Sertanejo is drinking Cafe Cereza`。

由於有了 Spring Boot Actuator，想要探查錯誤的、資料驅動的行為之根源，就變得簡單多了。

使用 Actuator 來提高日誌記錄的詳細程度

與開發和部署軟體的許多其他選擇一樣，為生產用的應用程式選擇日誌記錄層級（logging levels）涉及到取捨。選擇記錄更多的東西會產生更多的系統工作並消耗儲存空間，也可能同時捕捉了更多相關和不相關的資料。這反過來可能又會讓我們更難鎖定原本就難以捉摸的問題。

作為 Boot 提供生產等級的功能之使命的一部份，Actuator 也解決了這一問題，允許開發人員為大多數或所有的元件設置一個典型的記錄層級，如「INFO」，並在關鍵問題出現時，暫時改變該層級，而且所有的這些都是在生產用的 Spring Boot 應用程式中即時進行的。Actuator 透過針對適用的端點的一個簡單的 POST，讓記錄層級的設定與重置變得很方便。舉例來說，圖 5-18 顯示了 org.springframework.data.web 的預設記錄層級。

```
mheckler-a01 :: ~/dev » http :8080/actuator/loggers/org.springframework.data.web

HTTP/1.1 200
Connection: keep-alive
Content-Disposition: inline;filename=f.txt
Content-Type: application/vnd.spring-boot.actuator.v3+json
Date: Fri, 27 Nov 2020 18:01:15 GMT
Keep-Alive: timeout=60
Transfer-Encoding: chunked

{
    "configuredLevel": null,
    "effectiveLevel": "INFO"
}
```

圖 5-18　org.springframework.data.web 的預設記錄層級

特別值得注意的是，由於沒有為該元件設定記錄層級，因此會使用一個有效層級「INFO」；同樣地，若沒有提供具體細節，Spring Boot 就會提供合理的預設值。

如果我被通知一個正在執行的應用程式出現了問題，並希望提升記錄層級以幫忙診斷和解決它，那麼對於一個特定的元件，所需要做的就只是為 configuredLevel 發送（POST）一個 JSON 格式化的新值到它的 */actuator/loggers* 端點，如這裡所示：

```
echo '{"configuredLevel": "TRACE"}'
  | http :8080/actuator/loggers/org.springframework.data.web
```

現在重新查詢記錄層級會確認，org.springframework.data.web 的記錄器（logger）現在的確被設置為「TRACE」，並將為應用程式提供密集的診斷資訊，如圖 5-19 所示。

「TRACE」對於鎖定一個難以捉摸的問題而言，可能是至關緊要的，但它是一個相當重量級的記錄層級，捕獲的資訊甚至比「DEBUG」更細微，在生產用的應用程式中使用它可以提供基本的資訊，但要注意其影響。

```
mheckler-a01 :: ~/dev » http :8080/actuator/loggers/org.springframework.data.web

HTTP/1.1 200
Connection: keep-alive
Content-Disposition: inline;filename=f.txt
Content-Type: application/vnd.spring-boot.actuator.v3+json
Date: Fri, 27 Nov 2020 18:05:34 GMT
Keep-Alive: timeout=60
Transfer-Encoding: chunked

{
    "configuredLevel": "TRACE",
    "effectiveLevel": "TRACE"
}
```

圖 5-19 `org.springframework.data.web` 新的記錄層級「TRACE」

程式碼 *Checkout* 檢查

完整的章節程式碼，請 check out 程式碼儲存庫中的分支 *chapter5end*。

總結

對於開發人員來說，具備實用的工具得以建立、識別和隔離生產用應用程式中表現出來的行為，是至關緊要的。隨著應用程式變得更加動態和分散式，經常有必要進行以下工作：

- 動態地配置和重新配置應用程式
- 判斷 / 確認（determine/confirm）目前的設定及其來源。
- 檢視和監控應用程式的環境和健康指標
- 暫時調整執行中的應用程式的記錄層級，以識別出根本原因。

本章演示了如何使用 Spring Boot 內建的組態功能，其 Autoconfiguration Report 和 Spring Boot Actuator 來靈活且動態地創建、識別和修改應用程式的環境設定。

在下一章中，我將深入探討資料（data）：如何使用各種業界標準和先進的資料庫引擎以及 Spring Data 專案及其相關設施來定義其儲存區和檢索動作，以最精簡和強大的方式進行實作。

第六章

真正深入資料

資料（data）可能是一個複雜的主題，需要考慮的東西太多了：其結構以及與其他資料的關係；處理、儲存和檢索的選項；各種適用的標準；資料庫供應商和機制等等的。資料可能是開發人員在職業生涯的早期和學習新的工具鏈時，會接觸到的最複雜的開發面向。

之所以經常如此，是因為如果沒有某種形式的資料，幾乎所有的應用程式都是沒有意義的。很少有應用程式在沒有儲存、檢索或將資料互相關聯的情況下，有辦法提供什麼價值的。

作為構成幾乎所有應用程式價值基礎的東西，資料吸引了資料庫提供者和平台供應商的大量創新。但在很多情況下，複雜性依然存在：畢竟這是一個具有很大深度和廣度的主題。

進入 Spring Data 這個主題。Spring Data 的既定使命（*https://spring.io/projects/spring-data*）是「為資料的存取提供一個熟悉的、一致的、基於 Spring 的程式設計模型，同時仍然保留底層資料儲存區的特徵」。無論資料庫引擎或平台為何，Spring Data 的目標都是要讓開發人員在人力所及範圍內，以盡可能簡單和強大的方式存取資料。

本章示範了如何使用各種業界標準和先進的資料庫引擎以及 Spring Data 專案與其相關設施來定義資料的儲存和檢索，並以最精簡和強大的方式實作它們：透過 Spring Boot。

定義實體

幾乎在每一個資料處理案例中，都會涉及到某種形式的領域實體（domain entity）。無論是發票、汽車，還是其他完全不同的東西，資料很少被當作不相關之特性的集合來處理。不可避免的是，我們認為有用的資料是有凝聚力的一群元素，它們共同構成一個有意義的整體。一輛汽車，不管是資料中或現實生活中的，只有當它是一個完全溯源（fully attributed）的獨特事物時，才會是真正有用的概念。

Spring Data 在不同的抽象層次上，為 Spring Boot 應用程式提供了可用的幾種不同機制和資料存取選項。無論開發人員為任何給定的用例確立了何種抽象層級，第一步都是定義處理適用資料所需的任何類別。

雖然 Domain-Driven Design（DDD，領域驅動設計）的全面探索超出了本書的範圍，但我會把這些概念當作基礎，用來定義本章和後續章節中所構建的範例應用程式適用的領域類別（domain classes）。對於 DDD 的全面探索，我會向讀者推薦 Eric Evans 關於這個主題的開創性著作 *Domain-Driven Design: Tackling Complexity in the Heart of Software*（*https://oreil.ly/DomainDrivDes*）。

簡單來說，一個**領域類別**（*domain class*）封裝了在獨立於其他資料的情況下，仍具有相關性和重要性的一個主要領域實體（primary domain entity）。這並不意味著它與其他領域實體完全沒有關係，只是說它可以獨立存在，並自成一個有意義的單元，即使與其他實體解除關聯也是如此。

要在 Spring 中使用 Java 建立一個領域類別，你可以創建一個具有成員變數（member variables）、適用的建構器（constructors）、存取器 / 變動器（accessors/mutators）和 `equals()/hashCode()/toString()` 方法（以及更多東西）的類別。你也可以採用 Lombok 搭配 Java 或 Kotlin 中的資料類別（data classes）來建立領域類別，以進行資料的表示、儲存和檢索。我在這一章中做了所有這些事情，以證明使用 Spring Boot 和 Spring Data 來處理領域是多麼的容易。有選擇的感覺真好。

對於本章中的範例，一旦我定義了領域類別，我將根據資料使用的目標和資料庫供應商對外開放的 API 來決定一個要用的資料庫和抽象層級。在 Spring 生態系統中，這通常歸結為兩個選項（雖然可能是稍微變化過的）之一：範本（templates）或儲存庫（repositories）。

範本（Template）的支援

為了提供一組「足夠高階」的連貫抽象層，Spring Data 為其各式各樣的大部分資料來源（data sources）都定義了型別為 `Operations` 的一個介面。這個 `Operations` 介面（範例包括 `MongoOperations`、`RedisOperations` 和 `CassandraOperations`）指定了基礎的一組運算，你可以直接使用這些運算以獲得最大的彈性，也可以在此基礎上構建更高階的抽象層。`Template` 類別提供了 `Operations` 介面的直接實作。

範本可被視為一種 Service Provider Interface（SPI，服務提供者介面），可以直接使用，能力極強，但每次使用它們來完成開發人員所面臨的常見用例時，都需要很多重複的步驟。對於那些資料的存取遵循常見模式的場景，儲存庫（repositories）可能是更好的選擇。而且最好的部分是，儲存庫建立在範本的基礎之上，所以你不會因為提升到更高的抽象層而損失任何東西。

儲存庫的支援

Spring Data 定義了 `Repository` 介面，所有其他型別的 Spring Data 儲存庫介面（repository interfaces）都是從該介面衍生出來的。例子包括 `JPARepository` 和 `MongoRepository`（分別提供 JPA 限定和 Mongo 限定的功能），以及像是 `CrudRepository`、`ReactiveCrudRepository` 和 `PagingAndSortingRepository` 等更多用途的介面。這些不同的儲存庫介面指定了實用的高階運算，例如 `findAll()`、`findById()`、`count()`、`delete()`、`deleteAll()` 等。

阻斷式（blocking）和非阻斷式（nonblocking）的互動都定義有儲存庫。此外，Spring Data 的儲存庫支援「慣例重於組態（convention over configuration）」的查詢創建方式，甚至支援字面值的查詢述句（literal query statements）。在 Spring Boot 中使用 Spring Data 的儲存庫，使得複雜資料庫互動的建置工作幾乎可以說是輕而易舉。

所有的這些功能都會在本書的某些地方演示。在本章中，我的計畫是，結合各種實作細節來涵蓋跨越數個資料庫選項的關鍵要素：Lombok、Kotlin 等。透過這種方式，我提供了一個廣泛而穩定的基礎，以便在後續的章節中進行構建。

@Before

儘管我很喜歡咖啡，並依靠它來推動我的應用程式開發工作，但為了更好地探索本書其餘部分所涉及的概念，我覺得應該在一個更通用的領域中進行探索。身為一名軟體開發者和飛行員，我認為，隨著我們在眾多用例中深入研究 Spring Boot 的設施，日益複雜和資料驅動的航空世界將可提供源源不絕的有趣場景（和迷人的資料）以供探索。

要處理資料，我們必須**擁有**資料才行。我開發了一個名為 `PlaneFinder` 的小型 Spring Boot RESTful Web 服務（可在本書的程式碼儲存庫中取得），作為一個 API 閘道（API gateway）之用，藉此我可以在我辦公桌上的一個小型裝置的範圍內輪詢（poll）當前的飛機和所在位置。此裝置接收一定距離內的飛機的 ADS-B（Automatic Dependent Surveillance-Broadcast）資料，並把這些資料分享到一個線上服務 PlaneFinder.net（*https://planefinder.net*）。它還對外開放了一個 HTTP API，我的閘道服務會使用它，並加以簡化，再提供給其他下游服務，例如本章中的服務。

整個過程中會有更多的細節，但現在，讓我們建立一些連接了資料庫的服務。

使用 Redis 建立一個基於範本的服務

Redis 是一種資料庫，它通常被用作記憶體內的資料存放區（in-memory datastore），用來在一個服務的多個實體（instances）之間共用狀態、進行快取（caching），並在服務之間仲介訊息。就像所有的大型資料庫一樣，Redis 可以做到更多的事情，但本章的重點只是使用 Redis 在記憶體中儲存和檢索我們的服務從前面提到的 PlaneFinder 服務中獲得的飛機資訊。

初始化此專案

讓我們先回到 Spring Initializr。從那裡，我選擇了以下選項：

- Maven 專案
- Java
- Spring Boot 目前的生產用版本
- 打包方式： Jar
- Java：11

而依存關係是：

- Spring Reactive Web（`spring-boot-starter-webflux`）
- Spring Data Redis（Access+Driver）（`spring-boot-starter-data-redis`）
- Lombok（`lombok`）

> **關於專案選項的注意事項**
>
> Initializr 的功能選單名稱後的括弧裡是上面顯示的能力 / 程式庫（capabilities/libraries）的人為 ID（Artifact ID）。前兩個有一個共通的 Group ID，也就是 `org.springframework.boot`，而 Lombok 的則是 `org.projectlombok`。
>
> 儘管我並沒有特別針對本章應用程式的任何非阻斷、反應式（reactive）功能，但我還是包含了 Spring Reactive Web 的依存關係，而非 Spring Web 的依存關係，以便取用 `WebClient`。`WebClient` 是使用 Spring Boot 2.x 或之後版本建置的應用程式要進行阻斷式和非阻斷式服務互動的首選客戶端。從建造基本 Web 服務的開發者角度來看，無論我包含哪種依存關係，程式碼都是一樣的：本章範例的程式碼、注釋和特性在兩者之間完全一致。在未來的章節中，當這兩種路徑開始出現分歧時，我會指出其中的差異。

接著，我生成此專案並將它儲存在本地端，解壓縮後在 IDE 中打開。

發展 Redis 服務

讓我們從領域（domain）開始。

目前，`PlaneFinder` API 閘道對外開放了單一的 REST 端點：

```
http://localhost:7634/aircraft
```

任何（本地）服務都可以查詢這個端點，並收到一個 JSON 回應，其中含有收訊器範圍內所有飛機的資訊，格式如下（具有代表性的資料）：

```
[
    {
        "id": 108,
        "callsign": "AMF4263",
        "squawk": "4136",
```

```
        "reg": "N49UC",
        "flightno": "",
        "route": "LAN-DFW",
        "type": "B190",
        "category": "A1",
        "altitude": 20000,
        "heading": 235,
        "speed": 248,
        "lat": 38.865905,
        "lon": -90.429382,
        "barometer": 0,
        "vert_rate": 0,
        "selected_altitude": 0,
        "polar_distance": 12.99378,
        "polar_bearing": 345.393951,
        "is_adsb": true,
        "is_on_ground": false,
        "last_seen_time": "2020-11-11T21:44:04Z",
        "pos_update_time": "2020-11-11T21:44:03Z",
        "bds40_seen_time": null
    },
    {<another aircraft in range, same fields as above>},
    {<final aircraft currently in range, same fields as above>}
]
```

定義領域類別

為了攝入和操作這些飛機報告，我建立了一個 Aircraft 類別，如下：

```
package com.thehecklers.sburredis;

import com.fasterxml.jackson.annotation.JsonIgnoreProperties;
import com.fasterxml.jackson.annotation.JsonProperty;
import lombok.AllArgsConstructor;
import lombok.Data;
import lombok.NoArgsConstructor;
import org.springframework.data.annotation.Id;

import java.time.Instant;

@Data
@NoArgsConstructor
@AllArgsConstructor
@JsonIgnoreProperties(ignoreUnknown = true)
public class Aircraft {
    @Id
```

```
private Long id;
private String callsign, squawk, reg, flightno, route, type, category;
private int altitude, heading, speed;
@JsonProperty("vert_rate")
private int vertRate;
@JsonProperty("selected_altitude")
private int selectedAltitude;
private double lat, lon, barometer;
@JsonProperty("polar_distance")
private double polarDistance;
@JsonProperty("polar_bearing")
private double polarBearing;
@JsonProperty("is_adsb")
private boolean isADSB;
@JsonProperty("is_on_ground")
private boolean isOnGround;
@JsonProperty("last_seen_time")
private Instant lastSeenTime;
@JsonProperty("pos_update_time")
private Instant posUpdateTime;
@JsonProperty("bds40_seen_time")
private Instant bds40SeenTime;

public String getLastSeenTime() {
    return lastSeenTime.toString();
}

public void setLastSeenTime(String lastSeenTime) {
    if (null != lastSeenTime) {
        this.lastSeenTime = Instant.parse(lastSeenTime);
    } else {
        this.lastSeenTime = Instant.ofEpochSecond(0);
    }
}

public String getPosUpdateTime() {
    return posUpdateTime.toString();
}

public void setPosUpdateTime(String posUpdateTime) {
    if (null != posUpdateTime) {
        this.posUpdateTime = Instant.parse(posUpdateTime);
    } else {
        this.posUpdateTime = Instant.ofEpochSecond(0);
    }
}
```

```
        public String getBds40SeenTime() {
            return bds40SeenTime.toString();
        }

        public void setBds40SeenTime(String bds40SeenTime) {
            if (null != bds40SeenTime) {
                this.bds40SeenTime = Instant.parse(bds40SeenTime);
            } else {
                this.bds40SeenTime = Instant.ofEpochSecond(0);
            }
        }
    }
```

這個領域類別包括一些有用的注釋（annotations），這些注釋簡化了必要的程式碼並增加了它的彈性。類別層級的注釋包括以下：

`@Data` 指示 Lombok 創建取值器（getter）、設值器（setter）、`equals()`、`hashCode()` 與 `toString()` 方法，創建一個所謂的資料類。`@NoArgsConstructor` 指示 Lombok 創建一個零參數的建構器，因此不需要參數。`@AllArgsConstructor` 指示 Lombok 創建一個建構器，讓每個成員變數對應一個參數，並要求必須為所有成員變數都提供一個引數（argument）。`@JsonIgnoreProperties(ignoreUnknown = true)` 通知 Jackson 解序列化（deserialization）機制忽略 JSON 回應中沒有對應的成員變數的欄位。

欄位層級的注釋（field-level annotations）會在合適之處提供更具體的指引。欄位層級注釋的例子包括本類別中使用的兩個：

`@Id` 指出被注釋的成員變數為某個資料庫條目 / 記錄（entry/record）的唯一識別字（unique identifier）。`@JsonProperty("vert_rate")` 將一個成員變數與其不同名稱的 JSON 欄位連接起來。

你可能會好奇，如果 `@Data` 注釋的結果是為所有成員變數創建取值器和設值器方法，那麼我為什麼要為 `Instant` 型別的三個成員變數明確建立存取器和變動器呢？就這三個變數而言，JSON 值必須透過調用 `Instant::parse` 這個方法來從一個 `String` 剖析（parse）並變換為一個複雜的資料型別。如果該值完全不存在（null），則必須執行不同的邏輯，以避免將一個 null 傳遞給 `parse()`，並透過設值器給相應的成員變數指定一些有意義的替代值。此外，`Instant` 值的序列化（serialization）最好是藉由轉換為一個 `String` 來達成，也就是那個明確的取值器方法。

定義了領域類別後，就可以創建和設定訪問 Redis 資料庫的機制了。

新增範本支援

Spring Boot 透過自動組態（autoconfiguration）提供了基本的 RedisTemplate 功能，如果你只需要使用 Redis 操作 String 值，那麼需要你做的工作（或程式碼）就非常少了。處理複雜的領域物件需要更多的設定，但也不會太多。

RedisTemplate 類別擴充（extends）了 RedisAccessor 類別並實作了 RedisOperations 介面。對於這個應用程式來說，我們特別感興趣的是 RedisOperations，因為它規範了與 Redis 互動所需的功能。

身為開發人員，我們應該更喜歡針對介面（interfaces）而非實作（implementations）來編寫程式碼。這樣做可以為手頭的任務提供最合適的具體實作，而不需要對程式碼或 API 進行修改，也不會過多和沒必要地違反 DRY（Don't Repeat Yourself）原則。只要介面有完全實作的，任何的具體實作都能和其他實作一樣正常執行。

在下面的程式碼列表中，我創建了型別為 RedisOperations 的一個 bean，回傳一個 RedisTemplate 作為那個 bean 的具體實作。我進行了下列步驟，正確配置它以容納送入的 Aircraft：

1. 我創建了一個 Serializer，用來在物件和 JSON 記錄之間進行轉換。由於 Jackson 被用來處理 JSON 值的 marshalling/unmarshalling（整列 / 反整列）動作，並且已經存在於 Spring Boot Web 應用程式中，因此我為 Aircraft 型別的物件建立了一個 Jackson2JsonRedisSerializer。
2. 我建立了一個 RedisTemplate，它接受型別為 String 的鍵值和型別為 Aircraft 的值，以容納送進來的具有 String ID 的 Aircraft。我將 RedisConnectionFactory bean（它會自動連接到這個 bean 創建方法的唯一參數，即 RedisConnectionFactory factory）插入到 template 物件中，讓它能夠建立並取得到 Redis 資料庫的一個連線。
3. 我向 template 物件提供了 Jackson2JsonRedisSerializer<Aircraft> 序列器（serializer），以便作為預設序列器使用。RedisTemplate 有幾個序列器，在沒有具體指定的情況下，會被指定為預設的序列器，這是實用的動作。
4. 我創建並指定了一個不同的序列器來用於鍵值，這樣範本（template）就不會嘗試使用預設序列器（它預期型別為 Aircraft 的物件）來轉換型別為 String 的鍵值。一個 StringRedisSerializer 就能很好地完成這個任務。

5. 最後，我回傳建立並設定好的 RedisTemplate 作為此應用程式內部有請求一個 RedisOperations bean 的實作時，要使用的 bean：

```
import org.springframework.boot.SpringApplication;
import org.springframework.boot.autoconfigure.SpringBootApplication;
import org.springframework.context.annotation.Bean;
import org.springframework.data.redis.connection.RedisConnectionFactory;
import org.springframework.data.redis.core.RedisOperations;
import org.springframework.data.redis.core.RedisTemplate;
import org.springframework.data.redis.serializer.Jackson2JsonRedisSerializer;
import org.springframework.data.redis.serializer.StringRedisSerializer;

@SpringBootApplication
public class SburRedisApplication {
    @Bean
    public RedisOperations<String, Aircraft>
    redisOperations(RedisConnectionFactory factory) {
        Jackson2JsonRedisSerializer<Aircraft> serializer =
                new Jackson2JsonRedisSerializer<>(Aircraft.class);

        RedisTemplate<String, Aircraft> template = new RedisTemplate<>();
        template.setConnectionFactory(factory);
        template.setDefaultSerializer(serializer);
        template.setKeySerializer(new StringRedisSerializer());

        return template;
    }

    public static void main(String[] args) {
        SpringApplication.run(SburRedisApplication.class, args);
    }
}
```

把所有的東西整合在一起

現在，使用一個範本存取 Redis 資料庫的底層佈線已經到位，現在是取得回報的時候了。如下面的程式碼列表所示，我創建了一個 Spring Boot 的 @Component 類別來輪詢 PlaneFinder 端點，並使用 Redis 範本的支援處理它接收到的 Aircraft 結果記錄。

為了初始化 PlaneFinderPoller bean 並為其行動做準備，我建立了一個 WebClient 物件，並把它指定給一個成員變數，將其指向外部的 PlaneFinder 服務所提供的目標端點。PlaneFinder 目前執行在我的本地機器上，並在通訊埠 7634 收聽。

PlaneFinderPoller bean 需要取用另外兩個 beans 才能夠執行它的職責：一個 RedisConnectionFactory（因為 Redis 是 app 的依存關係，這會由 Boot 的自動組態提供）和 RedisOperations 的一個實作，也就是前面創建的 RedisTemplate。兩者都透過建構器的注入（autowired）被指定給經過適當定義的成員變數：

```
import org.springframework.data.redis.connection.RedisConnectionFactory;
import org.springframework.data.redis.core.RedisOperations;
import org.springframework.scheduling.annotation.EnableScheduling;
import org.springframework.stereotype.Component;
import org.springframework.web.reactive.function.client.WebClient;

@EnableScheduling
@Component
class PlaneFinderPoller {
    private WebClient client =
            WebClient.create("http://localhost:7634/aircraft");

    private final RedisConnectionFactory connectionFactory;
    private final RedisOperations<String, Aircraft> redisOperations;

    PlaneFinderPoller(RedisConnectionFactory connectionFactory,
                    RedisOperations<String, Aircraft> redisOperations) {
        this.connectionFactory = connectionFactory;
        this.redisOperations = redisOperations;
    }
}
```

接下來，我建立了負責主要工作的方法。為了讓它依據固定的時程進行輪詢，我利用了之前在類別層級放置的 @EnableScheduling 注釋，並以 @Scheduled 注釋了我建立的 pollPlanes() 方法，提供了一個參數 fixedDelay=1000 來指定每 1000 毫秒一次的輪詢頻率，也就是一秒一次。該方法的其餘部分僅由三個宣告式述句組成：一個用來清除先前保存的任何 Aircraft，一個用來檢索並儲存目前的位置，一個用來回報最新捕獲的結果。

對於第一個任務，我使用自動連接的 ConnectionFactory 來取得對資料庫的一個連線，而透過這個連線，我執行伺服器命令來清除現在所有的鍵值：flushDb()。

第二個述句使用 WebClient 來呼叫 PlaneFinder 服務，並取回範圍內的飛機集合，以及它們的當前的位置資訊。回應的主體（body）被轉換為 Aircraft 物件的一個 Flux，進行過濾，去除任何不包括註冊號碼的 Aircraft，轉換為 Aircraft 的一個 Stream，並保存到 Redis 資料庫中。儲存的方式是對每個有效的 Aircraft 分別設置一個鍵值與值對組（key/value pair）呼應 Aircraft 的註冊號碼和 Aircraft 物件本身，使用 Redis 專門用來操作資料值的運算。

Flux 是一種反應式型別（reactive type），在即將到來的章節中會涵蓋，但現在，只要簡單地把它看作是一個群集的物件，以非阻斷的方式遞送。

pollPlanes() 中的最後一個述句，再次運用了 Redis 定義的一些操作值的運算來取回所有的鍵值（藉由萬用字元參數 *），並且使用每個鍵值來取回每個對應的 Aircraft 值，然後印出。這裡是 pollPlanes() 方法的完整形式：

```
@Scheduled(fixedRate = 1000)
private void pollPlanes() {
    connectionFactory.getConnection().serverCommands().flushDb();

    client.get()
            .retrieve()
            .bodyToFlux(Aircraft.class)
            .filter(plane -> !plane.getReg().isEmpty())
            .toStream()
            .forEach(ac -> redisOperations.opsForValue().set(ac.getReg(), ac));

    redisOperations.opsForValue()
            .getOperations()
            .keys("*")
            .forEach(ac ->
                System.out.println(redisOperations.opsForValue().get(ac)));
}
```

PlaneFinderPoller 類別的最終版本（就目前而言）顯示於下面列表：

```
import org.springframework.data.redis.connection.RedisConnectionFactory;
import org.springframework.data.redis.core.RedisOperations;
import org.springframework.scheduling.annotation.EnableScheduling;
import org.springframework.scheduling.annotation.Scheduled;
import org.springframework.stereotype.Component;
import org.springframework.web.reactive.function.client.WebClient;

@EnableScheduling
@Component
class PlaneFinderPoller {
    private WebClient client =
            WebClient.create("http://localhost:7634/aircraft");

    private final RedisConnectionFactory connectionFactory;
    private final RedisOperations<String, Aircraft> redisOperations;

    PlaneFinderPoller(RedisConnectionFactory connectionFactory,
```

```
                RedisOperations<String, Aircraft> redisOperations) {
        this.connectionFactory = connectionFactory;
        this.redisOperations = redisOperations;
    }

    @Scheduled(fixedRate = 1000)
    private void pollPlanes() {
        connectionFactory.getConnection().serverCommands().flushDb();

        client.get()
                .retrieve()
                .bodyToFlux(Aircraft.class)
                .filter(plane -> !plane.getReg().isEmpty())
                .toStream()
                .forEach(ac ->
                    redisOperations.opsForValue().set(ac.getReg(), ac));

        redisOperations.opsForValue()
                .getOperations()
                .keys("*")
                .forEach(ac ->
                    System.out.println(redisOperations.opsForValue().get(ac)));
    }
}
```

輪詢的機制打造完成之後，讓我們執行此應用程式，看看結果。

結果

PlaneFinder 服務在我的機器上執行之後，我啟動 *sbur-redis* 應用程式來獲取 Redis 連線，進行儲存和檢索，並顯示每次 PlaneFinder 輪詢的結果。接下來是結果的一個範例，編輯過以維持精簡，並經過格式化，增加可讀性：

```
Aircraft(id=1, callsign=EDV5015, squawk=3656, reg=N324PQ, flightno=DL5015,
route=ATL-OMA-ATL, type=CRJ9, category=A3, altitude=35000, heading=168,
speed=485, vertRate=-64, selectedAltitude=0, lat=38.061808, lon=-90.280629,
barometer=0.0, polarDistance=53.679699, polarBearing=184.333345, isADSB=true,
isOnGround=false, lastSeenTime=2020-11-27T18:34:14Z,
posUpdateTime=2020-11-27T18:34:11Z, bds40SeenTime=1970-01-01T00:00:00Z)

Aircraft(id=4, callsign=AAL500, squawk=2666, reg=N839AW, flightno=AA500,
route=PHX-IND, type=A319, category=A3, altitude=36975, heading=82, speed=477,
vertRate=0, selectedAltitude=36992, lat=38.746399, lon=-90.277644,
barometer=1012.8, polarDistance=13.281347, polarBearing=200.308663, isADSB=true,
isOnGround=false, lastSeenTime=2020-11-27T18:34:50Z,
```

```
posUpdateTime=2020-11-27T18:34:50Z, bds40SeenTime=2020-11-27T18:34:50Z)

Aircraft(id=15, callsign=null, squawk=4166, reg=N404AN, flightno=AA685,
route=PHX-DCA, type=A21N, category=A3, altitude=39000, heading=86, speed=495,
vertRate=0, selectedAltitude=39008, lat=39.701611, lon=-90.479309,
barometer=1013.6, polarDistance=47.113195, polarBearing=341.51817, isADSB=true,
isOnGround=false, lastSeenTime=2020-11-27T18:34:50Z,
posUpdateTime=2020-11-27T18:34:50Z, bds40SeenTime=2020-11-27T18:34:50Z)
```

藉由 Spring Data 的範本支援（template support）使用資料庫，提供了一種非常具有彈性的較低階 API。然而，如果你所追求的是最少的阻力和最大的生產力及可重複性，儲存庫的支援（repository support）會是比較好的選擇。接著，我會示範如何從現在這樣使用範本來與 Redis 互動，轉換為使用一個 Spring Data 儲存庫。有選擇的感覺真好。

從範本轉換為儲存庫

在使用儲存庫之前，我們有必要先定義一個儲存庫，而 Spring Boot 的自動組態對此有很大的幫助。我創建了一個儲存庫介面（repository interface），如下所示，擴充了 Spring Data 的 `CrudRepository`，並提供了要儲存的物件型別以及它的鍵值：在本例中是 `Aircraft` 和 `Long`：

```
public interface AircraftRepository extends CrudRepository<Aircraft, Long> {}
```

正如第 4 章所解釋的那樣，Spring Boot 會檢測應用程式 classpath 上的 Redis 資料庫驅動程式，並注意到我們正在擴充一個 Spring Data 儲存庫介面，然後自動創建一個資料庫代理（database proxy），而且不需要額外的程式碼來將之實體化。就像這樣，應用程式就能存取一個 `AircraftRepository` bean 了。讓我們把它插入並開始使用。

重新審視 `PlaneFinderPoller` 類別，我現在可以把使用 `RedisOperations` 的較低階參考和運算取代掉，用 `AircraftRepository` 替換它們。

首先，我刪除 `RedisOperations` 成員變數：

```
private final RedisOperations<String, Aircraft> redisOperations;
```

然後用一個 `AircraftRepository` 的變數取代它，並自動連接：

```
private final AircraftRepository repository;
```

接下來，我把經由建構器注入而自動連接的 `RedisOperations` 取代為 `AircraftRepository`，並把建構器內的指定取代為適當的成員變數，讓建構器最終看起來像這樣：

```
public PlaneFinderPoller(RedisConnectionFactory connectionFactory,
                         AircraftRepository repository) {
    this.connectionFactory = connectionFactory;
    this.repository = repository;
}
```

下一步是重構 `pollPlanes()` 方法，將基於範本的運算替換為基於儲存庫的運算。

修改第一個述句的最後一行是很簡單的事情，使用一個方法參考（method reference）進一步簡化了那個 lambda：

```
client.get()
        .retrieve()
        .bodyToFlux(Aircraft.class)
        .filter(plane -> !plane.getReg().isEmpty())
        .toStream()
        .forEach(repository::save);
```

而第二個則減少了更多，同樣包含了方法參考的使用：

```
repository.findAll().forEach(System.out::println);
```

啟用了儲存庫的新 `PlaneFinderPoller` 現在由下列程式碼構成：

```
import org.springframework.data.redis.connection.RedisConnectionFactory;
import org.springframework.scheduling.annotation.EnableScheduling;
import org.springframework.scheduling.annotation.Scheduled;
import org.springframework.stereotype.Component;
import org.springframework.web.reactive.function.client.WebClient;

@EnableScheduling
@Component
class PlaneFinderPoller {
    private WebClient client =
            WebClient.create("http://localhost:7634/aircraft");

    private final RedisConnectionFactory connectionFactory;
    private final AircraftRepository repository;

    PlaneFinderPoller(RedisConnectionFactory connectionFactory,
                      AircraftRepository repository) {
        this.connectionFactory = connectionFactory;
        this.repository = repository;
```

```
    }

    @Scheduled(fixedRate = 1000)
    private void pollPlanes() {
        connectionFactory.getConnection().serverCommands().flushDb();

        client.get()
                .retrieve()
                .bodyToFlux(Aircraft.class)
                .filter(plane -> !plane.getReg().isEmpty())
                .toStream()
                .forEach(repository::save);

        repository.findAll().forEach(System.out::println);
    }
}
```

不再需要實作 RedisOperations 介面的一個 bean，我現在可以從主應用程式類別刪除它的 @Bean 定義，留下 SburRedisApplication，如下列程式碼所示：

```
import org.springframework.boot.SpringApplication;
import org.springframework.boot.autoconfigure.SpringBootApplication;

@SpringBootApplication
public class SburRedisApplication {

    public static void main(String[] args) {
        SpringApplication.run(SburRedisApplication.class, args);
    }

}
```

要在我們的應用程式中完全啟用 Redis 儲存庫支持，只剩下一個小任務和一個非常漂亮的程式碼縮減動作要進行。我為 Aircraft 實體添加了 @RedisHash 注釋，以表明 Aircraft 是一個要儲存在 Redis 雜湊（hash）中的聚合根（aggregate root），執行的功能類似於 @Entity 注釋為 JPA 物件所做的那樣。然後，我刪除了之前 Instant 型別的成員變數所需的明確的存取器和變動器，因為 Spring Data 的儲存庫支援中的轉換器（converters）可以輕鬆處理複雜的型別轉換。新精簡過的 Aircraft 類別現在看起來像這樣：

```
import com.fasterxml.jackson.annotation.JsonIgnoreProperties;
import com.fasterxml.jackson.annotation.JsonProperty;
import lombok.AllArgsConstructor;
import lombok.Data;
import lombok.NoArgsConstructor;
```

```java
import org.springframework.data.annotation.Id;
import org.springframework.data.redis.core.RedisHash;

import java.time.Instant;

@Data
@NoArgsConstructor
@AllArgsConstructor
@RedisHash
@JsonIgnoreProperties(ignoreUnknown = true)
public class Aircraft {
    @Id
    private Long id;
    private String callsign, squawk, reg, flightno, route, type, category;
    private int altitude, heading, speed;
    @JsonProperty("vert_rate")
    private int vertRate;
    @JsonProperty("selected_altitude")
    private int selectedAltitude;
    private double lat, lon, barometer;
    @JsonProperty("polar_distance")
    private double polarDistance;
    @JsonProperty("polar_bearing")
    private double polarBearing;
    @JsonProperty("is_adsb")
    private boolean isADSB;
    @JsonProperty("is_on_ground")
    private boolean isOnGround;
    @JsonProperty("last_seen_time")
    private Instant lastSeenTime;
    @JsonProperty("pos_update_time")
    private Instant posUpdateTime;
    @JsonProperty("bds40_seen_time")
    private Instant bds40SeenTime;
}
```

隨著最新的更改到位，重新啟動此服務所產生的輸出與基於範本的做法是無法區分的，但所需的程式碼和固有的儀式要少得多。下面是一個結果的例子，為簡潔起見，再次進行了編輯，並為可讀性進行了格式化：

```
Aircraft(id=59, callsign=KAP20, squawk=4615, reg=N678JG, flightno=,
route=STL-IRK, type=C402, category=A1, altitude=3825, heading=0, speed=143,
vertRate=768, selectedAltitude=0, lat=38.881034, lon=-90.261475, barometer=0.0,
polarDistance=5.915421, polarBearing=222.434158, isADSB=true, isOnGround=false,
lastSeenTime=2020-11-27T18:47:31Z, posUpdateTime=2020-11-27T18:47:31Z,
bds40SeenTime=1970-01-01T00:00:00Z)
```

```
Aircraft(id=60, callsign=SWA442, squawk=5657, reg=N928WN, flightno=WN442,
route=CMH-DCA-BNA-STL-PHX-BUR-OAK, type=B737, category=A3, altitude=8250,
heading=322, speed=266, vertRate=-1344, selectedAltitude=0, lat=38.604034,
lon=-90.357593, barometer=0.0, polarDistance=22.602864, polarBearing=201.283,
isADSB=true, isOnGround=false, lastSeenTime=2020-11-27T18:47:25Z,
posUpdateTime=2020-11-27T18:47:24Z, bds40SeenTime=1970-01-01T00:00:00Z)

Aircraft(id=61, callsign=null, squawk=null, reg=N702QS, flightno=,
route=SNA-RIC, type=CL35, category=, altitude=43000, heading=90, speed=500,
vertRate=0, selectedAltitude=0, lat=39.587997, lon=-90.921299, barometer=0.0,
polarDistance=51.544552, polarBearing=316.694343, isADSB=true, isOnGround=false,
lastSeenTime=2020-11-27T18:47:19Z, posUpdateTime=2020-11-27T18:47:19Z,
bds40SeenTime=1970-01-01T00:00:00Z)
```

如果你需要直接取用 Spring Data 範本對外開放的較低階的功能，那麼基於範本的資料庫支援就是不可或缺的。但是，對於絕大多數的常見用例來說，當 Spring Data 為目標資料庫提供基於儲存庫的存取時，最好就從那裡開始（而且很有可能就留在那裡了）。

使用 Java Persistence API（JPA）建立一個基於儲存庫的服務

Spring 生態系統的優勢之一是一致性：一旦你學會了如何完成某些事，就可以應用相同的做法來推動不同的元件並得到成功的結果。資料庫的存取就是一個典型的例子。

Spring Boot 和 Spring Data 為許多不同的資料庫提供了儲存庫支援：符合 JPA 標準的資料庫、眾多不同類型的 NoSQL 資料儲存區，以及記憶體內（in-memory）或續存（persistent）的儲存區。當開發人員在資料庫之間轉換時，無論是對單個應用程式，還是對整個龐大的系統來說，Spring 都能降低他們所遭遇的障礙。

為了演示你在創建可感知資料的 Spring Boot 應用程式時，可以使用的一些靈活的選項，我在接下來的每一節中都重點介紹了 Spring Boot 支援的幾種不同做法，它們也是仰賴 Boot（和 Spring Data）來簡化不同但相似服務的資料庫部分。首先是 JPA，在這個例子中，我通篇使用 Lombok 來減少程式碼，並增加可讀性。

初始化此專案

我們再一次回到 Spring Initializr。這一次，我選擇了以下選項：

- Maven 專案
- Java
- Spring Boot 目前的生產用版本
- 打包方式：Jar
- Java：11

而對於依存關係：

- Spring Reactive Web（`spring-boot-starter-webflux`）
- Spring Data JPA（`spring-boot-starter-data-jpa`）
- MySQL Driver（`mysql-connector-java`）
- Lombok（`lombok`）

接下來，我生成專案並保存在本地端，解壓縮後在 IDE 中打開。

與前面的 Redis 專案和本章大多數的其他例子一樣，每個可感知資料的服務都必須能夠存取正在執行的資料庫。請參考本書關聯的程式碼儲存庫，以獲取 Docker 指令稿（scripts）來創建和執行合適的容器化資料庫引擎（containerized database engines）。

發展 JPA（MySQL）服務

考慮到第 4 章使用 JPA 和 H2 資料庫構建的例子，以及之前基於 Redis 儲存庫的例子，使用 MariaDB/MySQL 並以 JPA 為基礎的服務清楚地展示了 Spring 的一致性如何能放大開發者的生產力。

定義領域類別

與本章的所有專案一樣，我建立了一個 `Aircraft` 領域類別作為主要的（資料）焦點。每個不同的專案都會以這一路上指出的共同主題為中心並稍做變化。下面是以 JPA 為中心的 `Aircraft` 領域類別結構：

```
import com.fasterxml.jackson.annotation.JsonProperty;
import lombok.AllArgsConstructor;
import lombok.Data;
```

```java
import lombok.NoArgsConstructor;

import javax.persistence.Entity;
import javax.persistence.GeneratedValue;
import javax.persistence.Id;
import java.time.Instant;

@Entity
@Data
@NoArgsConstructor
@AllArgsConstructor
public class Aircraft {
    @Id
    @GeneratedValue
    private Long id;

    private String callsign, squawk, reg, flightno, route, type, category;

    private int altitude, heading, speed;
    @JsonProperty("vert_rate")
    private int vertRate;
    @JsonProperty("selected_altitude")
    private int selectedAltitude;

    private double lat, lon, barometer;
    @JsonProperty("polar_distance")
    private double polarDistance;
    @JsonProperty("polar_bearing")
    private double polarBearing;

    @JsonProperty("is_adsb")
    private boolean isADSB;
    @JsonProperty("is_on_ground")
    private boolean isOnGround;

    @JsonProperty("last_seen_time")
    private Instant lastSeenTime;
    @JsonProperty("pos_update_time")
    private Instant posUpdateTime;
    @JsonProperty("bds40_seen_time")
    private Instant bds40SeenTime;
}
```

關於這個版本的 `Aircraft` 和之前的版本，以及未來的版本，有一些值得注意的地方。

首先，@Entity、@Id 和 @GeneratedValue 注釋都是從 javax.persistence 套件匯入的。你可能還記得，在 Redis 版本（以及其他一些版本）中，@Id 是來自於 org.springframework.data.annotation。

類別層級的注釋與用到 Redis 儲存庫支援的例子中所用的那些非常類似，只是用 JPA 的 @Entity 注釋替換了 @RedisHash 而已。要再次檢視所展示的其他（未改變的）注釋，請參考上述的前面章節。

欄位層級的注釋也類似，只是增加了 @GeneratedValue。顧名思義，@GeneratedValue 表示識別字將由底層的資料庫引擎所產生（generated）。開發者可以（如果需要或有必要）為鍵值的生成提供額外的指引，但對於我們的目的，注釋本身就足夠了。

與 Spring Data 對 Redis 的儲存庫支援一樣，不需要為 Instant 型別的成員變數提供明確的存取器 / 變動器（accessors/mutators），從而（再次）留下一個非常苗條優雅的 Aircraft 領域類別。

建立儲存庫介面

接著，我定義了所需的儲存庫介面，擴充了 Spring Data 的 CrudRepository，並提供了要儲存的物件型別及其鍵值：本例中的 Aircraft 和 Long：

```
public interface AircraftRepository extends CrudRepository<Aircraft, Long> {}
```

Redis 和 JPA 資料庫都能很好地發揮型別為 Long 的唯一鍵值 / 識別字（key values/identifiers）之作用，所以這與前面 Redis 範例中所定義的那個完全相同。

把所有的東西整合在一起

現在建立 PlaneFinder 輪詢元件，並設定它以進行資料庫的存取。

輪詢 PlaneFinder。我再次建立一個 Spring Boot @Component 類別來輪詢當前位置資料，並處理它接收到的 Aircraft 紀錄。

像前面的例子一樣，我創建了一個 WebClient 物件，並把它指定給一個成員變數，將其指向 PlaneFinder 服務在 7634 通訊埠上對外開放的目標端點。

正如你應該從一個兄弟儲存庫實作中預期的那樣，程式碼會與 Redis 儲存庫的最終狀態相當相似。我為這個例子演示了做法上的幾個差異。

我沒有手動創建一個建構器來接收自動連接（autowired）的 `AircraftRepository` bean，而是指示 Lombok（透過它的編譯時期程式碼產生器）提供具備任何所需成員變數的一個建構器。Lombok 透過兩個注釋來決定哪些引數是必要的：類別上的 `@RequiredArgsConstructor` 和指明需要初始化的成員變數上的 `@NonNull`。藉由將 `AircraftRepository` 成員變數注釋為一個 `@NonNull` 特性，Lombok 建立了以一個 `AircraftRepository` 作為參數的一個建構器；然後 Spring Boot 盡責地自動連接了現有的 repository bean 以在 `PlaneFinderPoller` bean 中使用。

每次進行輪詢時刪除資料庫中所有儲存的條目是否明智，很大程度上取決於需求、輪詢頻率和所涉及的儲存機制。舉例來說，在每次輪詢之前清除記憶體中資料庫所涉及的成本，與刪除雲端託管資料庫的資料表中所有的紀錄完全不同。頻繁的輪詢也會增加相關成本。存在替代方案；請明智地選擇。

要重新審視 `PlaneFinderPoller` 中其餘程式碼的細節，請查看 Redis 儲存庫支援底下的相應段落。經過重構以充分利用 Spring Data 的 JPA 支援，`PlaneFinderPoller` 的完整程式碼顯示在下面的列表中。

```
import lombok.NonNull;
import lombok.RequiredArgsConstructor;
import org.springframework.scheduling.annotation.EnableScheduling;
import org.springframework.scheduling.annotation.Scheduled;
import org.springframework.stereotype.Component;
import org.springframework.web.reactive.function.client.WebClient;

@EnableScheduling
@Component
@RequiredArgsConstructor
class PlaneFinderPoller {
    @NonNull
    private final AircraftRepository repository;
    private WebClient client =
            WebClient.create("http://localhost:7634/aircraft");

    @Scheduled(fixedRate = 1000)
    private void pollPlanes() {
        repository.deleteAll();
```

```
        client.get()
                .retrieve()
                .bodyToFlux(Aircraft.class)
                .filter(plane -> !plane.getReg().isEmpty())
                .toStream()
                .forEach(repository::save);

        repository.findAll().forEach(System.out::println);
    }
}
```

連接到 MariaDB/MySQL。Spring Boot 會使用執行期可用的所有資訊來自動設定應用程式環境的組態。這是其無與倫比的靈活性的關鍵來源之一。由於 Spring Boot 和 Spring Data 支援許多 JPA 相容的資料庫，我們需要提供一些關鍵的資訊，讓 Boot 用來無縫連接到我們為這個特定應用程式選擇的資料庫。對於在我的環境中執行的這個服務，這些特性包括：

```
spring.datasource.platform=mysql
spring.datasource.url=jdbc:mysql://${MYSQL_HOST:localhost}:3306/mark
spring.datasource.username=mark
spring.datasource.password=sbux
```

在上面的例子中，資料庫名稱和資料庫使用者名稱都是「mark」。以你環境特定的資料來源、使用者名稱和密碼值來取代之。

結果

因為 PlaneFinder 服務仍在我的機器上執行，我就啟動 *sbur-jpa* 服務來獲取、儲存並檢索（在 MariaDB 中）和顯示每次輪巡 PlaneFinder 的結果。結果的一個範例如下，編輯過以維持精簡，並經過格式化，增加可讀性：

```
Aircraft(id=106, callsign=null, squawk=null, reg=N7816B, flightno=WN2117,
route=SJC-STL-BWI-FLL, type=B737, category=, altitude=4400, heading=87,
speed=233, vertRate=2048, selectedAltitude=15008, lat=0.0, lon=0.0,
barometer=1017.6, polarDistance=0.0, polarBearing=0.0, isADSB=false,
isOnGround=false, lastSeenTime=2020-11-27T18:59:10Z,
posUpdateTime=2020-11-27T18:59:17Z, bds40SeenTime=2020-11-27T18:59:10Z)

Aircraft(id=107, callsign=null, squawk=null, reg=N963WN, flightno=WN851,
route=LAS-DAL-STL-CMH, type=B737, category=, altitude=27200, heading=80,
```

```
speed=429, vertRate=2112, selectedAltitude=0, lat=0.0, lon=0.0, barometer=0.0,
polarDistance=0.0, polarBearing=0.0, isADSB=false, isOnGround=false,
lastSeenTime=2020-11-27T18:58:45Z, posUpdateTime=2020-11-27T18:59:17Z,
bds40SeenTime=2020-11-27T18:59:17Z)

Aircraft(id=108, callsign=null, squawk=null, reg=N8563Z, flightno=WN1386,
route=DEN-IAD, type=B738, category=, altitude=39000, heading=94, speed=500,
vertRate=0, selectedAltitude=39008, lat=0.0, lon=0.0, barometer=1013.6,
polarDistance=0.0, polarBearing=0.0, isADSB=false, isOnGround=false,
lastSeenTime=2020-11-27T18:59:10Z, posUpdateTime=2020-11-27T18:59:17Z,
bds40SeenTime=2020-11-27T18:59:10Z)
```

這個服務如預期運作以輪巡、捕捉和顯示飛機的位置。

載入資料

到目前為止，本章的焦點都是當資料流入應用程式中的時候，如何與資料庫互動。如果必須續存（persisted）的資料已經存在，那會發生什麼事？

Spring Boot 有幾種不同的機制來初始化和充填資料庫。我在此介紹我認為最有用的兩種做法：

- 使用 Data Definition Language（DDL，資料定義語言）和 Data Manipulation Language（DML，資料操作語言）指令稿來初始化和充填
- 允許 Boot（透過 Hibernate）從定義的 `@Entity` 類別自動建立出資料表結構，並透過 repository bean 進行充填

每一種資料定義和充填的方法都有其優點和缺點。

API 或資料庫限定的指令稿

Spring Boot 會檢查通常的根 classpath 位置，看看是否有符合以下命名格式的檔案：

- *schema.sql*
- *data.sql*
- *schema-${platform}.sql*
- *data-${platform}.sql*

最後兩個檔名匹配的是開發者指定的應用程式特性 `spring.datasource.platform`。有效的值包括 `h2`、`mysql`、`postgresql` 和其他的 Spring Data JPA 資料庫，使用 `spring.datasource.platform` 特性和相關的 *.sql* 檔的組合，可以讓開發人員充分利用那個特定資料庫特有的語法。

用指令稿（scripts）建立與充填。為了利用指令稿以最直接的方式建立和充填一個 MariaDB/MySQL 資料庫，我在 *sbur-jpa* 專案的 `resources` 目錄下創建了兩個檔案：*schema-mysql.sql* 和 *data-mysql.sql*。

為了創建 `aircraft` 的資料表綱目（table schema），我在 *schema-mysql.sql* 中添加了以下 DDL：

```
DROP TABLE IF EXISTS aircraft;
CREATE TABLE aircraft (id BIGINT not null primary key, callsign VARCHAR(7),
squawk VARCHAR(4), reg VARCHAR(6), flightno VARCHAR(10), route VARCHAR(25),
type VARCHAR(4), category VARCHAR(2),
altitude INT, heading INT, speed INT, vert_rate INT, selected_altitude INT,
lat DOUBLE, lon DOUBLE, barometer DOUBLE,
polar_distance DOUBLE, polar_bearing DOUBLE,
isadsb BOOLEAN, is_on_ground BOOLEAN,
last_seen_time TIMESTAMP, pos_update_time TIMESTAMP, bds40seen_time TIMESTAMP);
```

要以單一個樣本資料列來充填 `aircraft` 資料表，我在 *data-mysql.sql* 中添加了以下 DML：

```
INSERT INTO aircraft (id, callsign, squawk, reg, flightno, route, type,
category, altitude, heading, speed, vert_rate, selected_altitude, lat, lon,
barometer, polar_distance, polar_bearing, isadsb, is_on_ground,
last_seen_time, pos_update_time, bds40seen_time)
VALUES (81, 'AAL608', '1451', 'N754UW', 'AA608', 'IND-PHX', 'A319', 'A3', 36000,
255, 423, 0, 36000, 39.150284, -90.684795, 1012.8, 26.575562, 295.501994,
true, false, '2020-11-27 21:29:35', '2020-11-27 21:29:34',
'2020-11-27 21:29:27');
```

預設情況下，Boot 會自動從 `@Entity` 注釋過的任何類別建立出資料表的結構。你可以很容易地以下列特性設定來覆寫此行為，這來自 app 的 *application.properties* 顯示於此：

```
spring.datasource.initialization-mode=always
spring.jpa.hibernate.ddl-auto=none
```

將 `spring.datasource.initialization-mode` 設為「always」表示應用程式預期使用外部（非內嵌的）資料庫，並且應該在每次應用程式執行時初始化它。將 `spring.jpa.hibernate.ddl-auto` 設置為「none」則會停用 Spring Boot 從 `@Entity` 類別自動創建資料表的功能。

為了驗證前面的指令稿是否被用來創建和充填 `aircraft` 資料表，我訪問了 `PlaneFinderPoller` 類別並執行以下操作：

- 在 `pollPlanes()` 中註解掉 `repository.deleteAll();` 述句。這是必要的，以避免刪除經由 *data-mysql.sql* 所新增的記錄。
- 註解掉 `client.get()...` 述句，同樣也是在 `pollPlanes()` 中。這樣就不會從輪詢外部 `PlaneFinder` 服務獲取和創建額外的記錄，以便於驗證。

重新啟動 *sbur-jpa* 服務，現在所產生的輸出如下（`id` 欄位可能會有所不同），為了簡潔和清楚起見，我們對其進行了編輯和格式化：

```
Aircraft(id=81, callsign=AAL608, squawk=1451, reg=N754UW, flightno=AA608,
route=IND-PHX, type=A319, category=A3, altitude=36000, heading=255, speed=423,
vertRate=0, selectedAltitude=36000, lat=39.150284, lon=-90.684795,
barometer=1012.8, polarDistance=26.575562, polarBearing=295.501994, isADSB=true,
isOnGround=false, lastSeenTime=2020-11-27T21:29:35Z,
posUpdateTime=2020-11-27T21:29:34Z, bds40SeenTime=2020-11-27T21:29:27Z)
```

唯一保存的記錄是 *data-mysql.sql* 中所指定的那個。

像任何事情的所有做法一樣，這種創建和充填資料表的方法有利有弊。優點包括：

- 能夠直接使用 SQL 指令稿，包括 DDL 和 DML，以利用現有的指令稿和 SQL 專業知識
- 取用所選資料庫限定的 SQL 語法

缺點並不是特別嚴重，但還是應該知道一下：

- 使用 SQL 檔案顯然是支援 SQL 的關聯式資料庫（relational databases）所特有的。
- 指令稿可能仰賴特定資料庫的 SQL 語法，如果底層資料庫的選擇發生變化，有可能需要進行編輯。
- 必須設置一些（兩個）應用程式特性以覆寫預設的 Boot 行為。

使用應用程式的儲存庫來充填資料庫

還有另一種我覺得特別強大且更靈活的方式：使用 Boot 的預設行為來建立資料表結構（如果它們尚未存在的話），並使用應用程式的儲存庫支援來充填樣本資料。

為了恢復 Spring Boot 從 `Aircraft` 的 JPA `@Entity` 類別創建出 `aircraft` 表的預設行為，我將剛剛添加到 *application.properties* 的兩個特性註解掉：

```
#spring.datasource.initialization-mode=always
#spring.jpa.hibernate.ddl-auto=none
```

由於不再定義這些特性，Spring Boot 將不會搜索和執行 *data-mysql.sql* 或其他的資料初始化指令稿。

接下來，我以一個能夠描述用途的名稱 `DataLoader` 建立了一個類別。我添加了 `@Component`（所以 Spring 創建了一個 `DataLoader` bean）和 `@AllArgsConstructor`（所以 Lombok 建立了一個建構器，並讓每個成員變數都是一個參數）的類別層級注釋。然後，我添加了單一個成員變數來存放 `AircraftRepository` bean，Spring Boot 將透過建構器注入（constructor injection）為我自動連接（autowire）：

```
private final AircraftRepository repository;
```

還有一個名為 `loadData()` 的方法來清除和充填 `aircraft` 資料表。

```
@PostConstruct
private void loadData() {
    repository.deleteAll();

    repository.save(new Aircraft(81L,
            "AAL608", "1451", "N754UW", "AA608", "IND-PHX", "A319", "A3",
            36000, 255, 423, 0, 36000,
            39.150284, -90.684795, 1012.8, 26.575562, 295.501994,
            true, false,
            Instant.parse("2020-11-27T21:29:35Z"),
            Instant.parse("2020-11-27T21:29:34Z"),
            Instant.parse("2020-11-27T21:29:27Z")));
}
```

然後就這樣了，真的。現在重新啟動 `sbur-jpa` 服務會產生下列輸出（`id` 欄位可能不同），為了簡潔和清楚起見，經過編輯和格式化：

```
Aircraft(id=110, callsign=AAL608, squawk=1451, reg=N754UW, flightno=AA608,
route=IND-PHX, type=A319, category=A3, altitude=36000, heading=255, speed=423,
vertRate=0, selectedAltitude=36000, lat=39.150284, lon=-90.684795,
barometer=1012.8, polarDistance=26.575562, polarBearing=295.501994, isADSB=true,
isOnGround=false, lastSeenTime=2020-11-27T21:29:35Z,
posUpdateTime=2020-11-27T21:29:34Z, bds40SeenTime=2020-11-27T21:29:27Z)
```

唯一保存的記錄是之前 `DataLoader` 類別中定義的那個，但有一個微小差異：由於 `id` 欄位是由資料庫生成的（如 `Aircraft` 領域類別中規定的），所以在儲存記錄時，所提供的 `id` 值會被資料庫引擎替換。

這種做法的優點很顯著：

- 完全獨立於資料庫。
- 針對特定資料庫的任何程式碼 / 注釋（code/annotations）都已經在應用程式內，單純為了支援 db 的存取。
- 只需在 `DataLoader` 類別上註解掉 `@Component` 注釋，就可以輕鬆停用。

其他機制

這些是資料庫初始化和充填的兩個強大而廣泛使用的選項，但還有其他選擇，包括使用 Hibernate 支援的 *import.sql* 檔（類似於前面介紹的 JPA 做法），使用外部的匯入，以及使用 FlywayDB 等。探索其他眾多的選項並不在本書的討論範圍內，這就留給讀者作為一個選擇性的練習。

使用 NoSQL Document 資料庫建立一個基於儲存庫的服務

如前所述，使用 Spring Boot 建造應用程式時，有幾種方法可以進一步提高開發人員的工作效率。其中之一是使用 Kotlin 作為基礎 app 語言來提高程式碼的簡潔性。

對 Kotlin 語言的詳盡探索遠遠超出了本書的範圍，還有其他書籍可以滿足這一角色。不過幸運的是，雖然 Kotlin 肯定在許多有意義的面向有別於 Java，但它們的相似性還是足以在事情與「Java 之道」發生分歧時，透過一些恰當的解釋來適應它的慣用語，不會構成很大的困難。我將努力在接下來的過程中提供這些解釋。關於背景知識或額外的資訊，請參閱 Kotlin 的專門書籍。

在這個例子中，我使用的是 MongoDB，這也許是最著名的文件資料存放區（document datastore），MongoDB 被廣泛使用和瘋狂流行是有原因的：它運作得很好，通常使開發人員更容易儲存、操作和檢索各種形式（有時是混亂的）的資料。MongoDB 的團隊也在不斷努力改善他們的功能集、安全性和 API。MongoDB 是最早提供反應式資料庫驅動程式（reactive database drivers）的資料庫之一，在業界率先將非阻斷式存取（nonblocking access）一直延伸到資料庫的層級。

初始化此專案

正如你所預期的那樣，我們回到 Spring Initializr 開始著手。對於此專案，我選擇了以下選項（也如圖 6-1 所示），這與之前所選的有些不同：

- Gradle 專案
- Kotlin
- Spring Boot 目前的生產用版本
- 打包方式： Jar
- Java：11

而依存關係是：

- Spring Reactive Web（`spring-boot-starter-webflux`）
- Spring Data MongoDB（`spring-boot-starter-data-mongodb`）
- 內嵌的 MongoDB Database（`de.flapdoodle.embed.mongo`）

接著我產生此專案，並將之儲存在本地端，再解壓縮它，在 IDE 中開啟。

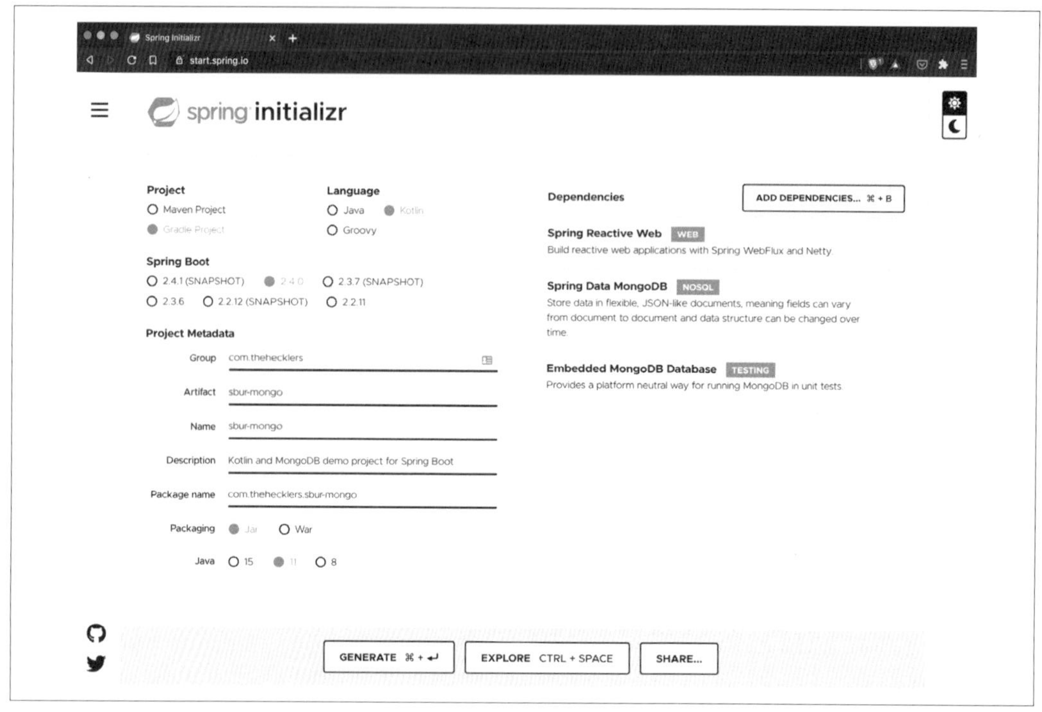

圖 6-1　使用 Spring Boot Initializr 創建一個 Kotlin 應用程式

關於所選的選項，有幾件事情需要特別注意。首先，我選擇了 Gradle 作為這個專案的建置系統，理由很充分：只要在 Spring Boot 專案中選用 Gradle 和 Kotlin，就會導致 Gradle 建置檔使用 Kotlin DSL，而 Gradle 團隊對 Kotlin DSL 和 Groovy DSL 的支援是同等的。請注意，所產生的建置檔是 *build.gradle.kts*（*.kts* 延伸檔名表明它是一個 Kotlin 指令稿）而不是你可能習慣看到的基於 Groovy 的 *build.gradle* 檔案。Maven 作為 Spring Boot + Kotlin 應用程式的建置系統也能完美運作，但作為一個以 XML 為基礎的宣告式建置系統，它並沒有直接使用 Kotlin 或其他語言。

其次，我利用 Spring Boot Starter 的存在，為這個應用程式嵌入了 MongoDB 資料庫。由於嵌入式 MongoDB 實體僅用於測試，我建議不要在生產環境中使用它。儘管如此，它是演示 Spring Boot 和 Spring Data 如何與 MongoDB 一起工作的絕佳選擇，而且從開發人員的角度來看，它的功能可匹敵本地部署的資料庫，而且無需安裝和執行 MongoDB 容器化實體（containerized instance）的額外步驟。從（非測試）程式碼使用內嵌資料庫所需的唯一調整是將 *build.gradle.kts* 中的一行：

```
testImplementation("de.flapdoodle.embed:de.flapdoodle.embed.mongo")
```

改為這樣：

```
implementation("de.flapdoodle.embed:de.flapdoodle.embed.mongo")
```

做了這樣的變更之後，我們就可以開始創建我們的服務了。

發展 MongoDB 服務

就跟之前範例一樣，這個基於 MongoDB 的服務也提供了一種非常一致的做法和體驗，即使是在使用 Kotlin 取代 Java 作為語言根基的情況下也是如此。

定義領域類別

為此專案，我建立了一個 Kotlin 的 Aircraft 領域類別作為主要的（資料）焦點。這裡是新的 Aircraft 領域類別之結構，以及一些觀察：

```
import com.fasterxml.jackson.annotation.JsonIgnoreProperties
import com.fasterxml.jackson.annotation.JsonProperty
import org.springframework.data.annotation.Id
import org.springframework.data.mongodb.core.mapping.Document
import java.time.Instant

@Document
@JsonIgnoreProperties(ignoreUnknown = true)
data class Aircraft(
    @Id val id: String,
    val callsign: String? = "",
    val squawk: String? = "",
    val reg: String? = "",
    val flightno: String? = "",
    val route: String? = "",
    val type: String? = "",
    val category: String? = "",
    val altitude: Int? = 0,
    val heading: Int? = 0,
    val speed: Int? = 0,
    @JsonProperty("vert_rate") val vertRate: Int? = 0,
    @JsonProperty("selected_altitude")
    val selectedAltitude: Int? = 0,
    val lat: Double? = 0.0,
    val lon: Double? = 0.0,
    val barometer: Double? = 0.0,
    @JsonProperty("polar_distance")
    val polarDistance: Double? = 0.0,
    @JsonProperty("polar_bearing")
```

```
    val polarBearing: Double? = 0.0,
    @JsonProperty("is_adsb")
    val isADSB: Boolean? = false,
    @JsonProperty("is_on_ground")
    val isOnGround: Boolean? = false,
    @JsonProperty("last_seen_time")
    val lastSeenTime: Instant? = Instant.ofEpochSecond(0),
    @JsonProperty("pos_update_time")
    val posUpdateTime: Instant? = Instant.ofEpochSecond(0),
    @JsonProperty("bds40_seen_time")
    val bds40SeenTime: Instant? = Instant.ofEpochSecond(0)
)
```

首先要注意的是，沒有看到大括弧（curly braces），簡而言之，這個類別沒有主體。如果你是 Kotlin 的新手，這可能看起來有點不尋常，但在類別（或介面）主體中沒有什麼可放置的情況下，大括弧不會增加任何價值。因此，Kotlin 不需要它們。

第二件有趣的事情是緊接在類別名稱之後的括弧之間所顯示的許多指定（assignments）。這些有什麼作用呢？

一個 Kotlin 類別的主建構器通常是這樣顯示的：在類別標頭（class header）中，緊跟在類別名稱（classname）之後。下面是其正式格式的完整形式：

```
class Aircraft constructor(<parameter1>,<parameter2>,...,<parametern>)
```

就像 Kotlin 中經常出現的情況一樣，如果一個模式清晰可辨，並且持續重複，那麼就可以對其進行壓縮。在參數列（parameter list）前去掉 constructor 關鍵字，不會導致與任何其他語言構造的混淆，所以它是選擇性的。

建構器內部的是參數。藉由在每個參數前放置一個 var（代表可重複指定的可變變數）或 val（代表單次指定的值，相當於 Java 的 final 變數），它也就成了一個特性（property）。一個 Kotlin 特性在功能上大致相當於一個 Java 成員變數（member variable）、其存取器（accessor）以及（如果用 var 宣告）其變動器（mutator）的組合。

型別中含有一個問號（?）的值，例如 Double?，就表示該建構器參數可以省略。如果是這樣，該參數將被指定等號（=）後顯示的預設值。

Kotlin 方法（包括建構器）的參數和特性也可以包含注釋（annotations），就像它們對應的 Java 構造。`@Id` 和 `@JsonProperty` 執行的功能與前面 Java 例子中的功能相同。

關於類別層級的注釋，`@Document` 向 MongoDB 表示，`Aircraft` 型別的每個物件將作為一個文件（document）儲存在資料庫中。和之前一樣，`@JsonIgnoreProperties(ignoreUnknown = true)` 只是在 *sbur-mongo* 服務中帶來了一點彈性。如果在某些時間點，上游的 `PlaneFinder` 服務產生的資料來源中加入了額外的欄位，它們基本上會被忽略，*sbur_mongo* 將繼續順利執行，不會有問題。

最後一點需要注意的是，類別定義前面的單詞 `data`，這是一種經常使用的模式，用來建立主要作為資料貯體（data buckets）的領域類別，以便進行操作或在行程（processes）之間傳遞。事實上，因為這是一種太過常見的模式，以至於建立所謂的資料類別的能力在多個面向上都有顯露出來；舉個例子來說，`@Data` 多年來都是 Lombok 的功能之一。

Kotlin 將這一功能引入到語言本身，並添加了 `data` 關鍵字，以表明一個資料類別會自動從該類別的主建構器中宣告的所有特性衍生出以下內容：

- `equals()` 和 `hashCode()` 函式（Java 有方法，Kotlin 則有函式）
- `toString()`
- `componentN()` 函式，每個特性按其宣告的順序都有一個
- `copy()` 函式

Kotlin 資料類別有一定的要求和限制，但它們都是合理而且最低限度的。詳情請參閱 Kotlin 資料類別的說明文件（*https://kotlinlang.org/docs/reference/data-classes.html#data-classes*）。

還有一個值得關注的變化是，每個飛機位置的 `id` 欄位 / 特性的型別。在 Redis 和 JPA 中，它是一個 `Long`，但 MongoDB 使用一個 `String` 作為其唯一的文件識別字（document identifier）。這沒有什麼實質意義，只是一個需要注意的地方而已。

建立儲存庫介面

接下來，我定義了所需的儲存庫介面（repository interface），擴充了 Spring Data 的 `CrudRepository`，並提供了要儲存的物件型別及其唯一識別字，即 `Aircraft` 和 `String`，如前所述：

```
interface AircraftRepository: CrudRepository<Aircraft, String>
```

在這個簡潔的介面定義中，有兩點值得關注：

1. 由於沒有實際的介面主體，Kotlin 中不需要大括弧。如果你的 IDE 在你創建這個介面時添加了它們，你可以安全地將之刪除。

2. 依據上下文，Kotlin 使用冒號（:）來表示 `val` 或 `var` 型別，或者在本例中，用以表示一個類別或介面擴充（extends）或實作（implements）了另一個類別或介面。在這個特定的例子中，我定義了一個介面 `AircraftRepository`，它擴充了 `CrudRepository` 介面。

有一個 `MongoRepository` 介面，它同時擴充了 `PagingAndSortingRepository`（它擴充了 `CrudRepository`）和 `QueryByExampleExecutor`，可以代替 `CrudRepository` 使用，就像我在這裡所做的那樣。但是，除非需要額外的功能，否則寫入滿足所有需求的最高階介面，會是一種好的實務做法和習慣。在此例中，`CrudRepository` 就足以滿足當前的需求。

將所有的功能整合在一起

下一步是建立定期輪詢 `PlaneFinder` 服務的元件。

輪詢 PlaneFinder。 與前面的範例類似，我創建了一個 Spring Boot 元件類別 `PlaneFinderPoller`，用於輪詢當前位置資料並處理收到的任何 `Aircraft` 紀錄，如這裡所示：

```
import org.springframework.scheduling.annotation.EnableScheduling
import org.springframework.scheduling.annotation.Scheduled
import org.springframework.stereotype.Component
import org.springframework.web.reactive.function.client.WebClient
import org.springframework.web.reactive.function.client.bodyToFlux

@Component
@EnableScheduling
class PlaneFinderPoller(private val repository: AircraftRepository) {
```

```
    private val client =
        WebClient.create("http://localhost:7634/aircraft")

    @Scheduled(fixedRate = 1000)
    private fun pollPlanes() {
        repository.deleteAll()

        client.get()
            .retrieve()
            .bodyToFlux<Aircraft>()
            .filter { !it.reg.isNullOrEmpty() }
            .toStream()
            .forEach { repository.save(it) }

        println("--- All aircraft ---")
        repository.findAll().forEach { println(it) }
    }
}
```

我在標頭中建立了帶有 `AircraftRepository` 參數的主建構器。Spring Boot 會自動將現有的 `AircraftRepository` bean 自動連接到 `PlaneFinderPoller` 元件中使用，我將其標示為 `private val`，以確保：

- 它之後無法被指定。
- 它沒有作為 `PlaneFinderPoller` bean 的一個特性對外開放，因為儲存庫在整個應用程式中就已經能夠取用了。

接下來，我創建了一個 `WebClient` 物件並將其指定給一個特性，使之指向 `PlaneFinder` 服務在 7634 通訊埠上對外開放的目標端點。

我用 `@Component` 注釋該類別，讓 Spring Boot 在應用程式啟動時建立一個元件（bean），並使用 `@EnableScheduling` 透過一個注釋過的函式實現定期輪詢。

最後，我建立了一個函式來刪除所有既存的 `Aircraft` 資料，透過 `WebClient` 客戶端特性對 `PlaneFinder` 端點進行輪詢，將檢索到的飛機位置做轉換並儲存在 MongoDB 中，然後顯示出來。`@Scheduled(fixedRate = 1000)` 的結果是每 1000 毫秒執行一次輪詢函式（每秒一次）。

在 `pollPlanes()` 函式中，還有三件有趣的事情需要注意，而且都是關於 Kotlin 的 lambdas。

首先，如果一個 lambda 是一個函式的最終參數，那麼括弧可以省略，因為它們不會增加任何清晰度或意義。如果一個函式只有單一個 lambda 參數，這當然也符合條件。這樣一來，在有時很繁雜的程式碼行中，需要細查的符號就會減少。

其次是，如果一個 lambda 本身有單一個參數，開發者仍然可以明確地指定它，但這並非必要的。Kotlin 隱含地將唯一的 lambda 參數識別為 `it` 並據此參考它，這進一步簡化了 lambdas，正如 `forEach()` 的這個 lambda 參數所展示的那樣：

```
forEach { repository.save(it) }
```

最後，對 `CharSequence` 進行操作的函式 `isNullOrEmpty()` 為 `String` 的估算（evaluation）提供了非常好的一體化（all-in-one）功能。這個函式既執行 null 檢查（最先），然後如果確定值是非空（non-null）的，就檢查它的長度是否為零（zero length），即是否為空（empty）的。很多時候，開發人員只有在特性包含實際值的情況下才能進行處理，而這單一的函式在一個步驟中就執行了這兩種驗證。如果 `Aircraft` 的 `reg` 這個註冊特性（registration property）中存在一個值，那麼送入的飛機位置報告就會被傳遞過來，缺少註冊值的飛機位置報告則會被過濾掉。

所有剩餘的位置報告會被串流到儲存庫中保存，然後我們在儲存庫中查詢所有續存的文件，並顯示結果。

結果

在我的機器上執行 `PlaneFinder` 服務後，我啟動 *sbur-mongo* 服務來獲取、儲存和檢索（在一個內嵌的 MongoDB 實體中），並顯示 `PlaneFinder` 每次輪詢的結果。下面是結果的一個例子，為了簡潔起見進行了編輯，並對其進行了格式化，以便於閱讀：

```
Aircraft(id=95, callsign=N88846, squawk=4710, reg=N88846, flightno=, route=,
type=P46T, category=A1, altitude=18000, heading=234, speed=238, vertRate=-64,
selectedAltitude=0, lat=39.157288, lon=-90.844992, barometer=0.0,
polarDistance=33.5716, polarBearing=290.454061, isADSB=true, isOnGround=false,
lastSeenTime=2020-11-27T20:16:57Z, posUpdateTime=2020-11-27T20:16:57Z,
bds40SeenTime=1970-01-01T00:00:00Z)

Aircraft(id=96, callsign=MVJ710, squawk=1750, reg=N710MV, flightno=,
route=IAD-TEX, type=GLF4, category=A2, altitude=18050, heading=66, speed=362,
vertRate=2432, selectedAltitude=23008, lat=38.627655, lon=-90.008897,
barometer=0.0, polarDistance=20.976944, polarBearing=158.35465, isADSB=true,
isOnGround=false, lastSeenTime=2020-11-27T20:16:57Z,
posUpdateTime=2020-11-27T20:16:57Z, bds40SeenTime=2020-11-27T20:16:56Z)
```

```
Aircraft(id=97, callsign=SWA1121, squawk=6225, reg=N8654B, flightno=WN1121,
route=MDW-DAL-PHX, type=B738, category=A3, altitude=40000, heading=236,
speed=398, vertRate=0, selectedAltitude=40000, lat=39.58548, lon=-90.049259,
barometer=1013.6, polarDistance=38.411587, polarBearing=8.70042, isADSB=true,
isOnGround=false, lastSeenTime=2020-11-27T20:16:57Z,
posUpdateTime=2020-11-27T20:16:55Z, bds40SeenTime=2020-11-27T20:16:54Z)
```

正如預期的那樣，該服務使用 Spring Boot、Kotlin 和 MongoDB 對飛機位置進行輪詢、捕獲和顯示，幾乎不費吹灰之力。

使用 NoSQL Graph 資料庫建立一個基於儲存庫的服務

Graph（圖）資料庫為資料帶來了不同的處理方式，尤其是關於資料之間是如何相互關聯的。市場上有一些 graph 資料庫，但就所有目的和用途而言，該領域的領導者是 Neo4j。

雖然圖論（graph theory）和 graph 資料庫的設計遠遠超出了本書的範圍，但演示如何以最佳方式運用 Spring Boot 和 Spring Data 來處理 graph 資料庫，則完全落在本書的範疇中。本節將向你展示如何在你的 Spring Boot 應用程式中使用 Spring Data 的 Neo4j 輕鬆連接到資料並進行資料處理。

初始化此專案

我們再一次回到 Spring Initializr。這一次，我挑了以下選項：

- Gradle 專案
- Java
- Spring Boot 目前的生產用版本
- 打包方式：Jar
- Java：11

對於依存關係：

- Spring Reactive Web（`spring-boot-starter-webflux`）
- Spring Data Neo4j（`spring-boot-starter-data-neo4j`）

接下來，我生成專案並保存在本地端，解壓縮後在 IDE 中打開它。

我選擇 Gradle 作為這個專案的建置系統，完全是為了展示在使用 Gradle 創建 Spring Boot Java 應用程式時，所產生的 *build.gradle* 檔案使用的是 Groovy DSL，不過 Maven 也是一個有效的選擇。

與本章的大多數其他例子一樣，我在本地端的一個容器中執行了一個 Neo4j 資料庫實體，準備回應這個應用程式。

就這樣，我們準備好建立我們的服務了。

發展 Neo4j 服務

與之前的例子一樣，Spring Boot 和 Spring Data 讓運用 Neo4j 資料庫的體驗與使用其他類型的底層資料存放區非常一致。Graph 資料存放區的全部功能都可取用，並且可以從 Spring Boot 應用程式中輕易存取，但事前所需的準備工作卻大幅減少。

定義領域類別

再一次，我從定義 `Aircraft` 領域開始。在沒有 Lombok 依存關係的情況下，我用普通的一長串建構器、存取器、變動器和支援方法來創建它：

```
import com.fasterxml.jackson.annotation.JsonIgnoreProperties;
import com.fasterxml.jackson.annotation.JsonProperty;
import org.springframework.data.neo4j.core.schema.GeneratedValue;
import org.springframework.data.neo4j.core.schema.Id;
import org.springframework.data.neo4j.core.schema.Node;

@Node
@JsonIgnoreProperties(ignoreUnknown = true)
public class Aircraft {
    @Id
    @GeneratedValue
    private Long neoId;

    private Long id;
    private String callsign, squawk, reg, flightno, route, type, category;

    private int altitude, heading, speed;
    @JsonProperty("vert_rate")
```

```
private int vertRate;
@JsonProperty("selected_altitude")
private int selectedAltitude;

private double lat, lon, barometer;
@JsonProperty("polar_distance")
private double polarDistance;
@JsonProperty("polar_bearing")
private double polarBearing;

@JsonProperty("is_adsb")
private boolean isADSB;
@JsonProperty("is_on_ground")
private boolean isOnGround;

@JsonProperty("last_seen_time")
private Instant lastSeenTime;
@JsonProperty("pos_update_time")
private Instant posUpdateTime;
@JsonProperty("bds40_seen_time")
private Instant bds40SeenTime;

public Aircraft() {
}

public Aircraft(Long id,
                String callsign, String squawk, String reg, String flightno,
                String route, String type, String category,
                int altitude, int heading, int speed,
                int vertRate, int selectedAltitude,
                double lat, double lon, double barometer,
                double polarDistance, double polarBearing,
                boolean isADSB, boolean isOnGround,
                Instant lastSeenTime,
                Instant posUpdateTime,
                Instant bds40SeenTime) {
    this.id = id;
    this.callsign = callsign;
    this.squawk = squawk;
    this.reg = reg;
    this.flightno = flightno;
    this.route = route;
    this.type = type;
    this.category = category;
    this.altitude = altitude;
    this.heading = heading;
```

```
        this.speed = speed;
        this.vertRate = vertRate;
        this.selectedAltitude = selectedAltitude;
        this.lat = lat;
        this.lon = lon;
        this.barometer = barometer;
        this.polarDistance = polarDistance;
        this.polarBearing = polarBearing;
        this.isADSB = isADSB;
        this.isOnGround = isOnGround;
        this.lastSeenTime = lastSeenTime;
        this.posUpdateTime = posUpdateTime;
        this.bds40SeenTime = bds40SeenTime;
    }

    public Long getNeoId() {
        return neoId;
    }

    public void setNeoId(Long neoId) {
        this.neoId = neoId;
    }

    public Long getId() {
        return id;
    }

    public void setId(Long id) {
        this.id = id;
    }

    public String getCallsign() {
        return callsign;
    }

    public void setCallsign(String callsign) {
        this.callsign = callsign;
    }

    public String getSquawk() {
        return squawk;
    }

    public void setSquawk(String squawk) {
        this.squawk = squawk;
    }
```

```
public String getReg() {
    return reg;
}

public void setReg(String reg) {
    this.reg = reg;
}

public String getFlightno() {
    return flightno;
}

public void setFlightno(String flightno) {
    this.flightno = flightno;
}

public String getRoute() {
    return route;
}

public void setRoute(String route) {
    this.route = route;
}

public String getType() {
    return type;
}

public void setType(String type) {
    this.type = type;
}

public String getCategory() {
    return category;
}

public void setCategory(String category) {
    this.category = category;
}

public int getAltitude() {
    return altitude;
}

public void setAltitude(int altitude) {
```

```
        this.altitude = altitude;
    }

    public int getHeading() {
        return heading;
    }

    public void setHeading(int heading) {
        this.heading = heading;
    }

    public int getSpeed() {
        return speed;
    }

    public void setSpeed(int speed) {
        this.speed = speed;
    }

    public int getVertRate() {
        return vertRate;
    }

    public void setVertRate(int vertRate) {
        this.vertRate = vertRate;
    }

    public int getSelectedAltitude() {
        return selectedAltitude;
    }

    public void setSelectedAltitude(int selectedAltitude) {
        this.selectedAltitude = selectedAltitude;
    }

    public double getLat() {
        return lat;
    }

    public void setLat(double lat) {
        this.lat = lat;
    }

    public double getLon() {
        return lon;
    }
```

```
public void setLon(double lon) {
    this.lon = lon;
}

public double getBarometer() {
    return barometer;
}

public void setBarometer(double barometer) {
    this.barometer = barometer;
}

public double getPolarDistance() {
    return polarDistance;
}

public void setPolarDistance(double polarDistance) {
    this.polarDistance = polarDistance;
}

public double getPolarBearing() {
    return polarBearing;
}

public void setPolarBearing(double polarBearing) {
    this.polarBearing = polarBearing;
}

public boolean isADSB() {
    return isADSB;
}

public void setADSB(boolean ADSB) {
    isADSB = ADSB;
}

public boolean isOnGround() {
    return isOnGround;
}

public void setOnGround(boolean onGround) {
    isOnGround = onGround;
}

public Instant getLastSeenTime() {
```

```
        return lastSeenTime;
    }

    public void setLastSeenTime(Instant lastSeenTime) {
        this.lastSeenTime = lastSeenTime;
    }

    public Instant getPosUpdateTime() {
        return posUpdateTime;
    }

    public void setPosUpdateTime(Instant posUpdateTime) {
        this.posUpdateTime = posUpdateTime;
    }

    public Instant getBds40SeenTime() {
        return bds40SeenTime;
    }

    public void setBds40SeenTime(Instant bds40SeenTime) {
        this.bds40SeenTime = bds40SeenTime;
    }

    @Override
    public boolean equals(Object o) {
        if (this == o) return true;
        if (o == null || getClass() != o.getClass()) return false;
        Aircraft aircraft = (Aircraft) o;
        return altitude == aircraft.altitude &&
                heading == aircraft.heading &&
                speed == aircraft.speed &&
                vertRate == aircraft.vertRate &&
                selectedAltitude == aircraft.selectedAltitude &&
                Double.compare(aircraft.lat, lat) == 0 &&
                Double.compare(aircraft.lon, lon) == 0 &&
                Double.compare(aircraft.barometer, barometer) == 0 &&
                Double.compare(aircraft.polarDistance, polarDistance) == 0 &&
                Double.compare(aircraft.polarBearing, polarBearing) == 0 &&
                isADSB == aircraft.isADSB &&
                isOnGround == aircraft.isOnGround &&
                Objects.equals(neoId, aircraft.neoId) &&
                Objects.equals(id, aircraft.id) &&
                Objects.equals(callsign, aircraft.callsign) &&
                Objects.equals(squawk, aircraft.squawk) &&
                Objects.equals(reg, aircraft.reg) &&
                Objects.equals(flightno, aircraft.flightno) &&
                Objects.equals(route, aircraft.route) &&
```

```
                Objects.equals(type, aircraft.type) &&
                Objects.equals(category, aircraft.category) &&
                Objects.equals(lastSeenTime, aircraft.lastSeenTime) &&
                Objects.equals(posUpdateTime, aircraft.posUpdateTime) &&
                Objects.equals(bds40SeenTime, aircraft.bds40SeenTime);
    }

    @Override
    public int hashCode() {
        return Objects.hash(neoId, id, callsign, squawk, reg, flightno, route,
                type, category, altitude, heading, speed, vertRate,
                selectedAltitude,  lat, lon, barometer, polarDistance,
                polarBearing, isADSB, isOnGround, lastSeenTime, posUpdateTime,
                bds40SeenTime);
    }

    @Override
    public String toString() {
        return "Aircraft{" +
                "neoId=" + neoId +
                ", id=" + id +
                ", callsign='" + callsign + '\'' +
                ", squawk='" + squawk + '\'' +
                ", reg='" + reg + '\'' +
                ", flightno='" + flightno + '\'' +
                ", route='" + route + '\'' +
                ", type='" + type + '\'' +
                ", category='" + category + '\'' +
                ", altitude=" + altitude +
                ", heading=" + heading +
                ", speed=" + speed +
                ", vertRate=" + vertRate +
                ", selectedAltitude=" + selectedAltitude +
                ", lat=" + lat +
                ", lon=" + lon +
                ", barometer=" + barometer +
                ", polarDistance=" + polarDistance +
                ", polarBearing=" + polarBearing +
                ", isADSB=" + isADSB +
                ", isOnGround=" + isOnGround +
                ", lastSeenTime=" + lastSeenTime +
                ", posUpdateTime=" + posUpdateTime +
                ", bds40SeenTime=" + bds40SeenTime +
                '}';
    }
}
```

Java 程式碼確實可以很囉嗦。公平地說，這在像領域類別這樣的情況中，並不是什麼太大的問題，因為雖然存取器和變動器佔用了大量的空間，但它們可以由 IDE 生成，並且由於它們的長期穩定性，通常不用太多的維護。儘管如此，這還是很大量的樣板程式碼（boilerplate code），這就是為什麼許多開發人員會使用 Lombok 或 Kotlin 這樣的解決方案，即使只是在 Kotlin 中為 Java 應用程式建立領域類別這樣的工作中。

Neo 需要由資料庫產生的一個唯一識別字（unique identifier），即使被儲存的實體已經包含一個唯一識別字了。為了滿足這個要求，我添加了一個 `neoId` 參數 / 成員變數（parameter/member variable），並且用 `@Id` 和 `GeneratedValue` 來注釋它，這樣 Neo4j 就能正確地將此成員變數與它內部生成的值關聯起來。

接下來，我添加了兩個類別層級的注釋：

`@Node`：將這個 `record` 的每個實體指定為 Neo4j 節點 `Aircraft` 的一個實體。

`@JsonIgnoreProperties(ignoreUnknown = true)`：忽略可能被添加到 `PlaneFinder` 服務端點的新欄位。

請注意，和 `@Id` 和 `@GeneratedValue` 一樣，`@Node` 注釋來自於以 Spring Data Neo4j 為基礎的應用程式的 `org.springframework.data.neo4j.core.schema` 套件。

這樣，我們服務的領域就定義好了。

建立儲存庫介面

對於這個應用，我再次定義了所需的儲存庫介面，擴充了 Spring Data 的 `CrudRepository`，並提供了要儲存的物件型別及其鍵值：本例中，即為 `Aircraft` 和 `Long`。

```
public interface AircraftRepository extends CrudRepository<Aircraft, Long> {}
```

與之前基於 MongoDB 的專案類似，有一個 `Neo4jRepository` 介面存在，它擴充了 `PagingAndSortingRepository`（而它擴展了 `CrudRepository`），可以代替 `CrudRepository` 使用，然而，由於 `CrudRepository` 是滿足所有需求的最高階介面，所以我用它作為 `AircraftRepository` 的基礎。

把全部整合在一起

現在創建元件來輪詢 PlaneFinder，並設定它的組態以訪問 Neo4j 資料庫。

輪詢 PlaneFinder。再一次，我建立了一個 Spring Boot @Component 類別來輪詢當前的飛機位置並處理收到的 Aircraft 記錄。

像本章中其他基於 Java 的專案，我創建了一個 WebClient 物件，並將之指定給了一個成員變數，再讓它指向 7634 通訊埠上的 PlaneFinder 服務對外開放的目的端點。

在沒有 Lombok 作為依存關係的情況下，我創建了一個建構器，透過它來接收自動連接的 AircraftRepository bean。

如下面 PlaneFinderPoller 類別的完整列表所示，pollPlanes() 方法看起來和其他例子幾乎一樣，這是由於儲存庫支援所帶來的抽象層。如果要重新審視 PlaneFinderPoller 中其餘程式碼的任何其他細節，請查看前面章節下的相應部分：

```
import org.springframework.scheduling.annotation.EnableScheduling;
import org.springframework.scheduling.annotation.Scheduled;
import org.springframework.stereotype.Component;
import org.springframework.web.reactive.function.client.WebClient;

@EnableScheduling
@Component
public class PlaneFinderPoller {
    private WebClient client =
            WebClient.create("http://localhost:7634/aircraft");
    private final AircraftRepository repository;

    public PlaneFinderPoller(AircraftRepository repository) {
        this.repository = repository;
    }

    @Scheduled(fixedRate = 1000)
    private void pollPlanes() {
        repository.deleteAll();

        client.get()
                .retrieve()
                .bodyToFlux(Aircraft.class)
                .filter(plane -> !plane.getReg().isEmpty())
                .toStream()
                .forEach(repository::save);
```

```
        System.out.println("--- All aircraft ---");
        repository.findAll().forEach(System.out::println);
    }
}
```

連接到 Neo4j。與前面的 MariaDB/MySQL 範例一樣，我們需要提供一些關鍵資訊，以便 Boot 用來無縫連接到 Neo4j 資料庫。對於在我的環境中執行的這個服務，這些特性包括：

```
spring.neo4j.authentication.username=neo4j
spring.neo4j.authentication.password=mkheck
```

將顯示的使用者名稱和密碼值替換為你環境中特定的值。

結果

當 PlaneFinder 服務在我的機器上執行時，我使用 Neo4j 作為選定的資料存放區，啟動 *sbur-neo* 服務來獲取、儲存和檢索並顯示 PlaneFinder 的每次輪詢結果。下面是結果的一個例子，為了簡潔起見，我們對其進行了編輯，並對其格式做了調整，以便於閱讀：

```
Aircraft(neoId=64, id=223, callsign='GJS4401', squawk='1355', reg='N542GJ',
flightno='UA4401', route='LIT-ORD', type='CRJ7', category='A2', altitude=37000,
heading=24, speed=476, vertRate=128, selectedAltitude=36992, lat=39.463961,
lon=-90.549927, barometer=1012.8, polarDistance=35.299257,
polarBearing=329.354686, isADSB=true, isOnGround=false,
lastSeenTime=2020-11-27T20:42:54Z, posUpdateTime=2020-11-27T20:42:53Z,
bds40SeenTime=2020-11-27T20:42:51Z)

Aircraft(neoId=65, id=224, callsign='N8680B', squawk='1200', reg='N8680B',
flightno='', route='', type='C172', category='A1', altitude=3100, heading=114,
speed=97, vertRate=64, selectedAltitude=0, lat=38.923955, lon=-90.195618,
barometer=0.0, polarDistance=1.986086, polarBearing=208.977102, isADSB=true,
isOnGround=false, lastSeenTime=2020-11-27T20:42:54Z,
posUpdateTime=2020-11-27T20:42:54Z, bds40SeenTime=null)

Aircraft(neoId=66, id=225, callsign='AAL1087', squawk='1712', reg='N181UW',
flightno='AA1087', route='CLT-STL-CLT', type='A321', category='A3',
altitude=7850, heading=278, speed=278, vertRate=-320, selectedAltitude=4992,
```

```
lat=38.801559, lon=-90.226474, barometer=0.0, polarDistance=9.385111,
polarBearing=194.034005, isADSB=true, isOnGround=false,
lastSeenTime=2020-11-27T20:42:54Z, posUpdateTime=2020-11-27T20:42:53Z,
bds40SeenTime=2020-11-27T20:42:53Z)
```

此服務快速且高效率，使用 Spring Boot 和 Neo4j 來檢索、捕獲和顯示所回報的飛機位置。

程式碼 *Checkout* 檢查

完整的章節程式碼，請 check out 程式碼儲存庫中的分支 *chapter6end*。

總結

資料可能是一個複雜的主題，有無數的變數和限制，包括資料結構、關係、適用的標準、提供者和機制等等。然而，如果沒有某種形式的資料，大多數應用程式幾乎沒有或根本沒有價值可言。

作為構成幾乎所有應用程式價值基礎的東西，「資料」吸引了資料庫提供者和平台廠商的大量創新；但在很多情況下，複雜性依然存在，開發人員必須馴服這種複雜性才能釋放價值。

Spring Data 的既定使命是「為資料的存取提供熟悉、一致、基於 Spring 的程式設計模型，同時仍然保留底層資料存放區的特徵」。無論資料庫引擎或平台為何，Spring Data 的目標，都是讓開發人員對資料的使用在人力所及範圍之內盡可能的簡單和強大。

本章演示了如何運用各種資料庫選項，以及 Spring Data 專案與其設施簡化資料的儲存和檢索。這些專案和設施以最強大的方式實現了它們的效用：透過 Spring Boot。

在下一章中，我將展示如何使用 Spring MVC 的 REST 互動、訊息傳遞平台，以及其他通訊機制來建立命令式的應用程式，並提供對範本語言（templating language）支援的介紹。本章的焦點是從應用程式開始往內延伸的，而第 7 章的焦點則是從應用程式往外延伸。

第七章

使用 Spring MVC 建立應用程式

本章演示如何使用 Spring MVC 和 REST 互動、訊息傳遞息平台和其他通訊機制來建立 Spring Boot 應用程式，並介紹了範本語言（templating language）的支援。雖然我在上一章深入瞭解 Spring Boot 處理資料的眾多選項時，介紹了服務間的互動（interservice interactions），但本章會將主要的關注點從應用程式本身轉移到外部世界：它與其他應用程式或服務，以及與最終使用者的互動。

程式碼 *Checkout* 檢查

請從程式碼儲存庫 check out 分支 *chapter7begin* 以便開始進行。

Spring MVC 所代表的意義

像科技當中的許多其他事物一樣，Spring MVC 這個術語也是有些超載。當有人提到 Spring MVC，他們可能意味著以下任何一種：

- 在 Spring 應用程式中實作（以某種方式）Model-View-Controller（MVC，模型 - 視圖 - 控制器）模式。
- 具體使用 Spring MVC 元件概念（例如 `Model` 介面、`@Controller` 類別和視圖技術）來建立應用程式。
- 使用 Spring 開發阻斷式 / 非反應式（blocking/nonreactive）應用程式。

取決於所在情境，Spring MVC 既可以被視為一種做法，也可以被視為一種實作。它可在 Spring Boot 內或不在 Spring Boot 內使用。用到 Spring 的一般 MVC 模式應用程式和 Spring MVC 在 Spring Boot 之外的使用，都不屬於本書的範圍。我將特別關注之前列出的最後兩個概念，使用 Spring Boot 來實作它們。

使用範本引擎與終端使用者互動

雖然 Spring Boot 應用程式在後端處理了很多繁重的工作，但 Boot 也支援直接的終端使用者互動（end-user interactions）。儘管 Boot 仍然支援像 JSP（Java Server Pages）這樣歷史悠久的標準，但當前大多數的應用程式要不是利用仍在不斷演進和維護的範本引擎（template engines）所支援的更強大的視圖技術（view technologies），就是將前端開發轉向 HTML 和 JavaScript 的組合。甚至可以將這兩種選擇成功地混合起來，發揮各自的優勢。

正如稍後我會在本章演示的那樣，Spring Boot 可以很好地與 HTML 和 JavaScript 前端結合起來。至於現在，讓我們靠近一點看看範本引擎。

範本引擎為所謂的伺服器端應用程式（server-side application）提供了一種產生最終頁面的方法，這些頁面將在終端使用者的瀏覽器中顯示和執行。這些視圖技術的做法各不相同，但一般都提供以下功能：

- 一種範本語言（template language）和標記（tags）的集合，這些標記定義了範本引擎用來產生預期結果的輸入。
- 視圖解析器（view resolver），它決定要用來滿足所請求的一項資源的視圖 / 範本（view/template）。

在其他較少使用的選項中，Spring Boot 支援 Thymeleaf（*https://www.thymeleaf.org*）、FreeMarker（*https://freemarker.apache.org*）、Groovy Markup（*http://groovy-lang.org/templating.html*）和 Mustache（*https://mustache.github.io*）等等的視圖技術。出於幾個原因，Thymeleaf 可能是其中使用最廣泛的，它為 Spring MVC 和 Spring WebFlux 應用程式提供了很好的支援。

Thymeleaf 使用自然範本（natural templates）：整合了程式碼元素的檔案，但可以在任何標準的 Web 瀏覽器中直接開啟並（正確地）檢視。能夠以 HTML 的形式查看範本檔（template files），能讓開發者或設計師在不執行任何伺服器行程的情況下創建和發展 Thymeleaf 範本。任何期待相應伺服器端元素的整合程式碼都會被標記為 Thymeleaf 專用，單純不顯示不存在的東西。

奠基於之前的工作基礎上，讓我們使用 Spring Boot、Spring MVC 和 Thymeleaf 建置一個簡單的 Web 應用程式，向終端使用者展示用來查詢 PlaneFinder 的一個介面，以獲得當前飛機位置並顯示結果。一開始，這將是一個初步的概念驗證，會在後續章節中繼續演進。

初始化此專案

首先，我們回到 Spring Initializr。在那裡，我挑選了下列選項：

- Maven 專案
- Java
- Spring Boot 目前的生產用版本
- 打包方式：Jar
- Java：11

而依存關係是：

- Spring Web（`spring-boot-starter-web`）
- Spring Reactive Web（`spring-boot-starter-webflux`）
- Thymeleaf（`spring-boot-starter-thymeleaf`）
- Spring Data JPA（`spring-boot-starter-data-jpa`）
- H2 Database（`h2`）
- Lombok（`lombok`）

下一步是生成專案並保存在本地端，解壓縮後在 IDE 中打開。

發展 Aircraft Positions 應用程式

由於這個應用程式只關注目前狀態，即請求發出時的飛機位置，而不是歷史上的狀態，因此記憶體內資料庫（in-memory database）似乎是一種合理的選擇。當然，我們也可以使用某個種類的一個 `Iterable`，但 Spring Boot 對 Spring Data 儲存庫和 H2 資料庫的支援滿足了當前的用例，並為此應用程式的未來擴充計畫做好了定位。

定義領域類別

就像其他與 `PlaneFinder` 互動的專案一樣，我建立了一個 `Aircraft` 領域類別作為主要的（資料）焦點。這裡是 `Aircraft Positions` 應用程式的 `Aircraft` 領域類別之結構：

```
@Entity
@Data
@NoArgsConstructor
@AllArgsConstructor
public class Aircraft {
    @Id
    private Long id;
    private String callsign, squawk, reg, flightno, route, type, category;

    private int altitude, heading, speed;
    @JsonProperty("vert_rate")
    private int vertRate;
    @JsonProperty("selected_altitude")
    private int selectedAltitude;

    private double lat, lon, barometer;
    @JsonProperty("polar_distance")
    private double polarDistance;
    @JsonProperty("polar_bearing")
    private double polarBearing;

    @JsonProperty("is_adsb")
    private boolean isADSB;
    @JsonProperty("is_on_ground")
    private boolean isOnGround;

    @JsonProperty("last_seen_time")
    private Instant lastSeenTime;
    @JsonProperty("pos_update_time")
    private Instant posUpdateTime;
    @JsonProperty("bds40_seen_time")
    private Instant bds40SeenTime;
}
```

這個領域類別是使用 JPA 與 H2 作為底層 JPA 相容資料庫來定義的，並利用 Lombok 建立一個資料類別，具有零引數的建構器，以及具備所有引數的建構器，每個成員變數一個。

建立儲存庫介面

接下來，我定義了所需的儲存庫介面，擴充了 Spring Data 的 `CrudRepository`，並提供了要儲存的物件型別及其鍵值：在本例中即為 `Aircraft` 和 `Long`。

```
public interface AircraftRepository extends CrudRepository<Aircraft, Long> {}
```

處理 Model 和 Controller

我已經用 `Aircraft` 領域類別定義了模型（model）背後的資料，現在是時候將其納入 `Model` 並透過 `Controller` 對外開放了。

正如在第 3 章中所討論的那樣，`@RestController` 是一個方便的記號，它將 `@Controller` 與 `@ResponseBody` 結合成單一的描述性注釋，以 JSON（JavaScript Object Notation）或其他資料導向的格式回傳一個格式化的回應。這使得一個方法的 Object/Iterable 回傳值是一個 web 請求之回應的**整個主體**（*entire body*），而不是作為 `Model` 的一部分回傳。`@RestController` 能讓我們建立一個 API，這是一種專門的但非常普遍的用例。

現在的目標是建立一個包含使用者介面的應用程式，而 `@Controller` 可以實現這一點。在一個 `@Controller` 類別中，每個以 `@RequestMapping` 或其特化的別名（如 `@GetMapping`）注釋的方法都會回傳一個 `String` 值，該值對應範本檔的名稱減去其延伸檔名。舉例來說，Thymeleaf 檔的延伸檔名是 *.html*，所以如果一個 `@Controller` 類別的 `@GetMapping` 方法回傳「myfavoritepage」這個 `String`，Thymeleaf 範本引擎將使用 *myfavoritepage.html* 範本來建立並回傳所產生的頁面給使用者的瀏覽器。

視圖技術範本預設放置在專案的 *src/main/ resources/templates* 目錄底下，範本引擎會在這裡尋找它們，除非透過應用程式特性或程式化的手段覆寫。

回到控制器（controller），我創建了一個 `PositionController` 類別，如下所示：

```
@RequiredArgsConstructor
@Controller
public class PositionController {
    @NonNull
```

```
    private final AircraftRepository repository;
    private WebClient client =
            WebClient.create("http://localhost:7634/aircraft");

    @GetMapping("/aircraft")
    public String getCurrentAircraftPositions(Model model) {
        repository.deleteAll();

        client.get()
                .retrieve()
                .bodyToFlux(Aircraft.class)
                .filter(plane -> !plane.getReg().isEmpty())
                .toStream()
                .forEach(repository::save);

        model.addAttribute("currentPositions", repository.findAll());
        return "positions";
    }
}
```

這個控制器看起來和之前幾次非常相似，但有一些關鍵的差異。首先，當然是之前討論過的 `@Controller` 注釋，而不是 `@RestController`。其次，`getCurrentAircraftPositions()` 方法有一個自動連接的參數：`Model model`。這個參數是一個 `Model` bean，當我們將這些元件作為屬性（attribute）添加到 `Model` 中，它就會被範本引擎利用來提供對應用程式元件的存取（它們的資料和運算）。第三則是，方法的回傳型別為 `String` 而非一個類別型別（class type），而實際的回傳述句帶有範本名稱（無 *.html* 延伸檔名）。

在一個複雜的領域 / 應用程式（domain/application）中，我更喜歡建立不同的 `@Service` 和 `@Controller` 類別來分離關注點。在這個例子中，有一個單一的方法存取單一的儲存庫，所以我把所有的功能都放在了 `Controller` 中，負責充填底層資料、充填 `Model`，並把它交給適當的 `View`。

建立必要的 View 檔案

作為本章和後續章節的基礎，我創建了一個純粹的 HTML 檔和一個範本檔。

因為我想向所有訪問者顯示一個單純的 HTML 頁面，而這個頁面並不需要範本支援，所以我直接把 *index.html* 放在專案的 *src/main/resources/static* 目錄底下：

```
<!DOCTYPE html>
<html lang="en">
```

```
<head>
    <meta charset="UTF-8">
    <title>Retrieve Aircraft Position Report</title>
</head>
<body>
    <p><a href="/aircraft">Click here</a>
        to retrieve current aircraft positions in range of receiver.</p>
</body>
</html>
```

關於 index.html 的注意事項

預設情況下，Spring Boot 應用程式將在 classpath 中的 *static* 和 *public* 目錄底下尋找靜態頁面（static pages）。要在建置過程中妥善地放置它們，請把它們放在專案中的 *src/main/resources* 底下的這兩個目錄之一。

這個應用程式特別感興趣的是 `href` 超連結「/aircraft」。這個連結與 `PositionController getCurrentAircraftPositions()` 方法的 `@GetMapping` 注釋相匹配，並指向它對外開放的端點，這是 Spring Boot 在應用程式中各個元件之間進行內部整合的另一個例子。在執行的應用程式所顯示的頁面中點擊 *Click here*，會執行 `getCurrentAircraftPositions()`，該方法將回傳「positions」，提示 `ViewResolver` 根據範本 *positions.html* 產生並回傳下一個頁面。

最後需要說明的是，如果 *index.html* 檔位於所搜尋的 classpath 目錄之一，當從瀏覽器或其他使用者代理程式（user agent）訪問應用程式的 *host:port* 位址時，Spring Boot 會自動為使用者載入該檔案，不需要開發人員設定任何組態。

對於動態內容（dynamic content），我創建了一個範本檔，在原來普通的 HTML 檔中添加了 Thymeleaf 標記的 XML 命名空間（XML namespace），然後使用這些標記作為 Thymeleaf 範本引擎的內容注入指引，如接下來的 *positions.html* 檔案所示。為了將其指定為範本檔供引擎處理，我把它放在 *src/main/resources/templates* 專案目錄底下：

```
<!DOCTYPE HTML>
<html lang="en" xmlns:th="http://www.thymeleaf.org">
<head>
    <title>Position Report</title>
    <meta http-equiv="Content-Type" content="text/html; charset=UTF-8"/>
</head>
<body>
```

```
<div class="positionlist" th:unless="${#lists.isEmpty(currentPositions)}">

    <h2>Current Aircraft Positions</h2>

    <table>
        <thead>
        <tr>
            <th>Call Sign</th>
            <th>Squawk</th>
            <th>AC Reg</th>
            <th>Flight #</th>
            <th>Route</th>
            <th>AC Type</th>
            <th>Altitude</th>
            <th>Heading</th>
            <th>Speed</th>
            <th>Vert Rate</th>
            <th>Latitude</th>
            <th>Longitude</th>
            <th>Last Seen</th>
            <th></th>
        </tr>
        </thead>
        <tbody>
        <tr th:each="ac : ${currentPositions}">
            <td th:text="${ac.callsign}"></td>
            <td th:text="${ac.squawk}"></td>
            <td th:text="${ac.reg}"></td>
            <td th:text="${ac.flightno}"></td>
            <td th:text="${ac.route}"></td>
            <td th:text="${ac.type}"></td>
            <td th:text="${ac.altitude}"></td>
            <td th:text="${ac.heading}"></td>
            <td th:text="${ac.speed}"></td>
            <td th:text="${ac.vertRate}"></td>
            <td th:text="${ac.lat}"></td>
            <td th:text="${ac.lon}"></td>
            <td th:text="${ac.lastSeenTime}"></td>
        </tr>
        </tbody>
    </table>
</div>
</body>
</html>
```

對於飛機位置報告頁面，我將顯示的訊息縮減為幾個特別重要和有趣的元素。*positions.html* 這個 Thymeleaf 範本中有幾個項目需要注意。

首先，如前所述，我以下面這行將 Thymeleaf 標記添加到前綴為 *th* 的 XML 命名空間：

```
<html lang="en" xmlns:th="http://www.thymeleaf.org">
```

在定義會顯示當前飛機位置的 `division` 時，我指示只有在資料存在時，才顯示 positionList 這個分區（division）；如果 `Model` 中的 `currentPositions` 元素為空，則直接省略整個分區：

```
<div class="positionlist" th:unless="${#lists.isEmpty(currentPositions)}">
```

最後，我使用標準的 HTML 表格標記（table tags）定義出表格本身和表頭列及其內容。對於表格主體，我使用 Thymeleaf 的 `each` 來迭代（iterate）過所有的 `currentPositions`，並使用 Thymeleaf 的 `text` 標記充填每一列的各個欄（columns），並透過「${object.property}」變數運算式語法（variable expression syntax）參考每個位置物件的特性。這樣，應用程式就可以進行測試了。

結果

隨著 `PlaneFinder` 服務的執行，我從 IDE 執行 `Aircraft Positions` 應用程式。一旦它成功啟動，我就開啟一個瀏覽器分頁，在網址列中輸入 `localhost:8080`，然後按下 Enter。圖 7-1 顯示了結果頁面。

圖 7-1　Aircraft Positions 應用程式（非常簡單的）登陸頁面

從這裡，我點擊 *Click here* 連結，進入 Aircraft Position Report 頁面，如圖 7-2 所示。

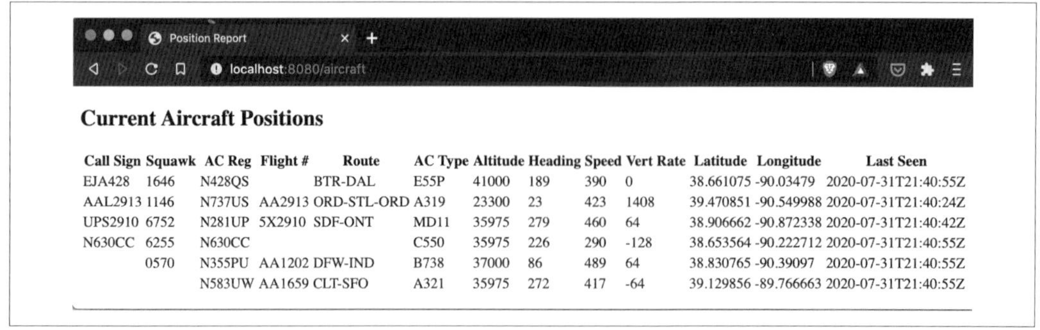

Current Aircraft Positions

Call Sign	Squawk	AC Reg	Flight #	Route	AC Type	Altitude	Heading	Speed	Vert Rate	Latitude	Longitude	Last Seen
EJA428	1646	N428QS		BTR-DAL	E55P	41000	189	390	0	38.661075	-90.03479	2020-07-31T21:40:55Z
AAL2913	1146	N737US	AA2913	ORD-STL-ORD	A319	23300	23	423	1408	39.470851	-90.549988	2020-07-31T21:40:24Z
UPS2910	6752	N281UP	5X2910	SDF-ONT	MD11	35975	279	460	64	38.906662	-90.872338	2020-07-31T21:40:42Z
N630CC	6255	N630CC			C550	35975	226	290	-128	38.653564	-90.222712	2020-07-31T21:40:55Z
	0570	N355PU	AA1202	DFW-IND	B738	37000	86	489	64	38.830765	-90.39097	2020-07-31T21:40:55Z
		N583UW	AA1659	CLT-SFO	A321	35975	272	417	-64	39.129856	-89.766663	2020-07-31T21:40:55Z

圖 7-2　Aircraft Position Report 頁面

刷新此頁面將重新查詢 `PlaneFinder`，並視需要以當前的資料更新報告。

壓軸的刷新功能

能夠要求提供目前在該地區的飛機清單及其確切位置，是一件很有用的事情。但是，如果必須手動刷新頁面，也可能會變得相當乏味，並且導致非常有趣的資料丟失，如果是這樣處置的話。要在 Aircraft Position Report 範本中添加定時刷新（timed refresh）的功能，只需在頁面的 `body` 中添加一個類似於下面這樣的 JavaScript 函式，指定頁面刷新率（refresh rate），單位為毫秒：

```
<script type="text/javascript">
    window.onload = setupRefresh;

    function setupRefresh() {
        setTimeout("refreshPage();", 5000); // 以毫秒為單位的刷新率
    }

    function refreshPage() {
        window.location = location.href;
    }
</script>
```

Thymeleaf 範本引擎會將這段程式碼原封不動地傳遞到生成的頁面中，使用者的瀏覽器就會以指定的刷新率執行該指令稿。這不是最優雅的解決方案，但對於簡單的使用案例來說，它可以輕鬆完成任務。

傳遞訊息

當用例的要求更高時，可能需要更精密的解決方案。前面的程式碼確實提供了反映最新可用位置資料的動態更新，但除了其他潛在的考量，對更新資料的定期請求本身可能就會顯得有點囉嗦。如果幾個客戶端不斷地請求和接收更新，網路流量可能很大。

為了在滿足更複雜的用例的同時處理網路需求，轉變觀點是很有幫助的：從一種拉取模型（pull model）到推送模型（push model），或兩者的某種組合。

本節和下一節將探討邁向一種推送模型的兩種不同且漸進式的步驟，最終形成一種從 PlaneFinder 服務向外的、完全基於推送的模型。使用案例將指出（或決定）可能有利於其中一種做法或完全不同做法的條件。我將在隨後的章節中繼續探索和展示更多的替代方案，敬請關注。

訊息傳遞平台（messaging platforms）是為了在應用程式之間高效率地接收、繞送（route）和遞送訊息而打造的，例子包括 RabbitMQ（*https://www.rabbitmq.com*）和 Apache Kafka（*https://kaa.apache.org*）以及許多其他產品，開源和商業的都有。Spring Boot 和 Spring 生態系統為訊息管線的運用提供了一些不同的選項，但我最喜歡的是 Spring Cloud Stream。

Spring Cloud Stream 提升了開發人員的抽象水平，同時仍然可以透過應用程式特性、beans 和直接的組態提供對支援平台獨特屬性的存取。繫結器（binders）形成了串流平台驅動程式（streaming platform drivers）和 Spring Cloud Stream（SCSt）之間的連線，讓開發人員能夠保持對關鍵任務（發送、繞送和接收訊息）的關注，無論底層的管道如何，這些任務在概念上都沒有區別。

增強 PlaneFinder 的功能

第一件事是重構 `PlaneFinder` 服務，讓它使用 Spring Cloud Stream 發佈訊息供 `Aircraft Positions`（以及任何其他適用的）應用程式消耗。

必要的依存關係

我在 `PlaneFinder` 的 *pom.xml* Maven 建置檔中添加了以下依存關係：

```
<dependency>
    <groupId>org.springframework.boot</groupId>
    <artifactId>spring-boot-starter-amqp</artifactId>
```

```
</dependency>
<dependency>
    <groupId>org.springframework.cloud</groupId>
    <artifactId>spring-cloud-stream</artifactId>
</dependency>
<dependency>
    <groupId>org.springframework.cloud</groupId>
    <artifactId>spring-cloud-stream-binder-kafka</artifactId>
</dependency>
<dependency>
    <groupId>org.springframework.cloud</groupId>
    <artifactId>spring-cloud-stream-binder-rabbit</artifactId>
</dependency>
<dependency>
    <groupId>org.springframework.kafka</groupId>
    <artifactId>spring-kafka</artifactId>
</dependency>
```

首先要注意的其實是所列出的第二個依存關係：`spring-cloud-stream`。這是 Spring Cloud Stream 的程式碼依存關係，但它無法單獨完成工作。如前所述，SCSt 使用了 binders（繫結器）來使其強大的抽象功能與各種串流平台的驅動程式順利配合。在 Spring Initializr 可以取用的 Spring Cloud Stream 條目上甚至有一個實用的提醒，就是為此而設：

> 本框架用於建置具有高度規模擴充性且與共用的訊息系統連接的事件驅動微服務（需要一個 *binder*，例如 *Apache Kafka*、*RabbitMQ* 或 *Solace PubSub+*）。

Spring Cloud Stream 若要與訊息平台合作，需要一個訊息平台驅動程式（messaging platform driver）和跟它搭配的 binder。在前面的範例中，我包含了 RabbitMQ 以及 Apache Kafka 所用的 binder+driver 組合。

如果只包含一個 binder+driver 組合（例如用於 RabbitMQ 的），那麼 Spring Boot 的自動組態可以明確地判斷出，你的應用程式應該支援與 RabbitMQ 實體以及關聯的 exchanges 和 queues 的通訊，並建立適當的支援 beans，而且不需要開發人員做出額外的努力。包含多個 binder+driver 組合時，我們得指定要用哪一個，但這也允許我們在執行過程中，在包含的所有平台之間動態切換，而不改變經過測試且已部署的應用程式。這是非常強大和有用的能力。

在 *pom.xml* 檔案中還需要新增兩個東西。首先是在 `<properties></properties>` 部分添加這一行來指示要使用的 Spring Cloud 的專案層級版本：

```
<spring-cloud.version>2020.0.0-M5</spring-cloud.version>
```

其次是提供有關 Spring Cloud BOM（Bill of Materials，物料清單）的指引，建置系統可據此確定本專案中使用的任何 Spring Cloud 元件（本例中為 Spring Cloud Stream）之版本：

```
<dependencyManagement>
    <dependencies>
        <dependency>
            <groupId>org.springframework.cloud</groupId>
            <artifactId>spring-cloud-dependencies</artifactId>
            <version>${spring-cloud.version}</version>
            <type>pom</type>
            <scope>import</scope>
        </dependency>
    </dependencies>
</dependencyManagement>
```

Spring 元件專案的版本會經常更新。要判斷出有與目前版本的 Spring Boot 一起測試過的正確同步化版本，有個簡單的辦法是使用 Spring Initializr。選擇所需的依存關係項，然後點擊「Explore CTRL+SPACE」按鈕，就會顯示帶有適當元素和版本的建置檔。

刷新專案的依存關係後，就可以開始撰寫程式碼了。

供應飛機位置

由於 `PlaneFinder` 的現有結構和 Spring Cloud Stream 簡潔的函式型（functional）做法，只需要一個小小的類別就可以將當前的飛機位置發佈到 RabbitMQ 中以供其他應用程式消耗：

```
@AllArgsConstructor
@Configuration
public class PositionReporter {
    private final PlaneFinderService pfService;

    @Bean
    Supplier<Iterable<Aircraft>> reportPositions() {
        return () -> {
```

```
            try {
                return pfService.getAircraft();
            } catch (IOException e) {
                e.printStackTrace();
            }
            return List.of();
        };
    }
}
```

關於應用程式設計的一些想法

首先，嚴格來說，只需要建立 `reportPositions()` 這個創建 bean 的方法就行了，而不需要整個 `PositionReporter` 類別。由於主應用程式類別被注釋為 `@SpringBootApplication`（這個元注釋內部包含了 `@Configuration`），所以我們可以單純把 `reportPositions()` 放在主應用程式類別 `PlanefinderApplication` 中。我的偏好是把 `@Bean` 方法放在相關的 `@Configuration` 類別中，特別是在有眾多的 beans 被創建出來的情況下。

其次，Spring Cloud Stream 注釋驅動（annotation-driven）的傳統 API 仍然受到完整支援，但在本書中我只關注較新的函式型 API。Spring Cloud Stream 建立在 Spring Cloud Function 的簡潔線條之上，後者則奠基在標準的 *Java* 概念 / 介面（*standard Java concepts/interfaces*）上：`Supplier<T>`、`Function<T, R>` 與 `Consumer<T>`。這從 SCSt 中去掉了 Spring Integration 概念略微洩漏資訊的抽象層，並以核心語言的構造來取代之；它還使得一些新功能變得可能，正如你所想像的那樣。

簡單地說，應用程式可以提供訊息（`Supplier<T>`）、將訊息從一種事物轉換為另一種事物（`Function<T, R>`），或者消耗訊息（`Consumer<T>`）。任何受支援的串流平台都能供給連接的管線。

目前 Spring Cloud Stream 支援的平台包括以下幾種：

- RabbitMQ
- Apache Kafka
- Kafka Streams

- Amazon Kinesis
- Google Pub/Sub（合作夥伴維護的）
- Solace PubSub+（合作夥伴維護的）
- Azure Event Hubs（合作夥伴維護的）
- Apache RocketMQ（合作夥伴維護的）

由於 PlaneFinder 對上游無線電設備的每次輪詢都會產生當前範圍內飛機的位置清單，PlaneFinder 服務透過呼叫 PlaneFinderService 的 getAircraft() 方法，在一個 Iterable<Aircraft> 中創建由一架以上飛機所組成的訊息。一個 Supplier 預設每秒被呼叫一次（可透過應用程式特性覆寫）這個主張（opinion），以及一些必要 / 選擇性（required/optional）的應用程式特性告知 Spring Boot 的自動組態相關資訊，並讓事情動起來。

應用程式特性

只有一個特性是必要的，儘管其他特性也很有用。這裡是更新後 PlaneFinder 的 *application.properties* 檔案的內容：

```
server.port=7634

spring.cloud.stream.bindings.reportPositions-out-0.destination=aircraftpositions
spring.cloud.stream.bindings.reportPositions-out-0.binder=rabbit
```

server.port 仍然是第一個版本的，並表示應用程式應該在 7634 通訊埠上收聽。

Spring Cloud Stream 的函式型 API 在必要時（作為基準線）仰賴最少的特性配置來實現其功能。一個 Supplier 只有輸出頻道，因為它只產出訊息；一個 Supplier 只有輸入頻道，因為它只會消耗訊息；一個 Function 既有輸入頻道，也有輸出頻道，由於它是用來將一個事物轉化為另一個事物，所以這是必要的。

每個繫結（binding）都使用介面（Supplier、Function 或 Consumer） bean 方法的名稱作為頻道名，以及 in 或 out 和 0 到 7 的頻道號碼。一旦以 <method>-<in|out>-n 的形式串接起來，就可以為頻道（channel）定義繫結特性（binding properties）。

此用例中唯一需要的特性是 destination，但即使是那個，也只是為了方便。指定 destination 名稱會導致 RabbitMQ 創建名為 aircraftpositions（在本例中）的一個 exchange（交換機）。

由於我在專案依存關係中包含了 RabbitMQ 和 Kafka 的 binders 和 drivers，因此我必須指定應用程式應該使用哪個 binder。在本例中，我選擇 rabbit。

定義了所有必要和想用的應用程式特性後，PlaneFinder 就準備好每秒將當前的飛機位置發佈到 RabbitMQ，供任何希望這樣做的應用程式消耗。

擴充 Aircraft Positions 應用程式

使用 Spring Cloud Stream 將 Aircraft Positions 轉換為從 RabbitMQ 管線消耗訊息，也很簡單。只需對幕後工作做一些更改，就可以用訊息驅動的架構（message-driven architecture）來替換頻繁的 HTTP 請求。

必要的依賴關係

就跟 PlaneFinder 一樣，我將以下依存關係添加到 Aircraft Positions 應用程式的 *pom.xml* 中：

```
<dependency>
    <groupId>org.springframework.boot</groupId>
    <artifactId>spring-boot-starter-amqp</artifactId>
</dependency>
<dependency>
    <groupId>org.springframework.cloud</groupId>
    <artifactId>spring-cloud-stream</artifactId>
</dependency>
<dependency>
    <groupId>org.springframework.cloud</groupId>
    <artifactId>spring-cloud-stream-binder-kafka</artifactId>
</dependency>
<dependency>
    <groupId>org.springframework.cloud</groupId>
    <artifactId>spring-cloud-stream-binder-rabbit</artifactId>
</dependency>
<dependency>
    <groupId>org.springframework.kafka</groupId>
    <artifactId>spring-kafka</artifactId>
</dependency>
```

如前所述，我包含了 RabbitMQ 和 Kafka 的 binders 和 drivers，以備將來計畫要使用，但只有 RabbitMQ 的組合 `spring-boot-starter-amqp` 和 `spring-cloud-stream-binder-rabbit` 是當前用例所需的，以便讓 Spring Cloud Stream（`spring-cloud-stream`）使用 RabbitMQ。

我還在 *pom.xml* 中添加了兩個額外的必要條目。首先，這會放到 `<properties></properties>` 的部分，連同 `java.version`：

```
<spring-cloud.version>2020.0.0-M5</spring-cloud.version>
```

其次是 Spring Cloud BOM 的資訊：

```
<dependencyManagement>
    <dependencies>
        <dependency>
            <groupId>org.springframework.cloud</groupId>
            <artifactId>spring-cloud-dependencies</artifactId>
            <version>${spring-cloud.version}</version>
            <type>pom</type>
            <scope>import</scope>
        </dependency>
    </dependencies>
</dependencyManagement>
```

快速刷新一下專案的依存關係，我們就可以進行下一步了。

耗用飛機位置

為了檢索和儲存列出當前飛機位置的訊息，只需要一個小小的額外類別就行了：

```
@AllArgsConstructor
@Configuration
public class PositionRetriever {
    private final AircraftRepository repo;

    @Bean
    Consumer<List<Aircraft>> retrieveAircraftPositions() {
        return acList -> {
            repo.deleteAll();

            repo.saveAll(acList);
```

```
            repo.findAll().forEach(System.out::println);
        };
    }
}
```

與 PlaneFinder 中的 PositionReporter 對應類別一樣，PositionRetriever 類別是一個 @Configuration 類別，我在其中定義了一個要與 Spring Cloud Stream 一起使用的 bean：在本例中，那是訊息的一個 Consumer，每個訊息都由帶有一或多個 Aircraft 的一個 List 組成。對於每個送入的訊息，Consumer bean 會刪除（記憶體內）資料存放區中的所有位置，儲存所有送入的位置，然後將所有儲存的位置列印到主控台（console）以便驗證。請注意，將所有位置列印到控制台的最後一條述句是選擇性的，它只是為了讓在我開發應用程式時進行確認而存在。

應用程式特性

為了給應用程式提供連接到送入訊息串流所需的最後一些資訊，我在 *application.properties* 檔案中添加了下列條目：

```
spring.cloud.stream.bindings.retrieveAircraftPositions-in-0.destination=
  aircraftpositions
spring.cloud.stream.bindings.retrieveAircraftPositions-in-0.group=
  aircraftpositions
spring.cloud.stream.bindings.retrieveAircraftPositions-in-0.binder=
  rabbit
```

和 PlaneFinder 一樣，頻道（channel）是透過串接以下內容來定義的，並以連字號（-）分隔：

- bean 的名稱，在本例中，是一個 Consumer<T> bean
- in，因為消費者（consumers）只是消耗，因此只有輸入。
- 介於 0 與 7（含兩端）之間的數字，最多支援八個輸入。

destination 和 binder 特性與 PlaneFinder 的特性相匹配，因為 Aircraft Positions 應用程式必須指向 PlaneFinder 用作輸出的相同目的地作為輸入，而且要做到這一點，兩者都必須使用相同的訊息平台，在本例中即為 RabbitMQ。不過，group 特性是新的。

對於任何種類的 Consumer（包括一個 Function<T, R> 的接收部分），都可以指定一個 group，但這並不是必要的；事實上，包括或省略 group 會成為某種特殊繞送模式（routing pattern）的起點。

如果消耗訊息的應用程式沒有指定一個 group，RabbitMQ binder 會創建一個隨機化的唯一名稱，並將其和消費者指定到 RabbitMQ 實體或叢集（cluster）內的一個自動刪除佇列（autodelete queue）。這將導致所產生的每個佇列由一個（且僅有一個）的消費者提供服務。為什麼這很重要呢？

每當一個訊息抵達一個 RabbitMQ 交換機（exchange）時，預設情況下，會有一份拷貝自動繞送到指定給該交換機的所有佇列。如果一個交換機有多個佇列，則同一訊息會以所謂的**扇出模式**（*fan-out pattern*）發送到每個佇列，如果每條訊息都必須傳遞到眾多的目的地以滿足各種需求，這就是一種實用的能力。

如果應用程式指定了其所屬的消費者群組（consumer group），則那個群組名稱（that group name）將用來命名 RabbitMQ 中的底層佇列。當多個應用程式指定了相同的 `group` 特性並因此連接到同一佇列時，這些應用程式將共同滿足競爭性的消費者模式（competing consumer pattern），其中到達指定佇列的每條訊息僅由一個消費者處理。這讓消費者的數量可以擴充以適應不同容積的訊息。

如果需要的話，還可以採用分區（partitioning）和繞送鍵值（routing keys）來實作更細緻和靈活的路由選擇。

如果需要多個實體來跟上抵達的訊息流之步伐，為應用程式指定 `group` 特性就能進行擴充。

聯繫控制器

由於 `Consumer` bean 會自動檢查和自動處理訊息，`PositionController` 類別和它的 `getCurrentAircraftPositions()` 方法變得非常精簡。

對 `WebClient` 的所有參考都可以被刪除，因為獲取當前位置列表的工作，現在只需要檢索儲存庫目前的內容就行了。精簡後的類別現在看起來是這樣的：

```
@RequiredArgsConstructor
@Controller
public class PositionController {
    @NonNull
    private final AircraftRepository repository;

    @GetMapping("/aircraft")
    public String getCurrentAircraftPositions(Model model) {
```

```
            model.addAttribute("currentPositions", repository.findAll());
            return "positions";
        }
    }
```

至此，訊息生產者（PlaneFinder app）和訊息消費者（Aircraft Positions app）的所有更改現已完成。

為了使用任何外部訊息平台，所述平台必須執行並且是應用程式可以取用的。我使用 Docker 執行 RabbitMQ 的一個本地端實體；本書的關聯儲存庫中提供了用於快速創建和啟動 / 關閉（startup/shutdown）的指令稿。

結果

在驗證 RabbitMQ 可以取用後，就能啟動應用程式並驗證一切是否如預期運作。

雖然不是必須這樣做，但我更喜歡先啟動消耗訊息的應用程式，以讓它準備就緒，等待訊息到達。在這種情況下，這意味著從我的 IDE 中執行 Aircraft Positions。

接下來，我啟動改良過的新的 PlaneFinder 應用程式。這發起了到 Aircraft Positions 應用程式的訊息流，如 Aircraft Positions app 的主控台所示。這是令人欣慰的，但我們也可以沿著這條成功之路一直走到終端用戶那邊。

回到瀏覽器，訪問 *localhost:8080*，我們再次看到登陸頁面，選擇 *Click here* 就會被帶到 Positions Report。與之前一樣，Positions Report 會自動刷新，顯示當前的飛機位置；但是現在，這些位置會在幕後從 PlaneFinder 獨立地推送到 Aircraft Positions 應用程式，而不需要先接收到 HTTP 請求，這使得該架構更接近一個完全事件驅動（event-driven）的系統。

使用 WebSocket 建立對話

在第一次嘗試中，我們所創建的，用來查詢和顯示當前飛機位置的分散式系統完全是基於拉取（pull-based）的。使用者在瀏覽器中請求（或透過刷新重新請求）最新的位置，瀏覽器再將請求傳遞給 Aircraft Positions 應用程式，而後者又將請求轉送給 PlaneFinder 應用程式。然後，回應（responses）就從一個回傳到下一個，再到下一個。上一章將我們分散式系統的中段換成了事件驅動的架構。現在，每當 PlaneFinder 從上游無線電設備檢索位置時，它就會將這些位置推送到串流平台的管線，而 `Aircraft Positions` app 就會消耗它們。然而，最後一英里（或一公里，你喜歡的話）的路程仍然是基於拉取的，更新必須透過瀏覽器刷新來請求，無論是手動或自動。

標準的 request-response 語義在許多用例中都能發揮出色的作用，但它們在很大程度上缺乏讓負責回應的「伺服器」端獨立於任何請求，發起對請求者的傳輸動作的能力。有各種變通方法和巧妙的方式來滿足這種用例，每種方法都有其自身的優點和缺點，其中一些最好的方法我將在後續章節中討論，但其中有一個多功能的選擇是 WebSocket。

什麼是 WebSocket？

概括而言，WebSocket 是一種全雙工的通訊協定（full-duplex communications protocol），透過單一個 TCP 連線把兩個系統連接起來。一旦建立了 WebSocket 連接，任何一方都可以向另一方發起傳輸動作，而指定的伺服器應用程式可以維護許多客戶端連線，從而實現額外負擔低的廣播和聊天類型的系統。WebSocket 連線是使用 HTTP upgrade header 從標準 HTTP 連線模擬出來的，只要完成交握（handshake）程序，用於連線的協定就會從 HTTP 轉移為 WebSocket。

2011 年 IETF 對 WebSocket 進行了標準化，而截至目前為止，各大瀏覽器和程式設計語言都支援它。與 HTTP 請求和回應相比，WebSocket 的額外負擔極低，不必在每次傳輸中都識別自己和通訊條件，因此，WebSocket 的通訊框（framing）減少到了僅有數個位元組。憑藉其全雙工能力、伺服器處理多個開啟連線的能力，以及對其他選項的支援，還有其低廉的額外成本，WebSocket 絕對是開發人員應包含在其工具箱中的實用工具。

重構 Aircraft Positions 應用程式

雖然我把 `Aircraft Positions` 應用程式當作一個單元參考，但 *aircraft-positions* 專案還包括後端的 Spring Boot+Java 應用程式和前端的 HTML+JavaScript 功能。在開發過程中，這兩部分都是在單一環境中執行，通常是在開發者的機器上。雖然它們也是作為一個單元來建置、測試並部署到生產環境中，但在生產環境中的執行則分為以下幾個部分：

- 後端的 Spring+Java 程式碼是在雲端執行，包括產生最終網頁以交付給終端使用者的範本引擎（如果適用）。
- 前端 HTML+JavaScript（靜態或生成的內容）在終端使用者的瀏覽器中顯示和執行，無論該瀏覽器位於何處。

在本節中，我將保持現有功能不變，並在系統中添加功能，以自動顯示經由即時資料來源回報過來的飛機位置。在前端和後端應用程式之間建立 WebSocket 連線後，後端 app 就可以自由地將更新資訊推送到終端使用者的瀏覽器中，並自動更新顯示，而無需觸發頁面的重新整理。

額外的依存關係

要將 WebSocket 功能添加到 `Aircraft Positions` 應用程式中，我只需在它的 *pom.xml* 中新增單一個依存關係項：

```
<dependency>
        <groupId>org.springframework.boot</groupId>
        <artifactId>spring-boot-starter-websocket</artifactId>
</dependency>
```

快速刷新專案的依存關係，我們就可以進行下一步了。

處理 WebSocket 連線和訊息

Spring 為配置和使用 WebSocket 提供了幾種不同的做法，但我建議採用以 `WebSocketHandler` 介面為基礎的直接實作的簡潔路線。由於交換基於文字（即非二進位）資訊之需求非常頻繁，甚至存在有一個 `TextWebSocketHandler` 類別。在此，我以該類別為基礎：

```
@RequiredArgsConstructor
@Component
public class WebSocketHandler extends TextWebSocketHandler {
    private final List<WebSocketSession> sessionList = new ArrayList<>();
    @NonNull
    private final AircraftRepository repository;

    public List<WebSocketSession> getSessionList() {
        return sessionList;
    }

    @Override
    public void afterConnectionEstablished(WebSocketSession session)
            throws Exception {
        sessionList.add(session);
        System.out.println("Connection established from " + session.toString() +
            " @ " + Instant.now().toString());
    }
```

```
    @Override
    protected void handleTextMessage(WebSocketSession session,
            TextMessage message) throws Exception {
        try {
            System.out.println("Message received: '" +
                message + "', from " + session.toString());

            for (WebSocketSession sessionInList : sessionList) {
                if (sessionInList != session) {
                    sessionInList.sendMessage(message);
                    System.out.println("--> Sending message '"
                        + message + "' to " + sessionInList.toString());
                }
            }
        } catch (Exception e) {
                System.out.println("Exception handling message: " +
            e.getLocalizedMessage());
        }
    }

    @Override
    public void afterConnectionClosed(WebSocketSession session,
            CloseStatus status) throws Exception {
        sessionList.remove(session);
        System.out.println("Connection closed by " + session.toString() +
            " @ " + Instant.now().toString());
    }
}
```

前面的程式碼實作了 WebSocketHandler 介面的兩個方法，即 afterConnectionEstablished 和 afterConnectionClosed，以維護活躍的 WebSocketSession 的一個 List，以及 log connections 和 disconnections。我還實作了 handleTextMessage，將送入的任何訊息廣播給所有其他活躍的工作階段（sessions）。這單一個類別為後端提供了 WebSocket 功能，透過 RabbitMQ 從 PlaneFinder 接收到飛機位置時，就可隨時啟動。

對 WebSocket 連線廣播飛機位置

在前一次嘗試中，PositionRetriever 類別消耗了透過 RabbitMQ 訊息接收的飛機位置清單，並將其儲存在記憶體內的 H2 資料庫中。現在，以此為基礎，我將紀錄確認的 System.out::println 呼叫替換為呼叫一個新的 sendPositions() 方法，其目的是使用新添加的 @Autowired WebSocketHandler bean，將最新的飛機位置清單發送給所有以 WebSocket 連接的客戶端：

```
@AllArgsConstructor
@Configuration
public class PositionRetriever {
    private final AircraftRepository repository;
    private final WebSocketHandler handler;

    @Bean
    Consumer<List<Aircraft>> retrieveAircraftPositions() {
        return acList -> {
            repository.deleteAll();

            repository.saveAll(acList);

            sendPositions();
        };
    }

    private void sendPositions() {
        if (repository.count() > 0) {
            for (WebSocketSession sessionInList : handler.getSessionList()) {
                try {
                    sessionInList.sendMessage(
                        new TextMessage(repository.findAll().toString())
                    );
                } catch (IOException e) {
                    e.printStackTrace();
                }
            }
        }
    }
}
```

現在，我們已經正確配置了 WebSocket，並有辦法讓後端在收到新的位置清單後立即向所連接的 WebSocket 客戶端廣播飛機位置，下一步是為後端應用程式提供一種收聽和接受連線請求的方式。達成這點的做法是註冊之前透過 `WebSocketConfigurer` 介面建立的 `WebSocketHandler`，並使用 `@EnableWebSocket` 對新的 `@Configuration` 類別進行注釋，以指示應用程式處理 WebSocket 請求：

```
@Configuration
@EnableWebSocket
public class WebSocketConfig implements WebSocketConfigurer {
    private final WebSocketHandler handler;

    WebSocketConfig(WebSocketHandler handler) {
        this.handler = handler;
```

```
    }

    @Override
    public void registerWebSocketHandlers(WebSocketHandlerRegistry registry) {
        registry.addHandler(handler, "/ws");
    }
}
```

在 `registerWebSocketHandlers(WebSocketHandlerRegistry registry)` 方法中，我將之前創建的 `WebSocketHandler` bean 綁定到端點 *ws://<hostname:hostport>/ws*。應用程式將在此端點上收聽帶有 WebSocket upgrade headers 的 HTTP 請求，並在收到請求時採取相應行動。

如果你的應用程式啟用了 HTTPS，則使用 *wss://*（WebSocket Secure）代替 *ws://*。

WebSocket 在後，WebSocket 在前

後端工作完成後，是時候在前端功能中收取報酬了。

為了建立一個簡單的例子，說明 WebSocket 如何使後端應用程式能在不被使用者及其瀏覽器提示的情況下推送更新，我創建了下列檔案，其中包含單一個 HTML 分區（division）和標籤（label）以及幾行的 JavaScript，並將其與現有的 *index.html* 一起放在專案的 *src/main/resources/static* 目錄中：

```
<!DOCTYPE html>
<html lang="en">
<head>
    <meta charset="UTF-8">
    <title>Aircraft Position Report (Live Updates)</title>
    <script>
        var socket = new WebSocket('ws://' + window.location.host + '/ws');

        socket.onopen = function () {
            console.log(
              'WebSocket connection is open for business, bienvenidos!');
        };

        socket.onmessage = function (message) {
            var text = "";
            var arrAC = message.data.split("Aircraft");
            var ac = "";
```

```
            for (i = 1; i < arrAC.length; i++) {
                ac = (arrAC[i].endsWith(", "))
                    ? arrAC[i].substring(0, arrAC[i].length - 2)
                    : arrAC[i]

                text += "Aircraft" + ac + "\n\n";
            }

            document.getElementById("positions").innerText = text;
        };

        socket.onclose = function () {
            console.log('WebSocket connection closed, hasta la próxima!');
        };
    </script>
</head>
<body>
<h1>Current Aircraft Positions</h1>
<div style="border-style: solid; border-width: 2px; margin-top: 15px;
        margin-bottom: 15px; margin-left: 15px; margin-right: 15px;">
    <label id="positions"></label>
</div>
</body>
</html>
```

雖然這一頁已經很短了，但還可以再短一些。`socket.onopen` 和 `socket.onclose` 函式定義是可以省略的紀錄函式，而對於 `socket.onmessage`，幾乎可以肯定的是，有實際的 JavaScript 技巧和意圖的人必定能對其進行重構。這些是關鍵的部分：

- 底部的 HTML 中定義的分區和標籤
- 確立並參考一個 WebSocket 連線的 `socket` 變數
- `socket.onmessage` 函式，用來解析飛機位置清單，並將重新格式化的輸出指定給 HTML「positions」標籤的 `innerText`

只要我們重新建置並執行此專案，當然可以直接從瀏覽器訪問 *wspositions.html* 頁面。不過這是為實際用戶建立一個應用程式的一種糟糕方式：除非他們知道頁面的位置並在網址列中手動輸入，否則就無法取用該頁面及其功能，而且它也沒有為即將到來的章節設置表格以便擴充此範例。

為了暫時保持簡單，我在現有的 *index.html* 中添加了另一行，以便讓使用者能在現有頁面之外導覽至 *wspositions.html* 這個 WebSocket 驅動的頁面：

```
<!DOCTYPE html>
<html lang="en">
<head>
    <meta charset="UTF-8">
    <title>Retrieve Aircraft Position Report</title>
</head>
<body>
    <p><a href="/aircraft">Click here</a> to retrieve current aircraft positions
        in range of receiver.</p>
    <p><a href="/wspositions.html">Click here</a> to retrieve a livestream of
        current aircraft positions in range of receiver.</p>
</body>
</html>
```

前端工作現已完成，現在是測試 WebSocket 的時候了。

結果

在 IDE 中，我啟動了 `Aircraft Positions` 應用程式和 `PlaneFinder`。開啟一個瀏覽器視窗，我在 *localhost:8080* 取用前端應用程式，如圖 7-3 所示。

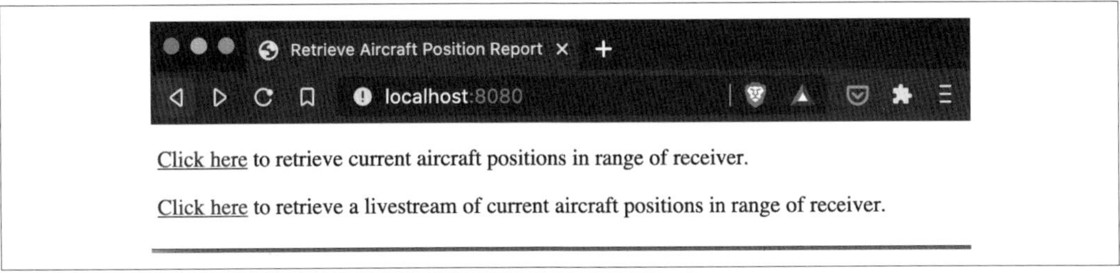

圖 7-3　Aircraft Positions 的登陸頁面，現在有兩個選項

在仍然相當簡陋的登陸頁面上，選擇第二個選項，也就是 *Click here*，來檢索接收器範圍內當前飛機位置之即時串流，會產生 *wspositions.html* 頁面和類似圖 7-4 所示的結果。

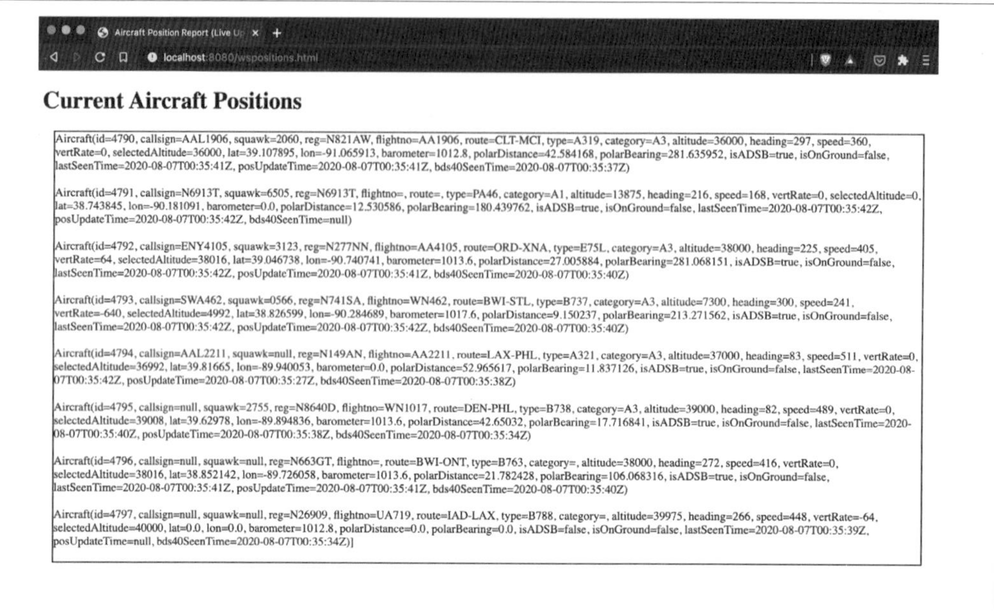

Aircraft Position Report (Live Up
localhost:8080/wspositions.html
Current Aircraft Positions
Aircraft(id=4790, callsign=AAL1906, squawk=2060, reg=N821AW, flightno=AA1906, route=CLT-MCI, type=A319, category=A3, altitude=36000, heading=297, speed=360, vertRate=0, selectedAltitude=36000, lat=39.107895, lon=-91.065913, barometer=1012.8, polarDistance=42.584168, polarBearing=281.635952, isADSB=true, isOnGround=false, lastSeenTime=2020-08-07T00:35:41Z, posUpdateTime=2020-08-07T00:35:41Z, bds40SeenTime=2020-08-07T00:35:37Z)
Aircraft(id=4791, callsign=N6913T, squawk=6505, reg=N6913T, flightno=, route=, type=PA46, category=A1, altitude=13875, heading=216, speed=168, vertRate=0, selectedAltitude=0, lat=38.743845, lon=-90.181091, barometer=0.0, polarDistance=12.530586, polarBearing=180.439762, isADSB=true, isOnGround=false, lastSeenTime=2020-08-07T00:35:42Z, posUpdateTime=2020-08-07T00:35:42Z, bds40SeenTime=null)
Aircraft(id=4792, callsign=ENY4105, squawk=3123, reg=N277NN, flightno=AA4105, route=ORD-XNA, type=E75L, category=A3, altitude=38000, heading=225, speed=405, vertRate=64, selectedAltitude=38016, lat=39.046738, lon=-90.740741, barometer=1013.6, polarDistance=27.005884, polarBearing=281.068151, isADSB=true, isOnGround=false, lastSeenTime=2020-08-07T00:35:42Z, posUpdateTime=2020-08-07T00:35:41Z, bds40SeenTime=2020-08-07T00:35:40Z)
Aircraft(id=4793, callsign=SWA462, squawk=0566, reg=N741SA, flightno=WN462, route=BWI-STL, type=B737, category=A3, altitude=7300, heading=300, speed=241, vertRate=-640, selectedAltitude=4992, lat=38.826599, lon=-90.284689, barometer=1017.6, polarDistance=9.150237, polarBearing=213.271562, isADSB=true, isOnGround=false, lastSeenTime=2020-08-07T00:35:42Z, posUpdateTime=2020-08-07T00:35:42Z, bds40SeenTime=2020-08-07T00:35:40Z)
Aircraft(id=4794, callsign=AAL2211, squawk=null, reg=N149AN, flightno=AA2211, route=LAX-PHL, type=A321, category=A3, altitude=37000, heading=83, speed=511, vertRate=0, selectedAltitude=36992, lat=39.81665, lon=-89.940053, barometer=0.0, polarDistance=52.965617, polarBearing=11.837126, isADSB=true, isOnGround=false, lastSeenTime=2020-08-07T00:35:42Z, posUpdateTime=2020-08-07T00:35:27Z, bds40SeenTime=2020-08-07T00:35:38Z)
Aircraft(id=4795, callsign=null, squawk=2755, reg=N8640D, flightno=WN1017, route=DEN-PHL, type=B738, category=A3, altitude=39000, heading=82, speed=489, vertRate=0, selectedAltitude=39008, lat=39.62978, lon=-89.894836, barometer=1013.6, polarDistance=42.65032, polarBearing=17.716841, isADSB=true, isOnGround=false, lastSeenTime=2020-08-07T00:35:40Z, posUpdateTime=2020-08-07T00:35:38Z, bds40SeenTime=2020-08-07T00:35:34Z)
Aircraft(id=4796, callsign=null, squawk=null, reg=N663GT, flightno=, route=BWI-ONT, type=B763, category=, altitude=38000, heading=272, speed=416, vertRate=0, selectedAltitude=38016, lat=38.852142, lon=-89.726058, barometer=1013.6, polarDistance=21.782428, polarBearing=106.068316, isADSB=true, isOnGround=false, lastSeenTime=2020-08-07T00:35:41Z, posUpdateTime=2020-08-07T00:35:41Z, bds40SeenTime=2020-08-07T00:35:40Z)
Aircraft(id=4797, callsign=null, squawk=null, reg=N26909, flightno=UA719, route=IAD-LAX, type=B788, category=, altitude=39975, heading=266, speed=448, vertRate=-64, selectedAltitude=40000, lat=0.0, lon=0.0, barometer=1012.8, polarDistance=0.0, polarBearing=0.0, isADSB=false, isOnGround=false, lastSeenTime=2020-08-07T00:35:39Z, posUpdateTime=null, bds40SeenTime=2020-08-07T00:35:34Z)]

圖 7-4　透過 WebSocket 即時更新的 Aircraft Position 報告

轉換以 JSON 顯示的資料庫記錄格式是一件簡單的工作，而透過 WebSocket 動態地將後端應用程式即時接收到的結果充填到表格中，也不會太困難。範例請參考本書的程式碼儲存庫。

從命令列建置並執行 `PlaneFinder` 和 `Aircraft Positions` 應用程式是完全沒有問題的。雖然我偶爾會那樣做，但對於大多數的建置 / 執行（build/run）循環，我發現直接在 IDE 中執行（和除錯）要快得多。

總結

幾乎每一個應用程式都必須以某種方式與終端使用者或其他應用程式進行互動，以提供真正的實用性，這就需要有意義而且有效率的互動手段。

本章介紹了視圖技術（像 Thymeleaf 這樣的範本語言 / 標記，還有處理它們的引擎）以及 Spring Boot 如何使用它們來創建並遞送功能性到終端使用者的瀏覽器。此外還介紹了 Spring Boot 如何處理靜態內容，像是標準的 HTML 以及無需範本引擎處理就可以直接遞送出去的 JavaScript。本章專案的初次嘗試透過 Thymeleaf 所驅動的一個應用程式展示了上述兩者的例子，該應用程式在收到請求時，會檢索並顯示範圍內的飛機位置，這是一個完全基於拉取（pull-based）的模型。

本章接著展示了如何使用 Spring Cloud Stream 和 RabbitMQ 從 Spring Boot 運用訊息平台的力量。`PlaneFinder` 應用程式被重構為會推送當前飛機位置的清單，每次都從上游設備取得新資料，而 `Aircraft Positions` 應用程式被修改為在新的飛機位置清單經由 RabbitMQ 管線到達時接收它們。這將兩個應用程式之間基於拉取的模型替換為以推送為基礎（push-based）的模型，使 `Aircraft Positions` app 的後端功能變成事件驅動的。前端功能仍然需要刷新（手動或寫死的）以更新顯示給使用者的結果。

最後，在 `Aircraft Positions` 應用程式的後端和前端元件中實作 WebSocket 連線和處理器（handler）程式碼，使得 Spring+Java 後端 app 能夠在經由一個 RabbitMQ 管線從 `PlaneFinder` 接收到更新的同時將之推送出去。位置的更新資訊即時顯示在一個簡單的 HTML+JavaScript 頁面中，並且不需要終端使用者或其瀏覽器發出更新請求，這體現了 WebSocket 的雙向本質、request-response 模式（或變通之道）的缺乏，以及低廉的通訊成本。

程式碼 *Checkout* 檢查

完整的章節程式碼，請 check out 程式碼儲存庫中的分支 *chapter7end*。

下一章介紹反應式程式設計（reactive programming），並描述 Spring 如何引領眾多工具和技術的發展和進步，使其成為眾多用例的最佳解決方案之一。更具體地說，我將示範如何使用 Spring Boot 和 Project Reactor 來驅動資料庫的存取，將反應式型別（reactive types）與 Thymeleaf 等視圖技術整合，並將行程間通訊提升到意想不到的新水平。

第八章

使用 Project Reactor 和 Spring WebFlux 的 Reactive Programming

本章介紹 reactive programming（反應式程式設計），討論它的起源和存在的原因，並展示了 Spring 如何引領眾多工具和技術的發展和進步，使其成為眾多用例的最佳解決方案之一。更具體地說，我示範了如何使用 Spring Boot 和 Project Reactor 來驅動使用 SQL 和 NoSQL 資料庫的資料庫存取，將 reactive types（反應式型別）與 Thymeleaf 之類的視圖技術（view technologies）整合，並透過 RSocket 將行程間通訊提升到意想不到的新水平。

程式碼 *Checkout* 檢查

請從程式碼儲存庫 check out 分支 *chapter8begin* 以開始進行。

Reactive Programming 簡介

雖然關於 reactive programming 的完整論述可能（已經，也將會）花費一整本書的篇幅，但首先最關鍵的是瞭解為什麼它是如此重要的一個概念。

在一個典型的服務中，每一個要處理的請求（request）都會創建出一個執行緒（thread）來。每個執行緒都需要資源，因此，一個應用程式可以管理的執行緒數量是有限的。作為有點簡化的例子，如果一個 app 可以服務 200 個執行緒，那麼該應用程式最多就能同時接受 200 個分別的客戶端之請求，但不能再多了，要連接服務的任何額外嘗試都必須等待有一個執行緒可用才行。

200 個連接的客戶端的效能可能令人滿意，也可能不是，這得取決於一些因素。毫無爭議的是，對於發出第 201 號或以上共時請求（concurrent request）的客戶端應用程式，由於在等待可用執行緒時被服務阻斷，回應時間可能會急劇惡化。這種可擴充性的硬性停頓（hard stop）可能會毫無徵兆地從不是問題變成危機，而且沒有簡單的解決方案，此外，傳統的「投入更多實體（instances）以解決問題」這樣的變通之道，雖然能緩解壓力，但也會引入要解決的新問題。Reactive programming 就是為了解決這種規模可擴充性危機（scalability crisis）而誕生的。

Reactive Manifesto（反應式宣言，*https://www.reactivemanifesto.org*）指出，反應式系統（reactive systems）的特點是：

- 回應性（responsive）
- 堅韌性（resilient）
- 彈性（elastic）
- 訊息驅動（message driven）

概括而言，所列舉的反應式系統的四個關鍵點結合起來，（在宏觀層面上）就能創造出有最大可用性、可擴充性和高效能的系統，只需盡可能少的資源來有效完成工作。

在系統層面，即多個應用程式 / 服務（applications/services）一起工作以滿足各種用例的情況下，我們可能會注意到大多數的挑戰涉及到應用程式之間的通訊：一個應用程式回應另一個、應用程式 / 服務在請求到達時的可用性、服務擴大或縮小以適應需求的能力，服務通知其他感興趣的服務有更新或可用資訊等等。解決應用程式間互動的潛在隱患，對於緩解或解決前面提到的可擴充性問題，會有很大的幫助。

通訊是潛在的最大問題來源這個觀察，也讓我們看到解決這些問題的最大機會，這就促成了 Reactive Streams 計畫（*http://www.reactive-streams.org*）。Reactive Streams（RS）計畫的焦點在於服務之間的互動（如果你想要的話，也可以稱之為 Streams）包括四個關鍵要素：

- API（Application Programming Interface，應用程式設計介面）
- 規格（specification）

- 實作範例（examples for implementations）
- Technology Compatibility Kit（TCK，技術相容性套件）

其 API 僅由四個介面（interfaces）組成：

- `Publisher`：事物的創造者
- `Subscriber`：事物的消費者
- `Subscription`：Publisher（發佈者）和 Subscriber（訂閱者）之間的合約（contract）
- `Processor`：整合了 Subscriber 和 Publisher，以便接收（receive）、變換（transform）和調度（dispatch）事物。

這種精簡性是關鍵，就像 API 只由**介面**（*interfaces*）而非**實作**（*implementations*）構成一樣。這允許跨越不同平台、語言和程式設計模型實作各種可互通的操作。

這個文字規格詳細說明了 API 實作的預期或必要行為。例如：

```
If a Publisher fails it MUST signal an onError.
```

實作的例子是對實作者的有益的輔助，提供了創造特定 RS 實作時可用的參考程式碼。

也許最關鍵的部分是 Technology Compatibility Kit。TCK 讓實作者能夠驗證和展示他們（或其他人的）RS 實作的相容性水平（以及任何當前的缺點）。知識就是力量，識別出任何不完全符合規格的工作，可以加快解決問題的速度，同時在缺陷得到解決之前，為當前的程式庫使用者提供警告。

Reactive Streams、非同步性（Asynchronicity）和反壓（Backpressure）的注意事項

Reactive Streams 建立在非同步通訊和處理的基礎之上，正如 Reactive Streams 資訊網站（*http://www.reactive-streams.org*）開頭第一段的目的宣告中明確指出的那樣：

> Reactive Streams 這個計畫是要為具備非阻斷式反壓（nonblocking back pressure）的非同步串流處理（asynchronous stream processing）提供一個標準。這包含了針對執行環境（JVM 和 JavaScript）以及網路通訊協定的努力。

冒著過度簡單化的風險，以下列方式思考組成 Reactive Streams 的各種概念和元件可能會有所幫助：

非同步性（asynchronicity）是指當一件事情發生的同時，應用程式不會讓世界停止運轉。舉個例子，當 Service A 向 Service B 請求資訊時，Service A 不會推遲處理所有的後續指令，直到接收到回應為止，在等待 B 的回答時，閒置（從而浪費）寶貴的計算資源；取而代之，Service A 會繼續處理其他任務，直到被通知回應已到達為止。

相對於任務是循序執行，前一個任務完成後，下個任務才開始的同步處理（synchronous processing），非同步處理（asynchronous processing）可能涉及啟動一個任務，而如果這個任務能在背景執行（或者可以等待就緒或完成的通知），就跳轉到另一個任務，如此任務就能共時執行。這樣可以更充分地利用資源，因為本來在閒置或接近閒置程度的 CPU 時間就能用於實際處理，而不是僅僅**等待**。在某些情況下，這還可以提升效能。

採用任何一種非同步模型時，效能增益並不一定會出現。事實上，效能不可能超越只有兩個服務直接互動，並且一次僅進行一次交換的阻斷式同步（blocking and synchronous）通訊和處理模型。這一點很容易證明：如果 Service B 只有一個客戶端，也就是 Service A，而 Service A 每次只發出一個請求，並**阻斷**（*blocks*）所有其他活動，將所有資源用於等待 Service B 的回應，那麼在其他情況都相同的情況下，這種專門的處理和連線會使兩個應用程式的互動達到最佳效能。這種場景和其他類似的情境極為罕見，但它們是可能出現的。

非同步處理因為像事件迴圈（event loop）這樣的實作機制而只帶來了最小的額外負擔，在這種機制中，服務會「收聽（listens）」待決請求的回應。因此，對於所涉及的應用程式間連線（interapplication connections）非常有限的情況，效能可能比涉及同步通訊和處理的交換略差。隨著連線數增加和執行緒耗盡，這種結果會迅速反轉。與同步處理不同的是，非同步處理的資源並不是單純等候在那閒置，而是被重新分配和運用，從而提高了資源利用率和應用程式的可擴充性。

Reactive Streams 進一步超越了非同步處理，增加了非阻斷式反壓（nonblocking backpressure）。這為應用程式間的通訊帶來了流程控制和穩健性。

在沒有反壓的情況下，Service A 可以向 Service B 請求資訊，但沒有辦法保護自己不被回應淹沒。舉例來說，如果 Service B 回傳了一百萬個物件 / 紀錄（objects/records），Service A 就會盡責地試圖攝入所有的物件或記錄，很可能在這種負載之下屈服。如果 Service A 沒有足夠的計算和網路資源來處理這些驚人的資訊流量，那麼 app 就有可能也會崩潰。在這一點上，非同步性並不是一個因素，因為 app 的資源完全消耗在跟上資訊洪流的嘗試之上（而且失敗了）。這就是反壓展示其價值的地方。

非阻斷式反壓的概念簡單地說，就是 Service A 有辦法告知 Service B 其處理回應的能力。Service A 不只是說「把所有的東西都給我」，而是向 Service B 請求一些物件、處理它們，並在準備好且有餘裕進行處理時，再請求更多。**反壓**（*backpressure*）這個術語源自於流體動力學（fluid dynamics）領域，它代表透過導管對供應者的物質流反向施加壓力以控制來源點流量的一種方式。在 Reactive Streams 中，反壓為 Service A 提供了一種管理傳入回應之速度的方式，若是情況發生變化，也可以即時設定並進行調整。

儘管人們已經建立了各種變通方法（具有不同程度的複雜性、適用範圍和成功率）以在非反應式系統（nonreactive systems）中實作反壓手段，但 Reactive Streams 所青睞的宣告式程式設計模型（declarative programming model）使得非同步性和反壓的整合對開發者來說在很大程度上是透明且完美接軌的。

Project Reactor

雖然 JVM 有數個可用的 Reactive Streams 實作存在，但 Project Reactor 是其中最活躍、最先進、效能最高的。Reactor 已經被全球眾多關鍵任務專案所採用，並為其提供了必要的基礎，包括小型組織和全球科技巨頭所開發和部署的程式庫、API 和應用程式。除了這種令人印象深刻的發展和採用盛況外，Reactor 還為 Spring 的 WebFlux 反應式 Web 功能、Spring Data 對多個開源和商業資料庫的反應式資料庫存取，以及應用程式間通訊提供了基礎，讓我們能夠建立從技術堆疊頂部到底部以及橫向的端對端反應式管線（end-to-end reactive pipelines）。這是一種 100% 的解決方案。

為什麼這個很重要？

從堆疊頂部到底部、從終端使用者到最底層的計算資源，每一個互動都提供了一個潛在的阻塞點。如果使用者的瀏覽器和後端應用程式之間的互動是非阻斷式的，但應用程式必須等待與資料庫的阻斷式互動，結果就是一個阻斷式的系統。應用程式間的通訊也是如此，如果使用者的瀏覽器與後端的 Service A 進行通訊，但 Service A 卻被阻斷以等待 Service B 的回應，那麼用戶獲得了什麼？可能很少，也可能什麼都沒有。

開發者通常可以看到切換到 Reactive Streams 為他們和他們系統所帶來的巨大潛力。與此相對應的是思維方式的改變，再加上反應式（相較於命令式）程式設計構造和工具的相對新穎性，可能需要開發人員這邊的調整和多做一些工作才能駕馭，至少在短期內是這樣。只要所需的努力明顯少於可擴充性的好處和 Reactive Stream 在整體系統中應用的廣度和深度，這仍然會是一個容易做出的決定。在整個系統的應用程式中都有反應式管線（reactive pipelines），在這兩方面都是一種力量的倍增器。

Project Reactor 對 Reactive Streams 的實作簡潔明瞭，建立在 Java 和 Spring 開發人員已經很熟悉的概念之上。類似於 Java 8+ 的 Stream API，Reactor 最好透過宣告式的鏈串運算子（declarative, chained operators）來運用，而且通常會配合 lambdas。與更程序化的命令式程式碼（procedural, imperative code）相比，一開始可能感覺有些不同，但之後會覺得相當優雅。`Stream` 的熟悉度會加快適應和欣賞的速度。

Reactor 採用了 Reactive Streams `Publisher` 的概念，並將其特化，在此過程中提供了類似於命令式（imperative） Java 的構造。Project Reactor 並非使用一個共通的 `Publisher` 來處理需要 Reactive Stream（把它想像成一個視需要取用的動態 `Iterable`）的所有事情，而是定義了兩種類型的 `Publisher`：

`Mono` 發射 0 或 1 個元素。`Flux` 發射 0 到 *n* 個元素，一個定義好的數字或無界的。

這與命令式的構造非常一致。例如，在標準 Java 中，一個方法可能回傳型別為 `T` 的一個物件或一個 `Iterable<T>`。使用 Reactor，同樣的方法將回傳一個 `Mono<T>` 或 `Flux<T>`，也就是一個物件或可能有多個的物件，或者在反應式程式碼（reactive code）的情況下，回傳那些物件的一個 `Publisher`。

Reactor 也非常自然地符合 Spring 的主張（opinions）。根據不同的用例，要從阻斷式程式碼轉換到非阻斷式程式碼，可以簡單到只需改變一個專案依存關係和一些方法的回傳值，如前文所示。本章的例子演示了如何準確地做到這一點，以及向外（向上、向下和橫向）擴充，從單一的反應式應用程式到一整個反應式系統，包括反應式資料庫的存取，以獲得最大利益。

Tomcat vs. Netty

在 Spring Boot 的命令式世界中，Tomcat 是用於 Web 應用程式的預設 servlet 引擎，雖然就算是在這個層面上，開發人員也有像 Jetty 和 Undertow 這樣的選擇可替換。不過 Tomcat 作為預設引擎是非常合理的，因為它已經成熟、經過實務證明，而且效能卓越，而且 Spring 團隊的開發人員已經為完善和發展 Tomcat 的源碼庫做出過貢獻（現在也仍在貢獻）。對於 Boot 應用程式來說，它是一個非常棒的 servlet 引擎。

儘管如此，servlet 的規格經過多次反覆修訂後，本質上還是同步的，沒有非同步的能力。Servlet 3.0 開始用非同步的請求處理（asynchronous request processing）來解決這個問題，但仍然只支持傳統的阻斷式 I/O。3.1 版本的規格增加了非阻斷式 I/O，使其適用於非同步處理，從而也適用於反應式的應用。

Spring WebFlux 是 Spring WebMVC（這是套件名稱，通常簡稱為 Spring MVC）的反應式版本。Spring WebFlux 奠基於 Reactor，並使用 Netty 作為預設的網路引擎，就像 Spring MVC 使用 Tomcat 來收聽和服務請求一樣。Netty 是一個成熟且效能優異的非同步引擎，而 Spring 團隊的開發人員也為 Netty 做出了貢獻，以緊密整合 Reactor，並使 Netty 在功能和效能上保持領先。

不過，就跟 Tomcat 一樣，你也有其他選擇。任何相容 Servlet 3.1 的引擎都能與 Spring WebFlux 應用程式並用，如果你的任務或組織需要的話。然而，Netty 之所以是同類產品中的佼佼者有其原因，且對於絕大多數的使用案例，它都是最好的選擇。

反應式資料存取

如前所述，終極可擴充性和最佳整體系統吞吐量的最終目標就是一個端對端的反應式實作（end-to-end reactive implementation）。在最低層面上，這取決於資料庫的存取。

多年來，人們一直在努力設計資料庫，以最大限度地減少爭用（contention）情況和系統效能的阻塞。即使有了這些令人印象深刻的努力，在許多資料庫引擎和驅動程式中，仍有一些領域存在著問題，其中包括，在不阻斷請求端應用程式的情況下，執行作業的方法，以及精密複雜的流程控制 / 反壓（flow control/backpressure）機制。

分頁構造（paging constructs）已經被用來解決這兩種限制，但它們都不是完美的解決方案。使用具備分頁機能的命令式模型，通常需要為具有不同範圍或約束的每個頁面發出一個查詢（query），這需要的是每次都有新的請求和新的反應，而不是像使用 Flux 那樣可以接續（continuation）。有個類比是，每次從盆子裡舀起一杯水（命令式的做法）相較於單純打開水龍頭重新裝滿水杯。在反應式的場景中，沒有「去拿，並帶回來」的命令式操作，而是等待水流出。

以 R2DBC 使用 H2

在 PlaneFinder 的現有版本中，我使用 JPA（Java Persistence API）和 H2 資料庫來儲存（在 H2 的記憶體實體中）從我負責監控範圍內飛機的本地裝置那邊檢索到的飛機位置。JPA 是建立在命令式的規格之上，因此本質上是阻斷式的。由於看到與 SQL 資料庫進行非阻斷的反應式互動之需求，一些業界領袖和知名人士聯合起來創建並發展 R2DBC（Reactive Relational Database Connectivity）專案。

就像 JPA，R2DBC 是一個開放的規格，廠商或其他感興趣的人可以使用它和它提供的 SPI（Service Provider Interface）來建立關聯式資料庫（relational databases）的驅動程式和下游開發者的客戶端程式庫。與 JPA 不同的是，R2DBC 奠基在 Project Reactor 對 Reactive Streams 的實作之上，並且是完全反應式和非阻斷式的。

更新 PlaneFinder

與大多數的複雜系統一樣，我們（目前）並無法控制整個分散式系統的所有面向和節點。也跟大多數的複雜系統一樣，越是完全接受一種典範，就越能從中獲得更多的東西。我在盡可能靠近通訊鏈（communication chain）的原點，也就是在 PlaneFinder 服務中，開始了這段「邁向反應式之旅」。

重構 PlaneFinder 以使用 Reactive Streams 的 Publisher 型別（例如 Mono 和 Flux）是第一步。我將繼續使用現有的 H2 資料庫，但為了「再次活化（reactivate）」它，我得刪除 JPA 的專案依存關係，並用 R2DBC 程式替換。我更新了 PlaneFinder 的 *pom.xml* Maven 建置檔，如下：

```
<!--        Comment out or remove this          -->
<!--<dependency>-->
<!--    <groupId>org.springframework.boot</groupId>-->
<!--        <artifactId>spring-boot-starter-data-jpa</artifactId>-->
<!--</dependency>-->
```

```
<!--        Add this                              -->
<dependency>
    <groupId>org.springframework.boot</groupId>
    <artifactId>spring-boot-starter-data-r2dbc</artifactId>
</dependency>

<!--        Add this too                          -->
<dependency>
    <groupId>io.r2dbc</groupId>
    <artifactId>r2dbc-h2</artifactId>
    <scope>runtime</scope>
</dependency>
```

PlaneRepository 介面必須更新，以擴充 ReactiveCrudRepository 介面，而不是它的阻斷式版本 CrudRepository。這個簡單的更新顯示於此：

```
public interface PlaneRepository
    extends ReactiveCrudRepository<Aircraft, String> {}
```

對 PlaneRepository 的變更向外擴散，自然而然地引出下一站，即 PlaneFinderService 類別，其中 getAircraft() 方法在找到飛機時回傳 PlaneRepository::saveAll 的結果，否則回傳 saveSamplePositions() 方法的結果。把 getAircraft() 和 saveSamplePositions() 方法的回傳值（一個阻斷式的 Iterable<Aircraft>）替換為 Flux<Aircraft>，再次正確地規範了方法的回傳值。

```
public Flux<Aircraft> getAircraft() {
    ...
}

private Flux<Aircraft> saveSamplePositions() {
    ...
}
```

由於 PlaneController 類別的方法 getCurrentAircraft() 呼叫 PlaneFinderService::getAircraft，它現在會回傳一個 Flux<Aircraft>。這就需要對 PlaneController::getCurrentAircraft 的特徵式（signature）也進行修改：

```
public Flux<Aircraft> getCurrentAircraft() throws IOException {
    ...
}
```

在 JPA 中使用 H2 是一件相當成熟的事情，所涉及的規格，以及相關的 API 和程式庫，已經發展了大約十年。R2DBC 是一個相對較新的專案，雖然支援的範圍正在迅速擴大，但在 Spring Data JPA 對 H2 的支援中存在的一些功能，它尚未實作。這並不會造成太大的負擔，但在選擇以反應式的途徑使用關聯式資料庫（本例中的 H2）時，需要注意到這點。

目前，要想以 R2DBC 使用 H2，需要創建和配置一個 `ConnectionFactoryInitializer` bean 供應用程式使用。組態的設定在實務上只需要兩步：

- 將連線工廠（connection factory）設置為（已經過自動組態設定的）`ConnectionFactory` bean，作為一個參數注入
- 配置資料庫的「充填器（populator）」以執行一或多個指令稿，根據目的或必要性初始化或重新初始化資料庫。

回想一下，使用 Spring Data JPA 搭配 H2 時，有一個關聯的 `@Entity` 類別被用來在 H2 資料庫中創建一個相應的資料表。當使用 H2 搭配 R2DBC 時，這個步驟需要使用標準的 SQL DDL（Data Definition Language）指令稿手動完成。

```
DROP TABLE IF EXISTS aircraft;

CREATE TABLE aircraft (id BIGINT auto_increment primary key,
callsign VARCHAR(7), squawk VARCHAR(4), reg VARCHAR(8), flightno VARCHAR(10),
route VARCHAR(30), type VARCHAR(4), category VARCHAR(2),
altitude INT, heading INT, speed INT, vert_rate INT, selected_altitude INT,
lat DOUBLE, lon DOUBLE, barometer DOUBLE, polar_distance DOUBLE,
polar_bearing DOUBLE, is_adsb BOOLEAN, is_on_ground BOOLEAN,
last_seen_time TIMESTAMP, pos_update_time TIMESTAMP, bds40_seen_time TIMESTAMP);
```

這是一個額外的步驟，但也不是沒有先例。許多 SQL 資料庫在使用 Spring Data JPA 時也需要這一步，H2 是個例外。

接下來是 `DbConxInit` 的程式碼，即 Database Connection Initializer 類別。所需的創建 bean 用的方法是那第一個，即 `initializer()`，它產生了所需的 `ConnectionFactoryInitializer` bean。第二個方法產生一個 `CommandLineRunner` bean，一旦該類別配置好，它就會被執行。`CommandLineRunner` 是一個函式型介面（functional interface），只有一個抽象方法 `run()`。因此，我提供了一個 lambda 作為它的實作，以一個 `Aircraft` 充填（然後列出）

PlaneRepository 的內容。目前，我把 init() 方法的 @Bean 注釋註解掉了，所以該方法永遠不會被呼叫，CommandLineRunner bean 永遠不會產生，樣本紀錄也永遠不會被儲存：

```
import io.r2dbc.spi.ConnectionFactory;
import org.springframework.beans.factory.annotation.Qualifier;
import org.springframework.boot.CommandLineRunner;
import org.springframework.context.annotation.Bean;
import org.springframework.context.annotation.Configuration;
import org.springframework.core.io.ClassPathResource;
import org.springframework.r2dbc.connection.init.ConnectionFactoryInitializer;
import org.springframework.r2dbc.connection.init.ResourceDatabasePopulator;

@Configuration
public class DbConxInit {
    @Bean
    public ConnectionFactoryInitializer
            initializer(@Qualifier("connectionFactory")
            ConnectionFactory connectionFactory) {
        ConnectionFactoryInitializer initializer =
            new ConnectionFactoryInitializer();
        initializer.setConnectionFactory(connectionFactory);
        initializer.setDatabasePopulator(
            new ResourceDatabasePopulator(new ClassPathResource("schema.sql"))
        );
        return initializer;
    }

//    @Bean // 反註解 @Bean 注釋以新增樣本資料
    public CommandLineRunner init(PlaneRepository repo) {
        return args -> {
            repo.save(new Aircraft("SAL001", "N12345", "SAL001", "LJ",
                    30000, 30, 300,
                    38.7209228, -90.4107416))
                .thenMany(repo.findAll())
                    .subscribe(System.out::println);
        };
    }
}
```

CommandLineRunner 的 lambda 值得解釋一番。

這個結構本身是一個典型的 lambda，即 `x -> { < 要執行的程式碼在此 > }`，但其中包含的程式碼有幾個有趣的 Reactive Streams 特殊功能。

第一個宣告的運算是 `repo::save`，它儲存所提供的內容（在本例中是一個新的 Aircraft 物件）並回傳一個 `Mono<Aircraft>`。我們可以單純 `subscribe()` 這個結果，並記錄或印出它來進行驗證。但要養成的一個好習慣是，儲存所有想要的樣本資料，然後查詢儲存庫以產生所有紀錄。這樣做可以充分驗證該資料表在那個時間點的最終狀態，並且應該會導致所有的紀錄被顯示出來。

不過，請回想一下，反應式程式碼並不會阻斷式，那麼如何確定之前的所有操作在繼續進行前都已經完成呢？在此就是，嘗試檢索所有紀錄之前，我們如何確定所有紀錄都被儲存了呢？在 Project Reactor 中，有一些運算子會等候完成信號，然後才繼續執行串鏈中的下一個函式。`then()` 運算子等待一個 `Mono` 作為輸入，然後接受另一個 `Mono` 以往前推進。前面例子中的 `thenMany()` 運算子等待上游的任何 `Publisher` 完成，並向前放出一個新的 `Flux`。在產生 `CommandLineRunner bean` 的 `init` 方法中，`repo.findAll()` 產生了一個 `Flux<Aircraft>`，如期完成了任務。

最後，我訂閱 `repo.findAll()` 輸出的 `Flux<Aircraft>`，並將結果列印到主控台。並不需要記錄結果，事實上一個普通的 `subscribe()` 就能滿足啟動資料流的要求。但是，為什麼需要訂閱（subscribe）呢？

除了少數例外，`Reactive Streams Publisher` 都是**冷發佈器**（*cold publishers*），這意味著，如果沒有訂閱者，它們不會執行任何工作，也不會消耗任何資源。這可以最大限度地提升效率，從而提高可擴充性，是非常合理的做法，但這也為那些反應式程式設計新手設下了一個常見的陷阱。如果你沒有回傳一個 `Publisher` 來呼叫進行訂閱的程式碼並在那裡使用，請一定要為它添加一個 `subscribe()`，來啟動 `Publisher` 或會產生一個 `Publisher` 的運算鏈。

採用宣告式做法

我經常把非反應式程式碼（nonreactive code）稱為**阻斷式**（*blocking*）的，這在大多數情況下都是合理的，因為程式碼（除了少數值得注意的例外）是循序執行的，一行程式碼在前一行結束後開始。不過，反應式程式碼並不會阻斷（除非它呼叫阻斷式程式碼，我會在即將到來的一章中討論這個問題），因此，連續的程式碼行並不會提供指令之間的任何劃分。這可能會讓人有些震驚，特別是對於來自循序執行背景的開發者，或者是大部分時間都還是在循序執行背景下工作的人，也就是我們大多數人。

大多數的阻斷式程式碼都是命令式程式碼（imperative code），在其中，我們指示如何（*how*）做某些事。以一個 *for* 迴圈為例，我們做了下列這些事：

- 宣告一個變數並指定一個初始值。
- 對一個外層的邊界進行檢查。
- 執行一些指令。
- 調整變數的值。
- 重複從值檢查開始的迴圈。

雖然在阻斷式程式碼中存在著非常有用的宣告式構造（也許最著名且最受愛戴的是 Java Stream API）這一點宣告式佳餚為這頓飯增添了樂趣，但加在一起仍然只佔相對較小的一部分；而反應式程式設計則不然。

因為 Reactive Streams 這個名字，你可能會與 Java 的 `Stream` 產生聯想。雖然二者沒有關聯，但 `java.util.Stream` 中使用的宣告式做法也與 Reactive Streams 完美契合：透過一個函式串鏈（chain of functions）宣告結果，這些函式把輸出當成不可變的結果從一個函式傳遞到下一個函式，藉此運作。這就為反應式程式碼增加了結構，無論是視覺上的，還是邏輯上的。

最後，由於 JPA 和 R2DBC 及其支援的 H2 程式碼的不同，需要對領域類別 `Aircraft` 進行一些修改。JPA 使用的 `@Entity` 記號不再被需要，而用於主鍵關聯的成員變數 `id` 的 `@GeneratedValue` 注釋現在也同樣不需要。使用 H2 並把 PlaneFinder 從 JPA 遷移到 R2DBC 時，刪除這兩個注釋和它們關聯的匯入述句是唯一需要的改變。

為了容納前面顯示的 `CommandLineRunner` bean（萬一需要樣本資料的話）及其欄位受限（field-limited）的建構器呼叫，我在 `Aircraft` 中建立了一個額外的建構器來匹配。請注意，只有當你希望不提供所有參數而創建一個 `Aircraft` 時，才需要這樣做，因為 Lombok 建構器基於 `@AllArgsConstructor` 注釋要求提供所有的參數。請注意，我從這個有限引數建構器中呼叫了需要所有引數的建構器：

```
public Aircraft(String callsign, String reg, String flightno, String type,
                int altitude, int heading, int speed,
                double lat, double lon) {

    this(null, callsign, "sqwk", reg, flightno, "route", type, "ct",
```

```
                altitude, heading, speed, 0, 0,
                lat, lon, 0D, 0D, 0D,
                false, true,
                Instant.now(), Instant.now(), Instant.now());
    }
```

有了這些，就可以驗證我們的工作了。

在 IDE 中啟動 PlaneFinder 應用程式後，我回到終端機視窗中的 HTTPie 來測試更新過的程式碼：

```
mheckler-a01 :: OReilly/code » http -b :7634/aircraft
[
    {
        "altitude": 37000,
        "barometer": 0.0,
        "bds40_seen_time": null,
        "callsign": "EDV5123",
        "category": "A3",
        "flightno": "DL5123",
        "heading": 131,
        "id": 1,
        "is_adsb": true,
        "is_on_ground": false,
        "last_seen_time": "2020-09-19T21:40:56Z",
        "lat": 38.461505,
        "lon": -89.896606,
        "polar_bearing": 156.187542,
        "polar_distance": 32.208164,
        "pos_update_time": "2020-09-19T21:40:56Z",
        "reg": "N582CA",
        "route": "DSM-ATL",
        "selected_altitude": 0,
        "speed": 474,
        "squawk": "3644",
        "type": "CRJ9",
        "vert_rate": -64
    },
    {
        "altitude": 38000,
        "barometer": 0.0,
        "bds40_seen_time": null,
        "callsign": null,
        "category": "A4",
        "flightno": "FX3711",
        "heading": 260,
```

```
        "id": 2,
        "is_adsb": true,
        "is_on_ground": false,
        "last_seen_time": "2020-09-19T21:40:57Z",
        "lat": 39.348558,
        "lon": -90.330383,
        "polar_bearing": 342.006425,
        "polar_distance": 24.839372,
        "pos_update_time": "2020-09-19T21:39:50Z",
        "reg": "N924FD",
        "route": "IND-PHX",
        "selected_altitude": 0,
        "speed": 424,
        "squawk": null,
        "type": "B752",
        "vert_rate": 0
    },
    {
        "altitude": 35000,
        "barometer": 1012.8,
        "bds40_seen_time": "2020-09-19T21:41:11Z",
        "callsign": "JIA5304",
        "category": "A3",
        "flightno": "AA5304",
        "heading": 112,
        "id": 3,
        "is_adsb": true,
        "is_on_ground": false,
        "last_seen_time": "2020-09-19T21:41:12Z",
        "lat": 38.759811,
        "lon": -90.173632,
        "polar_bearing": 179.833023,
        "polar_distance": 11.568717,
        "pos_update_time": "2020-09-19T21:41:11Z",
        "reg": "N563NN",
        "route": "CLT-RAP-CLT",
        "selected_altitude": 35008,
        "speed": 521,
        "squawk": "6506",
        "type": "CRJ9",
        "vert_rate": 0
    }
]
```

確認重構過的反應式 PlaneFinder 正確運作後，我們現在可以將注意力轉向 Aircraft Positions 應用程式。

更新 Aircraft Positions 應用程式

目前，*aircraft-positions* 專案使用 Spring Data JPA 和 H2，就像 PlaneFinder 還是阻斷式應用程式那時一樣。雖然我可以更新 Aircraft Positions 來使用 R2DBC 和 H2，就像 PlaneFinder 現在那樣，但 *aircraft-positions* 專案的這個必要重構提供了探索其他反應式資料庫解決方案的絕佳機會。

MongoDB 經常站在資料庫創新的最前緣，事實上，它是最早開發完全反應式驅動程式用於其同名資料庫的資料庫供應商之一。使用 Spring Data 和 MongoDB 開發應用程式幾乎是毫無阻力的，這反映了它對於 reactive streams（反應式串流）支援的成熟度。就 Aircraft Positions 的重構而言，MongoDB 是很自然的選擇。

在此，需要對建置檔（本例中的 *pom.xml*）進行一些修改。首先，我移除了 Spring MVC、Spring Data JPA 和 H2 的非必要依存關係：

- `spring-boot-starter-web`
- `spring-boot-starter-data-jpa`
- `h2`

接著我為未來的反應式版本添加了以下依存關係：

- `spring-boot-starter-data-mongodb-reactive`
- `de.flapdoodle.embed.mongo`
- `reactor-test`

`spring-boot-starter-webflux` 已經是 `WebClient` 的依存關係項，所以沒有必要添加它。

和第 6 章一樣，我將在這個例子中使用內嵌的 MongoDB。由於內嵌的 MongoDB 一般只用於測試，所以它通常會包含一個「test」範疇，由於我在應用執行過程中使用這個範疇，所以我在建置檔中省略或刪除了這個範疇限定詞（scoping qualifier）。更新後的 Maven *pom.xml* 依存關係如下：

```
<dependencies>
    <dependency>
        <groupId>org.springframework.boot</groupId>
```

```
        <artifactId>spring-boot-starter-thymeleaf</artifactId>
    </dependency>
    <dependency>
        <groupId>org.springframework.boot</groupId>
        <artifactId>spring-boot-starter-data-mongodb-reactive</artifactId>
    </dependency>
    <dependency>
        <groupId>org.springframework.boot</groupId>
        <artifactId>spring-boot-starter-webflux</artifactId>
    </dependency>

    <dependency>
        <groupId>org.projectlombok</groupId>
        <artifactId>lombok</artifactId>
        <optional>true</optional>
    </dependency>
    <dependency>
        <groupId>org.springframework.boot</groupId>
        <artifactId>spring-boot-starter-test</artifactId>
        <scope>test</scope>
        <exclusions>
            <exclusion>
                <groupId>org.junit.vintage</groupId>
                <artifactId>junit-vintage-engine</artifactId>
            </exclusion>
        </exclusions>
    </dependency>
    <dependency>
        <groupId>de.flapdoodle.embed</groupId>
        <artifactId>de.flapdoodle.embed.mongo</artifactId>
    </dependency>
    <dependency>
        <groupId>io.projectreactor</groupId>
        <artifactId>reactor-test</artifactId>
        <scope>test</scope>
    </dependency>
</dependencies>
```

透過命令列或 IDE 快速重新整理依存關係，我們就可以開始重構了。

我再次開始對 AircraftRepository 介面進行了非常簡單的修改，將其改為擴充 ReactiveCrudRepository，而非阻斷式的 CrudRepository：

```
public interface AircraftRepository extends ReactiveCrudRepository<Aircraft, Long> {}
```

更新 PositionController 類別不需要花費什麼大工夫，因為 WebClient 已經使用 Reactive Streams 的 Publisher 型別來進行對話了。我定義了一個區域變數 Flux<Aircraft> aircraftFlux，然後鏈串上必要的宣告式運算來清除之前檢索到的飛機位置的儲存庫、檢索新的位置，將它們轉換為 Aircraft 類別的實體，過濾掉沒有列出飛機註冊號碼的位置，並把它們儲存到內嵌的 MongoDB 儲存庫中。然後，我把 aircraftFlux 變數添加到 Model 中，以便在面對使用者的 Web UI 中使用，並回傳 Thymeleaf 範本的名稱以進行描繪（rendering）：

```
@RequiredArgsConstructor
@Controller
public class PositionController {
    @NonNull
    private final AircraftRepository repository;
    private WebClient client
        = WebClient.create("http://localhost:7634/aircraft");

    @GetMapping("/aircraft")
    public String getCurrentAircraftPositions(Model model) {
        Flux<Aircraft> aircraftFlux = repository.deleteAll()
                .thenMany(client.get()
                        .retrieve()
                        .bodyToFlux(Aircraft.class)
                        .filter(plane -> !plane.getReg().isEmpty())
                        .flatMap(repository::save));

        model.addAttribute("currentPositions", aircraftFlux);
        return "positions";
    }
}
```

最後，領域類別 Aircraft 本身需要做一些小的更動。類別層級的 @Entity 注釋是 JPA 專用的，MongoDB 使用的對應注釋則是 @Document，表示類別的實體要作為文件（documents）儲存在資料庫中。此外，之前使用的 @Id 注釋參考了 javax.persistence.Id，在沒有 JPA 依存關係的情況下，這個注釋消失了。用 import org.springframework.data.annotation.Id; 替換 import javax.persistence.Id; 保留了與 MongoDB 並用的資料表識別字情境（table identifier context）。該類別檔案的全部內容已顯示出來，以供參考：

```
import com.fasterxml.jackson.annotation.JsonProperty;
import lombok.AllArgsConstructor;
import lombok.Data;
import lombok.NoArgsConstructor;
import org.springframework.data.annotation.Id;
```

```java
import org.springframework.data.mongodb.core.mapping.Document;

import java.time.Instant;

@Document
@Data
@NoArgsConstructor
@AllArgsConstructor
public class Aircraft {
    @Id
    private Long id;
    private String callsign, squawk, reg, flightno, route, type, category;

    private int altitude, heading, speed;
    @JsonProperty("vert_rate")
    private int vertRate;
    @JsonProperty("selected_altitude")
    private int selectedAltitude;

    private double lat, lon, barometer;
    @JsonProperty("polar_distance")
    private double polarDistance;
    @JsonProperty("polar_bearing")
    private double polarBearing;

    @JsonProperty("is_adsb")
    private boolean isADSB;
    @JsonProperty("is_on_ground")
    private boolean isOnGround;

    @JsonProperty("last_seen_time")
    private Instant lastSeenTime;
    @JsonProperty("pos_update_time")
    private Instant posUpdateTime;
    @JsonProperty("bds40_seen_time")
    private Instant bds40SeenTime;
}
```

PlaneFinder 和 Aircraft Positions 這兩個應用程式都執行後，我回到一個瀏覽器分頁，輸入 *http://localhost:8080* 到網址列，然後載入，所產生的頁面就如圖 8-1 所示。

圖 8-1　Aircraft Positions 應用程式登陸頁面 index.html

點擊 *Click here* 連結，會載入 `Aircraft Positions` 報告頁面，如圖 8-2 所示。

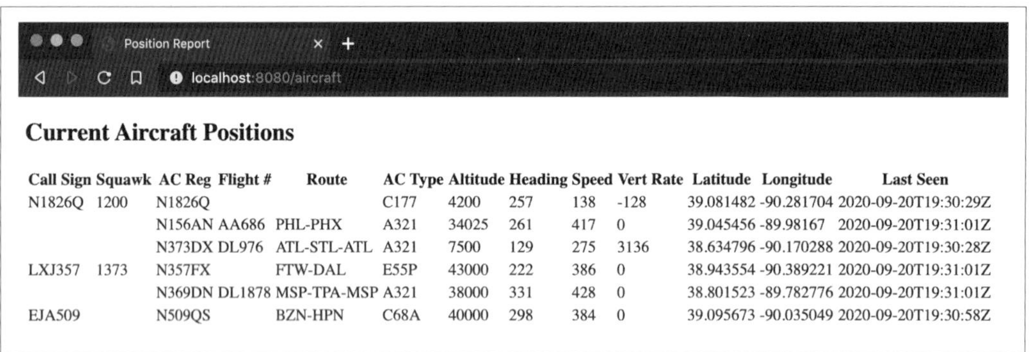

Current Aircraft Positions

Call Sign	Squawk	AC Reg	Flight #	Route	AC Type	Altitude	Heading	Speed	Vert Rate	Latitude	Longitude	Last Seen
N1826Q	1200	N1826Q			C177	4200	257	138	-128	39.081482	-90.281704	2020-09-20T19:30:29Z
		N156AN	AA686	PHL-PHX	A321	34025	261	417	0	39.045456	-89.98167	2020-09-20T19:31:01Z
		N373DX	DL976	ATL-STL-ATL	A321	7500	129	275	3136	38.634796	-90.170288	2020-09-20T19:30:28Z
LXJ357	1373	N357FX		FTW-DAL	E55P	43000	222	386	0	38.943554	-90.389221	2020-09-20T19:31:01Z
		N369DN	DL1878	MSP-TPA-MSP	A321	38000	331	428	0	38.801523	-89.782776	2020-09-20T19:31:01Z
EJA509		N509QS		BZN-HPN	C68A	40000	298	384	0	39.095673	-90.035049	2020-09-20T19:30:58Z

圖 8-2　Aircraft Positions 報告頁面

每次定期刷新時，頁面會像以前一樣，重新查詢 PlaneFinder 並視需要以當前資料更新報告，但有一個非常關鍵的差異：提供給 *position.html* Thymeleaf 範本要顯示的多個飛機位置不再是形式完整、阻斷式的一個 `List`，而是一個 Reactive Streams `Publisher`，具體型別為 `Flux`。下一節將進一步討論這個問題，但現在，重要的是認識到這種內容協商 / 協議（negotiation/accommodation）的發生不需要開發者付出任何努力。

Reactive Thymeleaf

正如第 7 章中提到的，現在絕大多數前端網路應用程式都是使用 HTML 和 JavaScript 開發的。這並沒有改變一些使用視圖技術 / 範本（view technologies/templating）來實現其目標的生產應用程式存在的事實，也不意味著上述技術不能繼續簡單有效地滿足一系列需求。在這種情況下，範本引擎和語言必須適應 Reactive Streams 也被用來一起解決問題的情況。

Thymeleaf 在三個不同的層次上處理 RS 的支援，讓開發人員能夠選定最適合他們需求的那一個。如前所述，可以將後端處理轉換為利用 Reactive Streams，讓 Reactor 將 `Publisher`（像是 `Mono` 或 `Flux`）提供的值餵給 Thymeleaf，而非使用 `Object<T>` 和 `Iterable<T>`。這並不會產生一個反應式的前端（reactive frontend），但如果關注的主要是將後端邏輯轉換為使用 Reactive Streams 以消除阻斷並實作服務間的流程控制，這會是以盡可能少的努力部署面對使用者的支援應用程式的便利之道。

Thymeleaf 還支援支援 Spring WebFlux 的分塊（chunked）模式和資料驅動（data-driven）模式，這兩種模式都涉及到使用 Server Sent Events（伺服器發送的事件）和一些 JavaScript 程式碼來完成對瀏覽器的資料遞送。雖然這兩種模式都是完全有效的，但為了達到預期效果所需的 JavaScript 程式碼數量的增加，可能會讓天秤從 templating+HTML+JavaScript 轉向 100% HTML+JavaScript 的前端邏輯。當然，這個抉擇在很大程度上取決於需求，應該由負責建立和支援上述功能的開發人員來決定。

在上一節中，我示範了如何將後端功能遷移至 RS 構造，以及 Spring Boot 如何使用 Reactor+Thymeleaf 來維護前端的功能，幫助緩解應用程式的阻斷式系統之轉換，同時最小化停機時間。這足以滿足當前的用例，使我們能夠在（在即將到來的一章中）回到前端功能的擴充之前，研究進一步改進後端功能的方式。

RSocket 用於全反應式行程間通訊

在本章中，我已經為在獨立的應用程式之間使用 Reactive Streams 進行行程間通訊奠定了基礎。雖然所建立的分散式系統確實使用了反應式構造（reactive constructs），但該系統還沒有發揮它的潛力。由於 request-response 模型的關係，使用基於 HTTP 的更高階傳輸方式越過網路邊界時會有所侷限性，只是升級到 WebSocket 也不能解決所有的問題。RSocket 的誕生就是為了靈活而有力地消除行程間通訊的不足。

什麼是 RSocket？

身為多個業界領導者和尖端創新者合作的成果，RSocket 是一種速度極快的二進位協定（binary protocol），可在 TCP、WebSocket 和 Aeron 傳輸機制之上使用。RSocket 支援四種非同步互動模型：

- request-response
- request-stream
- 發出即忘（fire & forget）
- request 頻道（雙向串流）

RSocket 建立在反應式串流典範（reactive streams paradigm）和 Project Reactor 的基礎上，實現了應用程式的完全互聯系統（fully interconnected systems），同時提供了提高靈活性和復原力的機制。一旦兩個應用程式 / 服務（apps/services）之間建立了連線，客戶端與伺服器的區別就消失了，兩者實際上是對等關係。四種互動模型中的任何一種都可以由任一方發起，並適應所有的用例。

- 一方發出一個請求並收到另一方回應的 1:1 互動
- 1:N 的互動，其中一方發出一個請求，並從另一方接收一個串流的回應（stream of responses）
- 一方發出一個請求的 1:0 互動
- 一個完全雙向的頻道（channel），其中雙方可以自發地傳送任何類型的請求、回應或資料串流

正如你所看到的，RSocket 非常有彈性。作為注重效能的二進位協定，它的速度也很快。最重要的是，RSocket 具有復原能力，可以重新建立中斷的連線，自動恢復上次通訊。而且由於 RSocket 奠基於 Reactor 之上，使用 RSocket 的開發人員可以真正將分開的應用程式視為一個完全整合的系統，因為網路的邊界不會再對流程控制施加任何限制。

Spring Boot 具有傳奇的自動組態功能，無疑能為 Java 和 Kotlin 開發人員提供運用 RSocket 最快、最友善的方式。

實際運用 RSocket

目前，PlaneFinder 和 Aircraft Positions 應用程式都使用以 HTTP 為基礎的傳輸方式進行通訊。將這兩個 Spring Boot apps 轉為使用 RSocket 是顯而易見的下一步。

將 PlaneFinder 遷移到 RSocket

首先，我將 RSocket 依存關係新增到 PlaneFinder 的建置檔中：

```
<dependency>
    <groupId>org.springframework.boot</groupId>
    <artifactId>spring-boot-starter-rsocket</artifactId>
</dependency>
```

快速的 Maven 重新匯入動作後，就可以開始重構程式碼了。

目前，我將保持現有的 */aircraft* 端點不變，並為 `PlaneController` 添加一個 RSocket 端點。為了把 REST 端點和 RSocket 端點都放在同一個類別中，我將內建在 `@RestController` 注釋中的功能解耦（decouple）為其元件部分：`@Controller` 和 `@ResponseBody`。

用 `@Controller` 替換類別層級的 `@RestController` 注釋意味著，對於我們希望直接以 JSON 形式回傳物件的任何 REST 端點（例如與 `getCurrentAircraft()` 方法關聯的 */aircraft* 端點），有必要將 `@ResponseBody` 添加到方法中。這種看似後退的一步，有個好處是，RSocket 端點可以和 REST 端點一樣定義在同一個 `@Controller` 類別中，讓 PlaneFinder 的入口和出口點保持在一個（而且只有一個的）位置。

```
import org.springframework.messaging.handler.annotation.MessageMapping;
import org.springframework.stereotype.Controller;
import org.springframework.web.bind.annotation.GetMapping;
import org.springframework.web.bind.annotation.ResponseBody;
import reactor.core.publisher.Flux;

import java.io.IOException;
import java.time.Duration;

@Controller
public class PlaneController {
    private final PlaneFinderService pfService;

    public PlaneController(PlaneFinderService pfService) {
        this.pfService = pfService;
    }
```

```
    @ResponseBody
    @GetMapping("/aircraft")
    public Flux<Aircraft> getCurrentAircraft() throws IOException {
        return pfService.getAircraft();
    }

    @MessageMapping("acstream")
    public Flux<Aircraft> getCurrentACStream() throws IOException {
        return pfService.getAircraft().concatWith(
                Flux.interval(Duration.ofSeconds(1))
                        .flatMap(l -> pfService.getAircraft()));
    }
}
```

為了建立一個重複發送的飛機位置串流（stream of aircraft positions），我創建了 `getCurrentACStream()` 方法，並使用 `@MessageMapping` 將其注釋為一個 RSocket 端點。請注意，由於 RSocket 的映射（mappings）不像 HTTP 位址 / 端點（addresses/endpoints）那樣建立在一個根路徑（root path）上，映射中並不需要前斜線（/）。

定義了端點和服務方法後，下一步就是為 RSocket 指定一個通訊埠（port）來收聽連接請求。我在 PlaneFinder 的 *application.properties* 檔案中這麼做，新增了 `spring.rsocket.server.port` 的特性值到現有的基於 HTTP 的 `server.port` 旁邊：

```
server.port=7634
spring.rsocket.server.port=7635
```

這個單一的 RSocket 伺服器埠（server port）指定就足以讓 Spring Boot 將包含的應用程式設置為一個 RSocket 伺服器、創建所有必須的 beans 並進行所有必要的組態設定。回想一下，雖然一個 RSocket 連線中所涉及的兩個應用程式之一最初必須作為伺服器，但只要建立連線，客戶端（發起連線的應用程式）和伺服器（收聽連線的應用程式）之間的區別就會消失。

修改了這幾個地方後，PlaneFinder 現在已經可以使用 RSocket 了。只需啟動應用程式，使其準備好接受連線請求。

將 Aircraft Positions 遷移到 RSocket

同樣地，使用 RSocket 的第一步是將 RSocket 依存關係添加到建置檔中，在本例中，就是 Aircraft Positions 應用程式的建置檔：

```
<dependency>
    <groupId>org.springframework.boot</groupId>
    <artifactId>spring-boot-starter-rsocket</artifactId>
</dependency>
```

在繼續之前，別忘了以 Maven 重新匯入，從而使專案的修改生效。現在，進入程式碼的部分。

與 PlaneFinder 類似，我重構了 `PositionController` 類別，為所有的入口 / 出口（ingress/egress）建立單一地點。用 `@Controller` 替換類別層級的 `@RestController` 注釋，能讓我們同時包含 RSocket 端點和基於 HTTP 的（但在本例中是範本驅動的）端點，以啟動 *positions.html* Thymeleaf 範本。

為了使 Aircraft Positions 能夠充當 RSocket 客戶端，我透過建構器注入來自動連接一個 `RSocketRequester.Builder` bean 以建立一個 `RSocketRequester`。將 RSocket 依存關係添加到專案後，Spring Boot 就會自動創建這個 `RSocketRequester.Builder` bean。在建構器中，我藉由這個 builder 來建立對 PlaneFinder 的 RSocket 伺服器的一個 TCP 連線（在此例中是如此），也就是使用此 builder 的 `tcp()` 方法。

由於我需要注入用來創建不同物件（`RSocketRequester`）之實體的一個 bean（`RSocketRequester.Builder`），我必須建立一個建構器。既然我現在有了一個建構器，我就移除類別層級的 `@RequiredArgsConstructor` 和成員變數層級的 `@NonNull` Lombok 注釋，並單純將 `AircraftRepository` 也添加到我編寫的建構器中。無論哪種方式，Spring Boot 都會自動連接那個 bean，並將其指定給 `repository` 成員變數。

為了驗證 RSocket 連線是否正常運作和資料是否流動，我創建了一個基於 HTTP 的端點 */acstream*，指示它將回傳 SSE（Server Sent Events）的一個串流作為結果，並使用 `@ResponseBody` 注釋表明回應將直接由 JSON 格式化的物件組成。使用在建構器中初始化的 `RSocketRequester` 成員變數，我指定了與 PlaneFinder 中定義的 RSocket 端點相匹配的 `route`，發送一些資料（這是選擇性的，在此特定的請求中，我沒有傳遞任何有用的資料），並取得從 PlaneFinder 回傳的 `Aircraft` 構成的 `Flux`：

```
import org.springframework.http.MediaType;
import org.springframework.messaging.rsocket.RSocketRequester;
import org.springframework.stereotype.Controller;
```

```
import org.springframework.ui.Model;
import org.springframework.web.bind.annotation.GetMapping;
import org.springframework.web.bind.annotation.ResponseBody;
import org.springframework.web.reactive.function.client.WebClient;
import reactor.core.publisher.Flux;

@Controller
public class PositionController {
    private final AircraftRepository repository;
    private final RSocketRequester requester;
    private WebClient client =
            WebClient.create("http://localhost:7634/aircraft");

    public PositionController(AircraftRepository repository,
                              RSocketRequester.Builder builder) {
        this.repository = repository;
        this.requester = builder.tcp("localhost", 7635);
    }

    // HTTP 端點、HTTP requester（之前建立的）
    @GetMapping("/aircraft")
    public String getCurrentAircraftPositions(Model model) {
        Flux<Aircraft> aircraftFlux = repository.deleteAll()
                .thenMany(client.get()
                        .retrieve()
                        .bodyToFlux(Aircraft.class)
                        .filter(plane -> !plane.getReg().isEmpty())
                        .flatMap(repository::save));

        model.addAttribute("currentPositions", aircraftFlux);
        return "positions";
    }

    // HTTP endpoint、RSocket 客戶端端點
    @ResponseBody
    @GetMapping(value = "/acstream",
            produces = MediaType.TEXT_EVENT_STREAM_VALUE)
    public Flux<Aircraft> getCurrentACPositionsStream() {
        return requester.route("acstream")
                .data("Requesting aircraft positions")
                .retrieveFlux(Aircraft.class);
    }
}
```

要驗證 RSocket 連線確實可行，而 PlaneFinder 有餵送資料給 Aircraft Positions 應用程式，我啟動了 Aircraft Positions 並回到終端機和 HTTPie，新增 *-S* 旗標到命令中，以把抵達的資料當成一個串流處理，而非等候一個回應主體（response body）的完成。以下是結果的一個範例，為了簡潔起見經過編輯：

```
mheckler-a01 :: ~ » http -S :8080/acstream
HTTP/1.1 200 OK
Content-Type: text/event-stream;charset=UTF-8
transfer-encoding: chunked

data:{"id":1,"callsign":"RPA3427","squawk":"0526","reg":"N723YX","flightno":
"UA3427","route":"IAD-MCI","type":"E75L","category":"A3","altitude":36000,
"heading":290,"speed":403,"lat":39.183929,"lon":-90.72259,"barometer":0.0,
"vert_rate":64,"selected_altitude":0,"polar_distance":29.06486,
"polar_bearing":297.519943,"is_adsb":true,"is_on_ground":false,
"last_seen_time":"2020-09-20T23:58:51Z",
"pos_update_time":"2020-09-20T23:58:49Z","bds40_seen_time":null}

data:{"id":2,"callsign":"EDG76","squawk":"3354","reg":"N776RB","flightno":"",
"route":"TEB-VNY","type":"GLF5","category":"A3","altitude":43000,"heading":256,
"speed":419,"lat":38.884918,"lon":-90.363026,"barometer":0.0,"vert_rate":64,
"selected_altitude":0,"polar_distance":9.699159,"polar_bearing":244.237695,
"is_adsb":true,"is_on_ground":false,"last_seen_time":"2020-09-20T23:59:22Z",
"pos_update_time":"2020-09-20T23:59:14Z","bds40_seen_time":null}

data:{"id":3,"callsign":"EJM604","squawk":"3144","reg":"N604SD","flightno":"",
"route":"ENW-HOU","type":"C56X","category":"A2","altitude":38000,"heading":201,
"speed":387,"lat":38.627464,"lon":-90.01416,"barometer":0.0,"vert_rate":-64,
"selected_altitude":0,"polar_distance":20.898095,"polar_bearing":158.9935,
"is_adsb":true,"is_on_ground":false,"last_seen_time":"2020-09-20T23:59:19Z",
"pos_update_time":"2020-09-20T23:59:19Z","bds40_seen_time":null}
```

這確認了資料有透過一個 RSocket 連線藉著 Reactive Streams 從 PlaneFinder 流向 Aircraft Positions，使用 *request-stream* 的模型。一切都沒問題。

程式碼 *Checkout* 檢查

完整的章節程式碼，請從程式碼儲存庫 check out 分支 *chapter8end*。

總結

Reactive programming 為開發人員提供一種更加善用資源的方式，而在一個越來越分散的互聯系統世界中，規模可擴充性的主要關鍵涉及到超越應用程式邊界並且有效利用通訊管道的規模擴充機制。Reactive Streams 計畫，特別是 Project Reactor，就是要作為一個強大、有效率且靈活的基礎，以最大化系統的規模擴充性。

在本章中，我介紹了 reactive programming 並展示了 Spring 如何引導著無數工具與技術的發展與演進。我解釋了阻斷式（blocking）和非阻斷式（nonblocking）通訊，以及提供那些功能的引擎，例如 Tomcat、Netty 等。

接著，我示範了如何透過重構 PlaneFinder 和 Aircraft Positions 應用程式來使用 Spring WebFlux/Project Reactor 以實現對 SQL 和 NoSQL 資料庫的反應式資料庫存取（reactive database access）。Reactive Relational Database Connectivity（R2DBC）提供了 Java Persistence API（JPA）的反應式替代選擇，並可與多個 SQL 資料庫配合使用；MongoDB 和其他 NoSQL 資料庫提供了可與 Spring Data 和 Spring Boot 無縫接軌的即插即用反應式驅動程式。

本章還討論了前端整合反應式型別（reactive types）的選項，並展示了如果你的應用程式仍然使用生成視圖的技術，Thymeleaf 如何提供有限制的遷移路徑。其他的選項將在未來的章節中考量。

最後，我演示了如何使用 RSocket 將行程間通訊提升到意想不到的新水平。透過 Spring Boot 的 RSocket 支援和自動組態來這樣做，提供了實現高效能、可擴充性、彈性和高開發者生產力的快速路徑。

在下一章中，我將深入探討測試（testing）：Spring Boot 如何使更好、更快、更簡單的測試實務變得可能、如何建立有效的單元測試（unit tests），以及如何磨練和集中測試以加快建置並測試的循環（build-and-test cycle）。

第九章

測試 Spring Boot 應用程式以提升實際上線的穩定度

本章討論並演示了測試 Spring Boot 應用程式的核心面向。雖然測試這個主題涉及諸多方面，但我專注於測試 Spring Boot 應用程式的基本要素，這些要素可以顯著提高每個應用程式的生產準備度（production readiness）。論題包括單元測試（unit testing）、使用 `@SpringBootTest` 進行的應用程式整體測試（holistic application testing）、如何使用 JUnit 編寫有效的單元測試，以及使用 Spring Boot 測試切片（testing slices）來隔離測試目標並簡化測試。

程式碼 *Checkout* 檢查

請從程式碼儲存庫中 check out 分支 *chapter9begin* 以開始進行。

單元測試

單元測試作為其他類型應用程式測試的先驅，有很好的理由：單元測試使開發人員能夠在開發及部署週期（develop+deploy cycle）的最早階段發現並修復臭蟲，從而以最低的成本修正錯誤。

簡單的說，**單元測試**（*unit testing*）就是對所定義的一個以最大但合理程度隔離的程式碼單元進行驗證。一個測試的結果數隨著規模和複雜度的增加而呈指數型增長；減少每個單元測試內的功能數量，使每個單元測試更易於管理，從而增加所有可能的結果都被考慮到的機會。

只有當單元測試成功並充分實施後，才應該將整合測試（integration testing）、UI/UX 測試等加入其中。幸運的是，Spring Boot 整合了簡化和精簡單元測試的功能，並且預設將這些功能包含在每個使用 Spring Initializr 建置的專案中，這使得開發人員可以輕鬆地快速上手，並且「做正確的事情」。

@SpringBootTest 簡介

到目前為止，我主要關注的是使用 Spring Initializr 建立的專案中 *src/main/java* 底下的程式碼，首先是主應用程式類別（main application class）。然而，在 Initializr 衍生的每個 Spring Boot 應用程式中，都有一個對應的 *src/**test**/java* 目錄結構，其中有一個預先建立（但目前為空）的測試。

命名也與主應用程式類別相對應（例如，如果主應用程式類別名為 `MyApplication`，那麼主測試類別（main test class）將是 `MyApplicationTest`），這種預設的 1:1 關聯有助於組織和一致性。在測試類別中，Initializr 創建單一個空的測試方法，以提供一個乾淨的開始，這樣開發工作就可以從一個乾淨構造開始。你可以添加更多的測試方法，或者更典型的是建立額外的測試類別來對應其他的應用程式類別，並在每個類別中建立 1 個以上的測試方法。

通常我會建議採用 Test Driven Development（TDD，測試驅動開發），即先寫出測試，而撰寫程式碼是為了（也僅僅為了）讓測試通過。由於我堅信在介紹 Boot 如何處理測試之前，理解 Spring Boot 的關鍵面向是很重要的，我相信讀者會縱容我推延介紹本章的材料，直到基礎性的論題被解決之後。

考慮到這一點，讓我們回到 Aircraft Positions 應用程式並編寫一些測試。

關於測試涵蓋率（Test Coverage）的說明

對於每個層次的單元測試，從最小的測試涵蓋率到 100% 的涵蓋率，都有很多有說服力的論點。我認為自己是一個實用主義者，在認識到「太少就是太少」的同時，也承認「如果有一些是好的，那麼有更多必定更好」這種想法是錯誤的。

每件事都有代價。如果測試太少，成本通常很快就會顯現出來：錯誤或邊緣情況（edge cases）滑落到生產環境中，往往會造成相當大的麻煩和不幸的財務衝擊。但是，為每一個存取器（accessor）和變動器（mutator），或者為對外開放的程式庫 / 框架（library/framework）程式碼的每個元素都編寫測試，可能會增加專案的負擔，也會增加一些成本，而且往往收益甚微（或者為零）。當然，存取器和變動器可能會改變，底層程式碼當然也可能會引入臭蟲，但這種情況在你的專案中有多常發生？

對於本書和我平時的實踐，我採取的是「測試夠就好（test enough）」的思路，故意只為所謂有趣的行為寫測試。我一般不為領域類別、直接的存取器 / 變動器（accessors/mutators）、成熟的 Spring 程式碼，或者其他任何看起來已經非常穩定或（幾乎？）萬無一失的東西寫測試，但有幾個明顯的例外，到時我會說明；參閱前面關於有趣行為的註解。還請注意，這種評估應該在實際專案中受到挑戰和重新審視，因為軟體不是一成不變的，是不斷演進的。

只有你和你的組織才能確定你的風險概況和曝險情形。

為了以最清晰、最簡潔的方式展示 Spring Boot 所實現的最廣泛的測試功能，我回到 JPA 版本的 Aircraft Positions，並將其作為本章重點測試的基礎。還有其他一些與測試相關的論題，它們提供了一個主題的變體，補充了本章的內容，但沒有在其專案中體現出來，這些相關的主題將在下一章中介紹。

Aircraft Positions 應用程式重要的單元測試

在 Aircraft Positions 中，目前只有一個類別具備可能被視為有趣的行為。`PositionController` 對外開放了一個 API，直接或透過 Web 介面向終端使用者提供當前的飛機位置，而在該 API 中可以執行的操作包括：

- 從 PlaneFinder 擷取目前的飛機位置
- 在本地資料庫中儲存位置
- 從本地資料庫檢索位置
- 直接回傳當前位置或將其添加到網頁的文件 `Model` 中。

暫且不考慮這個功能與外部服務互動的事實，它還觸及到應用程式堆疊（application stack）的每一層，從使用者介面到資料的儲存和檢索。回想一下，一個好的測試方法應該隔離和測試有凝聚力的小型功能單位，很明顯，需要的是一種反覆修訂的測試方法，從當前的程式碼和沒有測試的狀態逐步走向最終經過最佳化的應用程式組織和測試。這樣一來，就準確地反映了典型的以生產為目標的專案（production-targeted projects）。

由於使用中的應用程式永遠不會真正完成，所以測試也不會。隨著應用程式碼的發展，測試也必須進行審查，並有可能進行修改、刪除或增添，以保持測試的有效性。

我首先建立一個與 `PositionController` 類對應的測試類別。不同 IDE 建立測試類別的機制也不同，當然也可以手動建立一個。由於我主要使用 IntelliJ IDEA 進行開發，所以我使用 `CMD+N` 的鍵盤快速鍵或者點擊滑鼠右鍵，然後選擇「Generate」開啟 Generate 功能表，然後選擇「Test...」選項，以創建一個測試類別。IntelliJ 就會出現如圖 9-1 所示的快顯視窗。

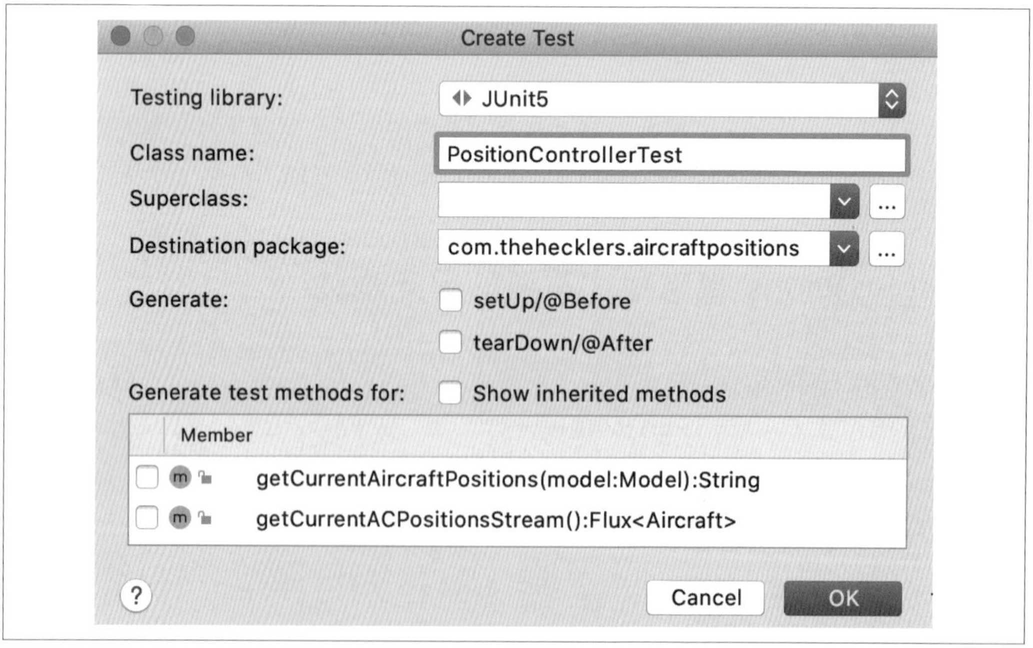

Create Test

Testing library: JUnit5
Class name: PositionControllerTest
Superclass:
Destination package: com.thehecklers.aircraftpositions
Generate: setUp/@Before
tearDown/@After
Generate test methods for: Show inherited methods
Member
getCurrentAircraftPositions(model:Model):String
getCurrentACPositionsStream():Flux<Aircraft>
Cancel OK

圖 9-1　從 PositionController 類別發起的 Create Test 快顯視窗

在「Create Test」快顯視窗中，我保留了預設的「Testing library」選項設定為 JUnit 5。自從 Spring Boot 2.2 版本變為 GA（generally available）以來，JUnit 第 5 版一直是 Spring Boot 應用程式單元測試的預設值。許多其他選項也受支援，包括 JUnit 3 和 4、Spock 和 TestNG 等，但 JUnit 5 及其 Jupiter 引擎是強大的選擇，它提供了幾種功能：

- 能夠更好地測試 Kotlin 程式碼（與之前的版本相比）
- 使用 `@BeforeAll` 和 `@AfterAll` 方法注釋（method annotations），對一個測試類別所包含的全部測試進行更有效率的一次性實體化 / 組態設定 / 清理（instantiation/configuration/cleanup）工作
- 同時支持 JUnit 4 和 5 的測試（除非 JUnit 4 被特別排除在依存關係之外）

JUnit 5 的 Jupiter 引擎是預設的，提供復古引擎是為了與 JUnit 4 單元測試的回溯相容性。

我保留建議的名稱 `PositionControllerTest`，勾選方塊來產生 `setup/@Before` 和 `tearDown/@After` 方法，並勾選方塊來為 `getCurrentAircraftPositions()` 方法產生一個測試方法，如圖 9-2 所示。

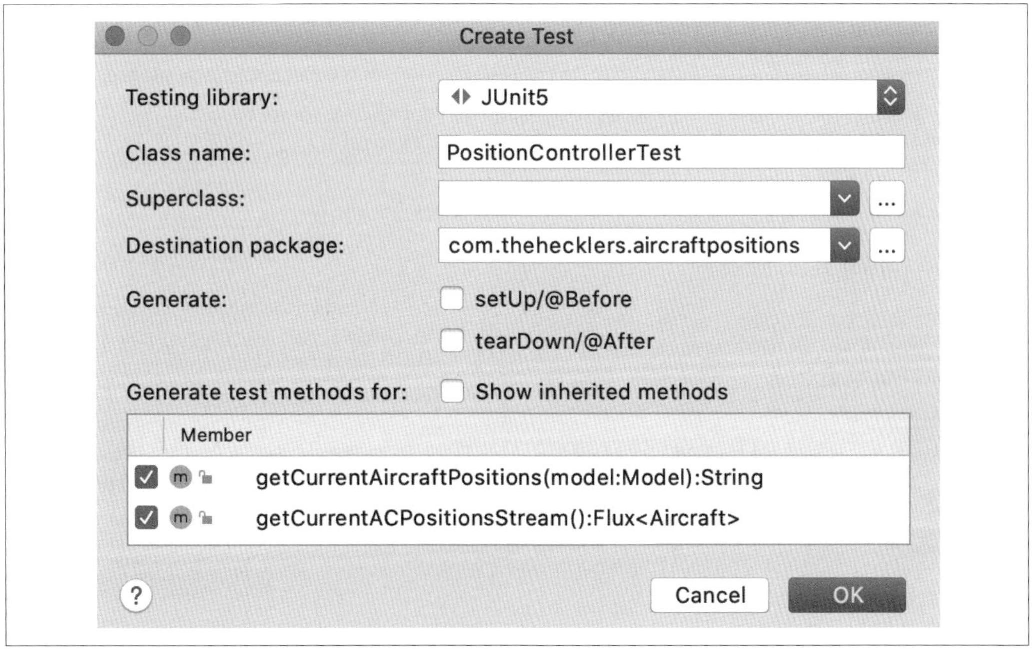

圖 9-2　選取了所需選項的 Create Test 快顯視窗

一旦我點擊了 OK 按鈕，IntelliJ 就會創建帶有所選方法的 PositionControllerTest 類別，並在 IDE 中開啟它，如這裡所示：

```
import org.junit.jupiter.api.AfterEach;
import org.junit.jupiter.api.BeforeEach;
import org.junit.jupiter.api.Test;

class PositionControllerTest {

    @BeforeEach
    void setUp() {
    }

    @AfterEach
    void tearDown() {
    }

    @Test
    void getCurrentAircraftPositions() {
    }
}
```

為了在事後構建測試套件時有一個良好的開端，我首先在已經成功執行的相同（字面上的）情境中盡可能簡單地重現 PositionController 的方法 getCurrentAircraftPositions() 的現有操作，這個情境（context）就是 Spring Boot 的 ApplicationContext。

關於 ApplicationContext 的說明

每個 Spring Boot 應用程式都有一個 ApplicationContext，它提供了必要的情境（或稱「上下文」），管理與環境、應用程式元件 /beans（components/beans）的互動、傳遞訊息等，預設情況下，應用程式所需的 ApplicationContext 的具體型別是由 Spring Boot 的自動組態決定。

測試時，@SpringBootTest 這個類別層級的注釋支援 webEnvironment 參數，讓我們從四個選項中選一個：

- MOCK
- RANDOM_PORT
- DEFINED_PORT

- NONE

MOCK 選項是預設的。如果應用程式的 classpath 上有一個 Web 環境存在，MOCK 就會載入一個 Web 的 ApplicationContext，並利用一個模擬（mock）的 Web 環境（而不是啟動一個內嵌的伺服器）；否則，它會載入一個沒有 Web 功能的常規 ApplicationContext。@SpringBootTest(webEnvironment = SpringBootTest.WebEnvironment.MOCK) 或只有 @SpringBootTest 經常伴隨著 @AutoConfigureMockMVC 或 @AutoConfigureWebTestClient 出現，以方便使用相應的機制對基於 Web 的 API 進行模擬測試（mock-based testing）。

RANDOM_PORT 選項載入一個 Web 的 ApplicationContext 並啟動一個內嵌伺服器，以提供在一個可用的隨機通訊埠（random port）上對外開放的實際 Web 環境。DEFINED_PORT 與之相同，但有一個例外：它是在應用程式的 *application.properties* 或 *application.yml/yaml* 檔案中定義的通訊埠上進行收聽。如果在這些地方都沒有定義通訊埠，則會使用預設的 8080 埠。

選擇 NONE 會使得一個完全沒有 Web 環境的 ApplicationContext 被創造出來，無論是模擬的還是實際的。沒有內嵌伺服器會被啟動。

我先在類別層級添加 @SpringBootTest 注釋。由於最初的目標是盡可能重現應用程式執行時的行為，我選定了啟動內嵌伺服器的選項，並讓它在一個隨機埠上收聽。為了測試這個 Web API，我計畫使用 WebTestClient，它與應用程式中使用的 WebClient 類似，但焦點放在測試：

```
@SpringBootTest(webEnvironment = SpringBootTest.WebEnvironment.RANDOM_PORT)
@AutoConfigureWebTestClient
```

目前只有一個單元測試，而且尚不需要設置 / 拆卸（setup/teardown），我將注意力轉向 getCurrentAircraftPositions() 的測試方法：

```
@Test
void getCurrentAircraftPositions(@Autowired WebTestClient client) {
    assert client.get()
            .uri("/aircraft")
            .exchange()
            .expectStatus().isOk()
            .expectBody(Iterable.class)
```

```
            .returnResult()
            .getResponseBody()
            .iterator()
            .hasNext();
    }
```

首先要注意的是，我自動連接（autowire）了一個 WebTestClient bean 在該方法中使用。由於我在類別層級放了 @AutoConfigureWebTestClient 注釋，指示 Spring Boot 創建並自動設定一個 WebTestClient 的組態，因此我只需付出最小的努力就可以從 ApplicationContext 注入一個 WebTestClient bean。

那單一個述句是 @Test 方法的全部內容，它是一個斷言（assertion），估算（evaluates）緊接著的運算式。對於這個測試的第一次嘗試，我使用 Java 的 assert 來驗證客戶端上這個運算串鏈（chain of operations）的最終結果是一個 boolean 的真值（true value），從而使得測試通過。

該運算式本身使用注入的 WebTestClient bean，在由 PositionController 的 getCurrentAircraftPositions() 方法服務的本地端點 */aircraft* 上發出一個 GET。只要 request/response 的交換發生，就檢查 HTTP 狀態碼是否為「OK」（200）的回應，驗證回應主體是否包含一個 Iterable，然後取得該回應。由於該回應由一個 Iterable 組成，我使用一個 Iterator 來判斷那個 Iterable 中是否至少包含一個值。如果有，則測試通過。

目前的測試中至少有幾個小的妥協：首先，如果提供飛機位置的外部服務（PlaneFinder）不可用，那麼即使 Aircraft Positions 中所有被測試的程式碼都是正確的，目前寫的測試也會失敗。這意味著，測試並不是只測試它所針對的功能，而是更多的功能。其次，測試的範圍是有限的，因為我只測試一個 Iterable 是否會回傳 1 個以上的元素，而沒有對元素本身進行檢查。這表示在一個 Iterable 中回傳任何一種元素，或是帶有無效值的有效元素，測試的結果都會通過。我將在接下來的反覆修訂中彌補所有的這些缺點。

執行測試後，會得到類似圖 9-3 所示的結果，表示測試通過。

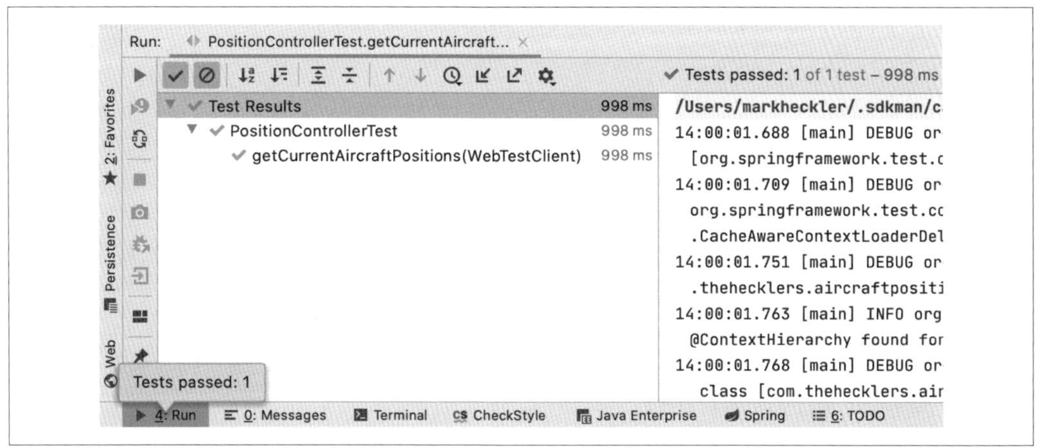

圖 9-3　第一次測試通過

這是一個良好的開端，但即使是這個單一的測試也可以得到很大的改善。在進一步擴充我們的單元測試之前，讓我們先清理一下這個測試。

重構以進行更好的測試

在絕大多數情況下，載入帶有內嵌伺服器的整個 ApplicationContext 和應用程式中存在的所有功能以執行少量的測試有點過頭了。如前所述，單元測試應該是聚焦的，並盡可能自成一體。表面積越小，而且外部依賴性越少，測試的針對性就越強。這種像鐳射一樣的聚焦能力提供了幾個好處，例如會有更少的場景 / 結果（scenarios/outcomes）被忽略、測試的潛在特異性（specificity）和嚴謹性更高、更具可讀性，從而使測試更容易理解，以及同樣重要的速度。

我在前面提到過，編寫低價值或無價值的測試會適得其反，雖然這代表著什麼得取決於情境才是。然而，有一件事會阻礙開發人員添加有用的測試，那就是執行測試套件可能需要的時間。一旦達到某個門檻值（而這種界限也取決於情境）開發人員可能會猶豫是否要加重為了得到一個乾淨建置（clean build）所需的、已經相當大的時間負擔。幸運的是，Spring Boot 有幾種手段可以同時提高測試品質並減少測試的執行時間。

如果滿足 Aircraft Positions 的 API 之需求不需要用到 WebClient 或 WebTestClient 的呼叫，下一個合理的步驟可能是移除類別層級 @SpringBootTest 注釋中的 webEnvironment 參數。這樣一來，PositionControllerTest 類別的測試就會使用一個 MOCK 的 Web 環境來載入一個基本的 ApplicationContext，從而減少所需的體積和載入時間。由於 WebClient 是此

API 的關鍵部分，因此 WebTestClient 成為了測試它的最佳方式，所以我用 @WebFluxTest 取代 @SpringBootTest 和 @AutoConfigureWebTestClient 這些類別層級注釋，以簡化 ApplicationContext，同時自動設定組態並提供對 WebTestClient 的存取能力：

```
@WebFluxTest({PositionController.class})
```

@WebFluxTest 注釋還有一點值得注意：在其他功能之外，它還可以接受一個 controllers 參數，指向 @Controller bean 型別的一個陣列，該陣列會被實體化，以供被注釋的測試類別使用。實際的 controllers = 部分可以省略，就像我所做的那樣，只留下 @Controller 類別的陣列，在本例中只有一個，即 PositionController。

重新審視程式碼以隔離行為

如前所述，PositionController 的程式碼做了幾件事，包括發出多個資料庫呼叫和直接使用 WebClient 取用一個外部服務。為了更好地將 API 與底層動作隔離開來，從而使 mocking（模擬）變得更細緻，因此更加簡單和清晰，我重構了 PositionController，移除了 WebClient 的直接定義和使用，並將 getCurrentAircraftPositions() 方法的全部邏輯都移到一個 PositionRetriever 類別中，然後將其注入到 PositionController 中為它所用：

```
import lombok.AllArgsConstructor;
import org.springframework.web.bind.annotation.GetMapping;
import org.springframework.web.bind.annotation.RestController;

@AllArgsConstructor
@RestController
public class PositionController {
    private final PositionRetriever retriever;

    @GetMapping("/aircraft")
    public Iterable<Aircraft> getCurrentAircraftPositions() {
        return retriever.retrieveAircraftPositions();
    }
}
```

PositionRetriever 的第一個模擬就緒（mock-ready）版本主要由之前在 PositionController 中的程式碼組成。這一步的主要目標是方便對 retrieveAircraftPositions() 方法進行模擬；藉由從 PositionController 中的 getCurrentAircraftPositions() 方法中移除該邏輯，就能模擬一個上游呼叫而不是 Web API，從而實現對 PositionController 的測試：

```
import lombok.AllArgsConstructor;
import org.springframework.stereotype.Component;
import org.springframework.web.reactive.function.client.WebClient;
```

```
@AllArgsConstructor
@Component
public class PositionRetriever {
    private final AircraftRepository repository;
    private final WebClient client =
            WebClient.create("http://localhost:7634");

    Iterable<Aircraft> retrieveAircraftPositions() {
        repository.deleteAll();

        client.get()
                .uri("/aircraft")
                .retrieve()
                .bodyToFlux(Aircraft.class)
                .filter(ac -> !ac.getReg().isEmpty())
                .toStream()
                .forEach(repository::save);

        return repository.findAll();
    }
}
```

透過程式碼的這些變動，我們就能修訂現有的測試，以將 Aircraft Positions 應用程式的功能與外部服務隔離開來，並透過模擬 Web API 所取用的其他元件 / 功能性（components/functionality），把焦點鎖定在 Web API 之上，從而簡化和加快測試的執行。

完善測試

由於重點是測試 Web API，因此可以模擬的非實際 Web 互動的邏輯越多越好。`PositionController::getCurrentAircraftPositions` 現在呼叫 `PositionRetriever` 以在被請求時，提供當前飛機的位置，所以 `PositionRetriever` 是第一個要模擬的元件。Mockito 的 `@MockBean` 注釋（Mockito 自動包含在 Spring Boot 測試依存關係中）將一般會在應用程式啟動時創建的 `PositionRetriever` bean 替換為一個模擬的替身（mocked stand-in），然後自動注入：

```
@MockBean
private PositionRetriever retriever;
```

Mock 的 beans 在每個測試方法執行後都會自動重置。

接著將注意力轉向提供飛機位置的方法，即 PositionRetriever::retrieveAircraftPositions。因為現在我注入了一個用於測試的 PositionRetriever mock，而非真實的東西，所以我必須為 retrieveAircraftPositions() 方法提供一個實作，以便它在被 PositionController 呼叫時以可預測且可測試的方式做出反應。

我在 PositionControllerTest 類別中製作了幾個飛機位置作為測試用的樣本資料，在類別層級宣告了 Aircraft 變數，並在 setUp() 方法中為它們指定代表性的值：

```
private Aircraft ac1, ac2;

@BeforeEach
void setUp(ApplicationContext context) {
    // Spring Airlines 航班 001 飛行途中，從 STL 前往 SFO，
    //   目前位於 Kansas City 上方 30000 呎處
    ac1 = new Aircraft(1L, "SAL001", "sqwk", "N12345", "SAL001",
            "STL-SFO", "LJ", "ct",
            30000, 280, 440, 0, 0,
            39.2979849, -94.71921, 0D, 0D, 0D,
            true, false,
            Instant.now(), Instant.now(), Instant.now());

    // Spring Airlines 航班 002 飛行途中，從 SFO 前往 STL，
    //   目前位於 Denver 上方 40000 呎處
    ac2 = new Aircraft(2L, "SAL002", "sqwk", "N54321", "SAL002",
            "SFO-STL", "LJ", "ct",
            40000, 65, 440, 0, 0,
            39.8560963, -104.6759263, 0D, 0D, 0D,
            true, false,
            Instant.now(), Instant.now(), Instant.now());
}
```

在我們開發的應用程式的實際運作過程中，檢索到的飛機位置數幾乎總是多於一個，而且往往多得多。考慮到這一點，用於測試的樣本資料集最少應回傳兩個位置數。對於類似的生產用應用程式，應該考慮在隨後的反覆修訂中對涉及零、一或非常大的位置數的邊緣情況進行額外測試。

現在，回到 retrieveAircraftPositions() 方法。Mockito 的 when...thenReturn 組合會在滿足指定條件時回傳指定的回應。現在定義了樣本資料後，我可以提供條件和回應來回傳到對 PositionRetriever::retrieveAircraftPositions 的呼叫：

```
@BeforeEach
void setUp(ApplicationContext context) {
    // Aircraft variable assignments omitted for brevity

    ...

    Mockito.when(retriever.retrieveAircraftPositions())
        .thenReturn(List.of(ac1, ac2));
}
```

模擬了相關的方法後，現在是時候把注意力轉回位於 `PositionControllerTest::getCurrentAircraftPositions` 的單元測試了。

由於我已經指示該測試實體（test instance）使用類別層級注釋 `@WebFluxTest(controllers = {PositionController.class})` 載入 `PositionController` bean，並創建了一個模擬的 `PositionRetriever` bean 並定義了它的行為，現在我可以重構測試中檢索位置的部分，並能確定可能回傳什麼東西：

```
@Test
void getCurrentAircraftPositions(@Autowired WebTestClient client) {
    final Iterable<Aircraft> acPositions = client.get()
            .uri("/aircraft")
            .exchange()
            .expectStatus().isOk()
            .expectBodyList(Aircraft.class)
            .returnResult()
            .getResponseBody();

    // 仍然需要與預期的結果做比較
}
```

所展示的運算串鏈應該檢索到由 `ac1` 和 `ac2` 組成的一個 `List<Aircraft>`。為了確認正確的結果，我需要將 `acPositions`（實際結果）與預期結果進行比較。其中一種做法是透過簡單的比較來實作的，比如這樣：

```
assertEquals(List.of(ac1, ac2), acPositions);
```

這樣運作正確，測試就會通過。我還可以在這個中間步驟中更進一步，將實際結果與透過對 `AircraftRepository` 的一個模擬呼叫所得到的結果進行比較。將以下程式碼加到類別中，`setUp()` 方法和 `getCurrentAircraftPositions()` 測試方法就會產生類似的（通過的）測試結果：

```
@MockBean
private AircraftRepository repository;

@BeforeEach
void setUp(ApplicationContext context) {
    // 現在的 setUp 程式碼為了簡潔起見省略了

    ...

    Mockito.when(repository.findAll()).thenReturn(List.of(ac1, ac2));
}

@Test
void getCurrentAircraftPositions(@Autowired WebTestClient client) {
    // client.get 的運算串鏈為了簡潔起見省略了

    ...

    assertEquals(repository.findAll(), acPositions);
}
```

這個變體的結果也是測試通過，但它有點違背了重點測試（focused testing）的原則，因為我現在把測試儲存庫和測試 Web API 的概念混在一起了。由於它實際上並沒有用到 `CrudRepository::findAll` 方法，而只是對它進行了模擬，所以測試它也沒有增加任何明顯的價值。然而，你可能會在某些時候遇到這種性質的測試，所以我認為它值得展示和討論。

`PlaneControllerTest` 當前的可行版本現在看起來應該是像這樣：

```
import org.junit.jupiter.api.BeforeEach;
import org.junit.jupiter.api.Test;
import org.mockito.Mockito;
import org.springframework.beans.factory.annotation.Autowired;
import org.springframework.boot.test.autoconfigure.web.reactive.WebFluxTest;
import org.springframework.boot.test.mock.mockito.MockBean;
import org.springframework.context.ApplicationContext;
import org.springframework.test.web.reactive.server.WebTestClient;

import java.time.Instant;
import java.util.List;

import static org.junit.jupiter.api.Assertions.assertEquals;

@WebFluxTest(controllers = {PositionController.class})
```

```java
class PositionControllerTest {
    @MockBean
    private PositionRetriever retriever;

    private Aircraft ac1, ac2;

    @BeforeEach
    void setUp(ApplicationContext context) {
        // Spring Airlines 航班 001 飛行途中，從 STL 前往 SFO，
        //     目前位於 Kansas City 的上方 30000 呎處
        ac1 = new Aircraft(1L, "SAL001", "sqwk", "N12345", "SAL001",
                "STL-SFO", "LJ", "ct",
                30000, 280, 440, 0, 0,
                39.2979849, -94.71921, 0D, 0D, 0D,
                true, false,
                Instant.now(), Instant.now(), Instant.now());

        // Spring Airlines 航班 002 飛行途中，從 SFO 前往 STL，
        //     目前位於 Denver 上方 40000 呎處
        ac2 = new Aircraft(2L, "SAL002", "sqwk", "N54321", "SAL002",
                "SFO-STL", "LJ", "ct",
                40000, 65, 440, 0, 0,
                39.8560963, -104.6759263, 0D, 0D, 0D,
                true, false,
                Instant.now(), Instant.now(), Instant.now());

        Mockito.when(retriever.retrieveAircraftPositions())
            .thenReturn(List.of(ac1, ac2));
    }

    @Test
    void getCurrentAircraftPositions(@Autowired WebTestClient client) {
        final Iterable<Aircraft> acPositions = client.get()
                .uri("/aircraft")
                .exchange()
                .expectStatus().isOk()
                .expectBodyList(Aircraft.class)
                .returnResult()
                .getResponseBody();

        assertEquals(List.of(ac1, ac2), acPositions);
    }
}
```

再次執行它會產生通過的測試，其結果類似於圖 9-4 中所示。

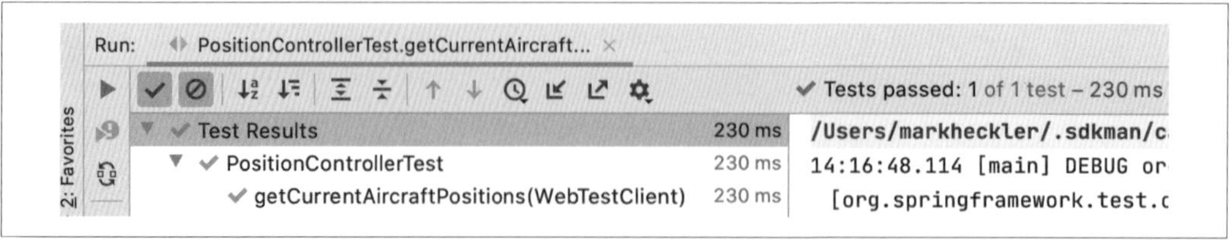

圖 9-4　AircraftRepository::getCurrentAircraftPositions 改良過的新測試

隨著滿足應用程式 / 使用者（application/user）需求所必備的 Web API 之擴充，應該先指定單元測試（在創建實際程式碼以滿足這些需求之前）以確保正確的結果。

測試切片

我已經多次提到過集中測試的重要性，Spring 還有一種機制可以幫助開發人員快速、無痛地完成測試：測試切片（test slices）。

Spring Boot 的測試依存關係 `spring-boot-starter-test` 中內建了幾個注釋，可以自動設定這些功能切片（slices of functionality）的組態。所有的這些測試切片注釋（test slice annotations）運作的方式都很類似，載入一個 `ApplicationContext`，並選擇對指定切片有意義的元件。例子包括：

- `@JsonTest`
- `@WebMvcTest`
- `@WebFluxText`（之前介紹過）
- `@DataJpaTest`
- `@JdbcTest`
- `@DataJdbcTest`
- `@JooqTest`
- `@DataMongoTest`
- `@DataNeo4jTest`
- `@DataRedisTest`

- `@DataLdapTest`
- `@RestClientTest`
- `@AutoConfigureRestDocs`
- `@WebServiceClientTest`

之前利用 `@WebFluxTest` 來運用和驗證 Web API 的一節中，我提到了測試的資料存放區互動，並且沒有在測試中那樣做，因為重點是測試 Web 的互動。為了更好地展示資料測試，以及測試切片如何讓我們便於針對特定功能，我接下來會探討這個主題。

由於當前修訂版的 Aircraft Positions 使用 JPA 和 H2 來儲存和檢索當前位置，所以 `@DataJpaTest` 是一個完美的選擇。首先我使用 IntelliJ IDEA 建立一個新的測試類別，開啟 `AircraftRepository` 類別，使用與之前相同的做法創建一個測試類別：CMD+N、「Test...」、保留 JUnit5 作為「Testing Library」和其他預設值，選擇 *setUp/@Before* 和 *tearDown/@After* 選項，如圖 9-5 所示。

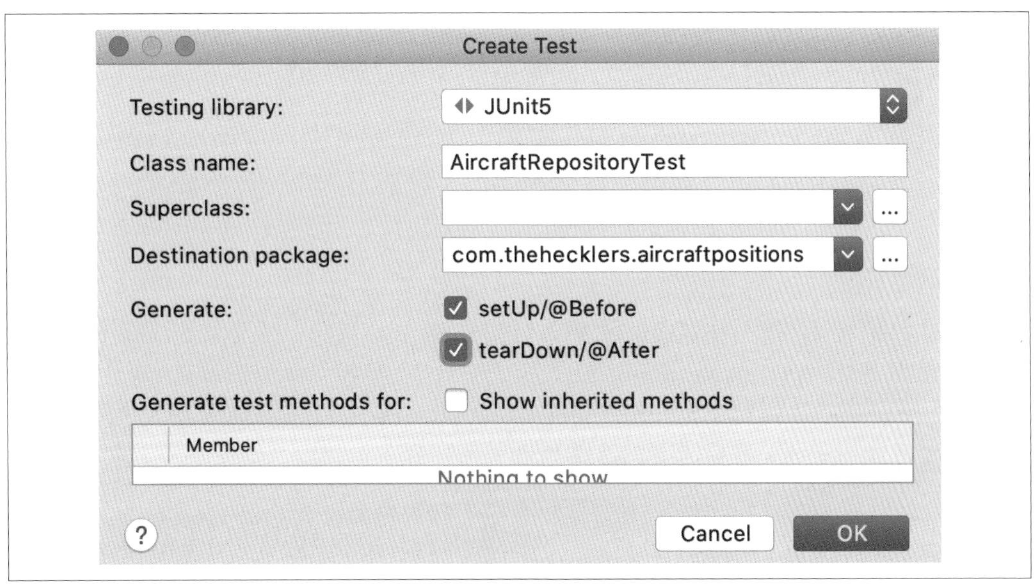

圖 9-5　AircraftRepository 的 Create Test 快顯視窗

這裡沒有顯示方法，因為 Spring Data `Repository` 的 beans 透過自動組態為 Spring Boot 應用程式提供通用的方法。接下來，我將添加測試方法來作為一個例子以練習這些方法，如果你創建了自訂的儲存庫方法（repository methods），這些方法也可以（並且應該）進行測試。

點擊 OK 按鈕，產生測試類別 `AircraftRepositoryTest`：

```
import org.junit.jupiter.api.AfterEach;
import org.junit.jupiter.api.BeforeEach;

class AircraftRepositoryTest {

    @BeforeEach
    void setUp() {
    }

    @AfterEach
    void tearDown() {
    }
}
```

第一件事當然是新增測試切片注釋 `@DataJpaTest` 到 `AircraftRepositoryTest` 類別：

```
@DataJpaTest
class AircraftRepositoryTest {

    ...

}
```

由於添加了這一個注釋，在執行時，測試將掃描 `@Entity` 類別，並配置 Spring Data JPA 儲存庫，分別在 Aircraft Positions 應用程式、`Aircraft` 和 `AircraftRepository` 中。如果 classpath 中存在內嵌資料庫（如這裡的 H2），測試引擎也會設定其組態。典型的經過 `@Component` 注釋的類別不會被掃描以創建 bean。

為了測試實際的儲存庫運作情況，儲存庫必定不能被模擬；而由於 `@DataJpaTest` 注釋載入並配置了一個 `AircraftRepository` bean，所以本來就不需要模擬它。我使用 `@Autowire` 把這個 repository bean 注入，而就像在前面的 `PositionController` 測試中一樣，宣告 `Aircraft` 變數以最終作為測試資料：

```
@Autowired
private AircraftRepository repository;

private Aircraft ac1, ac2;
```

為了給存在於這個 AircraftRepositoryTest 類別中的測試設置適當的環境，我創建了兩個 Aircraft 物件，將這每個物件指定給一個宣告的成員變數，然後在 setUp() 方法中使用 Repository::saveAll 將它們保存到儲存庫中。

```
@BeforeEach
void setUp() {
    // Spring Airlines 航班 001 飛行途中，從 STL 前往 SFO，
    // 目前位於 Kansas City 的上方 30000 呎處
    ac1 = new Aircraft(1L, "SAL001", "sqwk", "N12345", "SAL001",
            "STL-SFO", "LJ", "ct",
            30000, 280, 440, 0, 0,
            39.2979849, -94.71921, 0D, 0D, 0D,
            true, false,
            Instant.now(), Instant.now(), Instant.now());

    //  Spring Airlines 航班 002 飛行途中，從 SFO 前往 STL，
    // 目前位於 Denver 上方 40000 呎處
    ac2 = new Aircraft(2L, "SAL002", "sqwk", "N54321", "SAL002",
            "SFO-STL", "LJ", "ct",
            40000, 65, 440, 0, 0,
            39.8560963, -104.6759263, 0D, 0D, 0D,
            true, false,
            Instant.now(), Instant.now(), Instant.now());

    repository.saveAll(List.of(ac1, ac2));
}
```

接下來，我創建了一個測試方法，以驗證在 AircraftRepository bean 上執行 findAll() 作為結果所回傳的正是應該回傳的內容：一個 Iterable<Aircraft>，其中含有兩筆飛機位置，儲存在測試的 setUp() 方法中：

```
@Test
void testFindAll() {
    assertEquals(List.of(ac1, ac2), repository.findAll());
}
```

List 擴充了 Collection，而後者又擴充了 Iterable。

執行這個測試，可以得到一個通過的結果，如圖 9-6 所示。

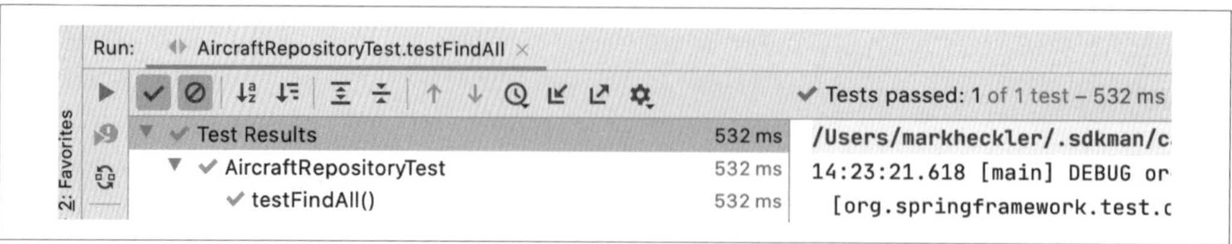

圖 9-6　findAll() 的測試結果

同樣地，我為 AircraftRepository 透過 ID 欄位來尋找一筆特定記錄的方法 findById() 建立了一個測試。由於在測試類別的 setUp() 中呼叫了 Repository::saveAll 方法，因此應該有兩筆紀錄被儲存，我對這兩者進行查詢，並根據預期值驗證結果。

```
@Test
void testFindById() {
    assertEquals(Optional.of(ac1), repository.findById(ac1.getId()));
    assertEquals(Optional.of(ac2), repository.findById(ac2.getId()));
}
```

執行 testFindById() 測試也會產出一個通過的結果，如圖 9-7 所示。

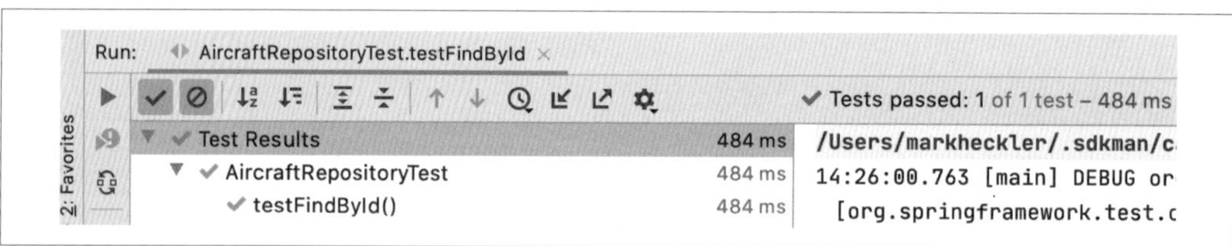

圖 9-7　findById() 的測試結果

測試「測試」本身

當一個測試通過時，大多數開發者都認為他們的程式碼已經驗證過了。但測試的通過可能是兩種情況之一：

- 程式碼行得通
- 測試有問題

因此，我強烈建議，可能的話，**破壞測試**（*breaking the test*），以驗證測試是否真的在做它應該做的事情。

我這樣說是什麼意思呢？

最簡單的例子就是提供不正確的預期結果。如果測試突然中斷，就詳細檢視為何失敗。如果它以預期的方式失敗，就恢復正確的功能性，並驗證測試是否能夠再次運作。但是，如果在提供了應該失敗的條件後，測試仍然通過，就要糾正測試並重新驗證。一旦測試按照預期的方式中斷，就恢復正確的預期結果，並再執行一次，以確認測試是以正確的方式測試正確的東西。

請注意，這並不是一種少見的情況，而且在編寫測試時發現糟糕的測試，會比在排除故障並試圖確定某些東西是如何滲入測試而在生產環境中導致失敗的時候發現，更令人高興。

最後，當所有測試執行完畢後，就要進行一下清理工作。在 tearDown() 方法中，我添加了一個述句來刪除 AircraftRepository 中所有的紀錄：

```
@AfterEach
void tearDown() {
    repository.deleteAll();
}
```

請注意，在這種情況下，其實沒必要從儲存庫中清除所有紀錄，因為它是 H2 資料庫的一個在記憶體內的實體（in-memory instance），在每次測試之前都會重新初始化。然而，這代表了通常會放在測試類別的 tearDown() 方法中的運算類型

在 AircraftRepositoryTest 中執行所有的測試，會產生類似於圖 9-8 所示的通過結果。

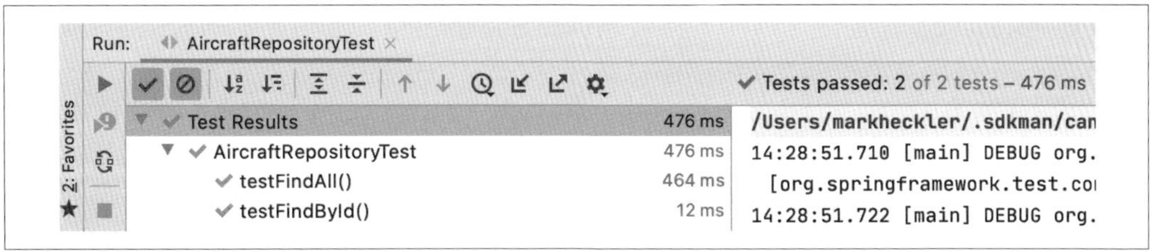

圖 9-8 AircraftRepositoryTest 中所有測試的測試結果

測試時間：速度的需求

正如本章前面提到的，減少每個測試的範圍，以及測試引擎必須載入到 `ApplicationContext` 中以進行每個測試的 bean 數量，可以提高每個測試的速度和保真度（fidelity）。更少的未知數意味著更全面的測試套件，更快的測試意味著測試套件可以在更短的時間內做更多的事情，更努力地工作，以減少未來你頭痛的機會。

作為目前所看到的節約時間的一個快速衡量標準，`PositionControllerTest` 的初始版本從載入完整的 `ApplicationContext`、執行測試到關閉，需要 998 毫秒（幾乎是一整秒）。對程式碼和測試進行了一些重構，提高了應用程式的模組化程度，並更聚焦了相關測試的重點，同時將測試執行時間減少到 230 毫秒（現在不到 1/4 秒）。每次執行測試時都能節省 3/4 秒以上的時間，如果將這些時間乘以多個測試和多個建置（builds），就能為開發速度做出顯著而可喜的貢獻。

對於一個仍在演進中的應用程式來說，測試永遠都不會完成。然而，對於目前在 Aircraft Positions 中存在的功能，本章所寫的測試為程式碼驗證提供了一個良好的起點，並且隨著應用程式功能的增加而不斷擴充。

程式碼 *Checkout* 檢查

完整的章節程式碼，請 check out 程式碼儲存庫中的分支 *chapter9end*。

總結

本章討論並演示了測試 Spring Boot 應用程式的核心面向，重點討論了測試 Spring Boot 應用程式的基本面向，這些方面最能提高每個應用程式的生產準備度（production readiness）。所涵蓋的主題包括單元測試、使用 `@SpringBootTest` 進行整體的應用程式測試、如何使用 JUnit 編寫有效的單元測試，以及使用 Spring Boot 測試切片來隔離測試對象並簡化測試。

下一章探討了安全概念，例如認證（Authentication）和授權（Authorization）。然後，我示範如何為自成一體的應用程式實作基於表單（forms-based）的身份認證，以及對於最苛刻的要求，如何利用 OpenID Connect 和 OAuth2 來實現最大的安全性和靈活性，所有的這些都使用 Spring Security。

第十章

強化 Spring Boot 應用程式的安全性

理解認證（authentication）和授權（authorization）的概念對於構建安全的應用程式而言至關緊要，為使用者驗證（user verification）和存取控制（access control）提供基礎。Spring Security 將認證和授權的選項與其他機制相結合，例如 HTTP 防火牆（Firewall）、過濾器串鏈（filter chains）、廣泛使用 IETF 和 W3C（World Wide Web Consortium）的交換標準和選項等，以幫忙鎖定應用程式。採用一種安全的開箱即用（out-of-the-box）思路，Spring Security 利用 Boot 強大的自動組態（autoconfiguration）功能來估算開發人員的輸入和可用的依存關係，以最少的努力為 Spring Boot 應用程式提供最大的安全性。

本章介紹並解釋了安全性（security）的核心面向以及它們如何套用在應用程式之上。我演示了將 Spring Security 整合到 Spring Boot 應用程式中的多種方法，以增強應用程式的安全態勢，填補涵蓋範圍中的危險漏洞，並減少攻擊表面積。

程式碼 *Checkout* 檢查

請從程式碼儲存庫中 check out 分支 *chapter10begin* 以開始進行。

認證與授權

認證（*authentication*）和授權（*authorization*）這兩個詞經常一起使用，它們是相關的，但考量的是不同的問題。

認證（*authentication*）

　顯示某物（如身份、藝術品或金融交易）是真實、真正或真切的行為、過程或方法；鑒定某物的行為或過程。

授權（*authorization*）

　1：授權的行為。2：授權用的工具。正式批准（SANCTION）。

授權（*authorization*）的第一個定義指向為了獲得更多資訊的**授權**：

授權（*authorize*）

　1：透過或彷彿透過某種公認或適當的權威（如風尚習俗、證據、個人權利或控管權力）認可、賦權、證明或允許一種以時間授權的慣例。2：投資，特別藉由法律權威。賦予權力（EMPOWER）。3：古體的「證明（JUSTIFY）」。

授權（*authorize*）的定義也指向了為了獲得更多資訊的**證明**（*justify*）。

雖然有點意思，但這些定義並不是非常清楚。有時候，字典的定義可能比我們希望的更沒幫助。下面是我自己的定義。

認證（*authentication*）

　證明某人是他們聲稱的人

授權（*authorization*）

　驗證某人對某一特定資源或操作有存取權

認證

簡單地說，**認證**（*authentication*）就是證明某人（或某物）就是他們所聲稱的人（或設備、應用程式或服務）。

認證的概念在物理世界中就有幾個具體的例子。如果你曾經需要出示某種形式的身份證件（ID），比如員工徽章、駕照或護照來證明你的身份，那麼你就是被認證了。在各種情況下，證明自己是誰，是我們從小就已習慣的程序，而實體層面的認證和對應用程式的認證之間的概念差異微不足道。

認證通常涉及以下一個或多個面向：

- 你是什麼（something you are）
- 你知道什麼（something you know）
- 你有什麼（something you have）

這三個因子（factors）可以單獨使用，也可以結合起來組成 MFA（Multi-Factor Authentication，多因子認證）。

當然，物理世界和虛擬世界中的認證方式是不同的。不同於物理世界中經常發生的，必須由一個人類盯著 ID 上的照片，並將其與你當前的物理外觀進行比較，認證一個應用程式通常需要輸入密碼（password）、插入安全金鑰（security key）或提供生物識別資料（虹膜掃描、指紋等），相較於將物理外觀與照片進行比對，這些資料更容易被軟體估算。儘管如此，在這兩種情況下，儲存的資料和提供的資料都會進行比較，匹配的話，就能提供正向認證（positive authentication）。

授權

只要一個體經過認證，他們就有可能得以取用允許一或多人使用的資源或操作。

在這種情境中，個體（individual）可能（而且很可能是）是一個人類（human being），但根據上下文，同樣的概念和存取考量也適用於應用程式、服務、設備等。

一旦個體的身份得到證明，該個體就獲得了對應用程式的某種一般層級的存取權。從那裡，現在經過認證的應用程式使用者可以請求存取某些東西。然後，應用程式必須以某種方式確定該使用者是否被允許，也就是**經過授權**（*authorized*），得以取用該項資源。若是如此，則授予使用者存取權；如果不是，則通知使用者他們的請求因缺乏**權限**（*authority*）而被拒絕。

Spring Security 概述

除了為認證和授權提供可靠的選項外，Spring Security 還提供了其他一些機制來幫助開發人員鎖定其 Spring Boot 應用程式。得益於自動組態，Spring Boot 應用程式在啟用每個適用的 Spring Security 功能時，都會著眼於利用所提供的資訊實現最大程度的安全性，即使是在缺乏更具體指引的情況之下。當然，開發人員可以視需要調整或放寬安全功能，以適應其組織的特定需求。

Spring Security 的功能實在太多，無法在本章中詳盡介紹，但我認為有三個關鍵功能對理解 Spring Security 模型及其基礎至關緊要：它們是 HTTP 防火牆（HTTP Firewall）、安全過濾器串鏈（security filter chains），以及 Spring Security 對 IETF 和 W3C 用於請求與回應的標準和選項的廣泛使用。

HTTP 防火牆

雖然確切的數字很難取得，但許多安全性漏洞都是從使用畸形 URI 的請求和系統對它的非預期回應開始的。這實際上是應用程式的第一道防線，因此，在考慮進一步保護應用程式的安全性之前，應該先解決這個問題。

從版本 5.0 開始，Spring Security 就包含了一個內建的 HTTP 防火牆，它可以仔細檢查所有送入的請求是否存在格式問題。如果請求有任何問題，如不良的標頭值（header values）或不正確的格式，該請求將被丟棄。除非被開發人員覆寫，否則預設使用的是名為 `StrictHttpFirewall` 的實作，它能迅速填補應用程式安全設定中第一個也是最容易被利用的漏洞。

安全過濾器串鏈

Spring Security 為送入的請求（inbound requests）提供了一個更特定的下層篩檢器，它使用過濾器串鏈（filter chains）來處理形式正確而得以通過 HTTP 防火牆的請求。

簡單地說，對於大多數的應用程式來說，開發人員會指定過濾條件所成的一個串鏈（a chain of filter conditions），送入的請求會通過這個過濾條件串鏈，直到它匹配一個過濾條件為止。當一個請求匹配一個過濾器，其相應的條件將被估算，以判斷該請求是否要被滿足。舉例來說，如果一個針對特定 API 端點的請求到達，並與過濾器串鏈中的某個篩檢條件相匹配，則可以檢查提出請求的使用者，以驗證他們是否具有存取所請求的資

源的適當角色 / 權限（role/authority）。若是如此，該請求就會被處理；如果不是，則會被拒絕，通常是以一個 *403 Forbidden* 狀態碼來回絕。

如果一個請求通過了串鏈中定義的所有過濾器，但沒有匹配任何條件，則該請求將被丟棄。

請求與回應標頭

IETF 和 W3C 已經為基於 HTTP 的交換制定了許多規格和標準，其中有一些涉及到資訊的安全交換。有幾個標頭定義了使用者代理程式（user agents，例如命令列工具、網路瀏覽器等）和伺服器或以雲端為基礎的應用程式 / 服務（applications/services）之間的互動。這些標頭用於請求或示意特定的行為，並定義有允許的值和行為反應，Spring Security 廣泛使用這些標頭細節來強化你 Spring Boot 應用程式的安全態勢。

考慮到不同的使用者代理程式可能會支援這些標準和規格中的一部分或全部，甚至是完整或部分支援，Spring Security 採用了 best-possible-coverage（最佳可能涵蓋範圍）的做法，檢查所有已知的標頭選項並全面套用它們，在請求中尋找它們並在回應中提供它們（如果適用的話）。

使用 Spring Security 實作基於表單的認證與授權

每天都有無數使用「你知道什麼」認證方法的應用程式被使用。無論是組織內部的 app，還是經由網際網路直接提供給消費者的 Web 應用程式，或是行動裝置上原生的 app，輸入使用者 ID 和密碼對於開發人員和非開發者來說，都是一個熟悉的模式，而在大多數情況下，這樣做所提供的安全性對於手頭任務而言是綽綽有餘的。

Spring Security 為 Spring Boot 應用程式提供了超強的 OOTB（out-of-the-box，開箱即用）支援，透過自動組態和易懂的抽象層來提供密碼認證（password authentication）。本節藉由重構 `Aircraft Positions` 應用程式，使用 Spring Security 加入基於表單的認證功能，以演示各個步驟。

新增 Spring Security 依存關係

在創建一個新的 Spring Boot 專案時，透過 Spring Initializr 再添加一個依存關係（*Spring Security* 的依存關係項），並在不進行額外配置的情況下為一個新生的應用程式啟用頂級的安全防護，是很簡單的事情，如圖 10-1 所示。

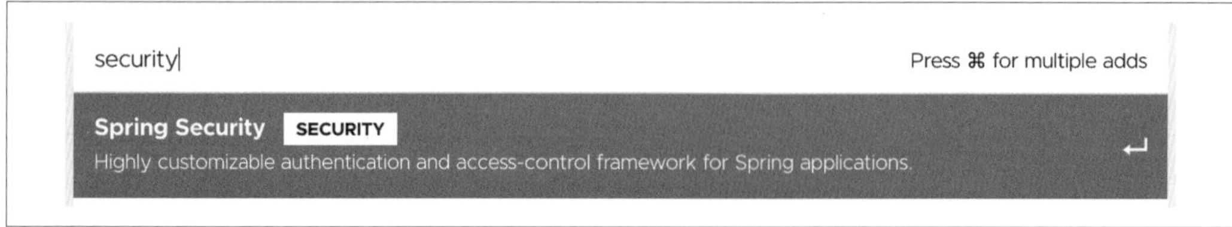

圖 10-1　在 Spring Initializr 中的 Spring Security 依存關係

更新一個現有的應用程式也只是稍微難了一點。我將在 Aircraft Positions 的 *pom.xml* Maven 建置檔中添加與 Initializr 所新增的一樣的那兩個互補的依存關係，一個用於 Spring Security 本身、一個用於測試它：

```
<dependency>
    <groupId>org.springframework.boot</groupId>
    <artifactId>spring-boot-starter-security</artifactId>
</dependency>
<dependency>
    <groupId>org.springframework.security</groupId>
    <artifactId>spring-security-test</artifactId>
    <scope>test</scope>
</dependency>
```

關於測試涵蓋率的說明

為了在本章中特別聚焦於 Spring Security 的關鍵概念，我將有些不情願地拋開在添加額外功能時已經創建的或者通常會建立的測試。這個決定僅僅是為了精簡章節內容以利資訊分享而做出的，而非一個開發決策。

為了繼續進行本章和後續章節的建置工作，若是從命令列構建，可能需要加上 -DskipTests；如果是從 IDE 構建，則一定要從下拉式功能表中選擇應用程式的組態（而非測試）。

Spring Security 出現在 classpath 上，而且應用程式沒有程式碼或組態的變更之後，我重新啟動 Aircraft Positions 以進行快速的功能檢查。這提供了一個很好的機會，讓我們得以一觀 Spring Security 在 OOTB 的情況下，替開發人員做了什麼。

隨著 PlaneFinder 和 `Aircraft Positions` 的執行，我回到終端機，再次訪問 `Aircraft Positions` 的 */aircraft* 端點，如這裡所示：

```
mheckler-a01 :: ~ » http :8080/aircraft
HTTP/1.1 401
Cache-Control: no-cache, no-store, max-age=0, must-revalidate
Expires: 0
Pragma: no-cache
Set-Cookie: JSESSIONID=347DD039FE008DE50F457B890F2149C0; Path=/; HttpOnly
WWW-Authenticate: Basic realm="Realm"
X-Content-Type-Options: nosniff
X-Frame-Options: DENY
X-XSS-Protection: 1; mode=block

{
    "error": "Unauthorized",
    "message": "",
    "path": "/aircraft",
    "status": 401,
    "timestamp": "2020-10-10T17:26:31.599+00:00"
}
```

為了清晰起見，一些回應標頭已被刪除。

正如你所看到的，我不再能夠存取 */aircraft* 端點，我的請求收到了一個 *401 Unauthorized* 回應。由於 */aircraft* 端點是目前從 `Aircraft Positions` 應用程式取用資訊的唯一手段，這實際上意味著該應用程式整體都是安全的，不會遭受不想要的存取。這是很好的消息，但重要的是要瞭解這一切是如何發生的，以及如何為合法使用者恢復所需的存取權。

正如我前面提到的，Spring Security 對於在 Spring Boot 應用程式中使用它的開發人員所配置的各層級組態（甚至是零組態）上，都採用「預設就安全（secure by default）」的思路。當 Spring Boot 在 classpath 上找到 Spring Security，就會使用合理的預設值來設定安全組態。即使開發者沒有定義使用者或指定密碼，也沒有做出任何其他努力，在專案中引入 Spring Security 就表明了要防護應用程式安全的目標。

你可以想像，要做的事情非常少。Spring Boot+Security 的自動組態創建了一些必要的 beans 來實作基本的安全功能，以表單認證（forms authentication）和運用使用者 ID 和密碼的使用者授權（user authorization）為基礎。從這個邏輯假設出發，接下來的問題就很明顯了——什麼使用者？什麼密碼？

回到 Aircraft Positions 應用程式的啟動紀錄，我們可以在這行中找到其中一個問題的答案：

```
Using generated security password: 1ad8a0fc-1a0c-429e-8ed7-ba0e3c3649ef
```

如果在應用程式中沒有指定使用者 ID 和密碼，或者沒有提供透過其他方式取用它們的方法，則啟用安全性的 Spring Boot 應用程式預設會有單一個使用者帳號 user，連同一個獨一無二的密碼，這個密碼在應用程式每次啟動時，都會重新產生。回到終端機視窗，我再次嘗試存取此應用程式，這次使用所提供的證明資訊：

```
mheckler-a01 :: ~ » http :8080/aircraft
    --auth user:1ad8a0fc-1a0c-429e-8ed7-ba0e3c3649ef
HTTP/1.1 200
Cache-Control: no-cache, no-store, max-age=0, must-revalidate
Expires: 0
Pragma: no-cache
Set-Cookie: JSESSIONID=94B52FD39656A17A015BC64CF6BF7475; Path=/; HttpOnly
X-Content-Type-Options: nosniff
X-Frame-Options: DENY
X-XSS-Protection: 1; mode=block

[
    {
        "altitude": 40000,
        "barometer": 1013.6,
        "bds40_seen_time": "2020-10-10T17:48:02Z",
        "callsign": "SWA2057",
        "category": "A3",
        "flightno": "WN2057",
        "heading": 243,
        "id": 1,
        "is_adsb": true,
        "is_on_ground": false,
        "last_seen_time": "2020-10-10T17:48:06Z",
        "lat": 38.600372,
        "lon": -90.42375,
        "polar_bearing": 207.896382,
        "polar_distance": 24.140226,
        "pos_update_time": "2020-10-10T17:48:06Z",
        "reg": "N557WN",
        "route": "IND-DAL-MCO",
        "selected_altitude": 40000,
        "speed": 395,
        "squawk": "2161",
        "type": "B737",
```

```
    "vert_rate": -64
},
{
    "altitude": 3500,
    "barometer": 0.0,
    "bds40_seen_time": null,
    "callsign": "N6884J",
    "category": "A1",
    "flightno": "",
    "heading": 353,
    "id": 2,
    "is_adsb": true,
    "is_on_ground": false,
    "last_seen_time": "2020-10-10T17:47:45Z",
    "lat": 39.062851,
    "lon": -90.084965,
    "polar_bearing": 32.218696,
    "polar_distance": 7.816637,
    "pos_update_time": "2020-10-10T17:47:45Z",
    "reg": "N6884J",
    "route": "",
    "selected_altitude": 0,
    "speed": 111,
    "squawk": "1200",
    "type": "P28A",
    "vert_rate": -64
},
{
    "altitude": 39000,
    "barometer": 0.0,
    "bds40_seen_time": null,
    "callsign": "ATN3425",
    "category": "A5",
    "flightno": "",
    "heading": 53,
    "id": 3,
    "is_adsb": true,
    "is_on_ground": false,
    "last_seen_time": "2020-10-10T17:48:06Z",
    "lat": 39.424159,
    "lon": -90.419739,
    "polar_bearing": 337.033437,
    "polar_distance": 30.505314,
    "pos_update_time": "2020-10-10T17:48:06Z",
    "reg": "N419AZ",
    "route": "AFW-ABE",
```

```
        "selected_altitude": 0,
        "speed": 524,
        "squawk": "2224",
        "type": "B763",
        "vert_rate": 0
    },
    {
        "altitude": 45000,
        "barometer": 1012.8,
        "bds40_seen_time": "2020-10-10T17:48:06Z",
        "callsign": null,
        "category": "A2",
        "flightno": "",
        "heading": 91,
        "id": 4,
        "is_adsb": true,
        "is_on_ground": false,
        "last_seen_time": "2020-10-10T17:48:06Z",
        "lat": 39.433982,
        "lon": -90.50061,
        "polar_bearing": 331.287125,
        "polar_distance": 32.622134,
        "pos_update_time": "2020-10-10T17:48:05Z",
        "reg": "N30GD",
        "route": "",
        "selected_altitude": 44992,
        "speed": 521,
        "squawk": null,
        "type": "GLF4",
        "vert_rate": 64
    }
]
```

一如以往，為了清楚起見，有些回應標頭被移除了。

使用正確的預設使用者 ID 和所生成的密碼，我收到了一個 *200 OK* 的回應，並再次獲得了對 */aircraft* 端點的存取權，從而得以取用 `Aircraft Positions` 應用程式。

關於回應標頭的重要資訊

正如我在前面非常簡略地提到的，一些 IETF 和 W3C 標準標頭選項已經正式化或推薦給瀏覽器和其他使用者代理程式使用，以提高應用程式的安全性。Spring Security 嚴格地採用和實作這些標準，努力運用所有可及的手段提供最完整的安全涵蓋率。

Spring Security 符合這些標準和建議的回應標頭預設值包括以下：

快取控制（Cache Control）：`Cache-Control` 標頭被設置為 `no-cache`，帶有一個 `no-store` 指引（directive）和為 0 的 `max-age` 以及 `must-revalidate` 指引；此外，`Pragma` 標頭以一個 `no-cache` 指引回傳，而 `Expires` 標頭被賦予了一個 0 值。所有這些機制的指定都是為了消除瀏覽器 / 使用者代理程式（browser/user agent）功能涵蓋率中可能的空白，以確保對快取的最佳控制，即在所有情況下都禁用快取，這樣一旦使用者退出網站，惡意行為者就不能單純點擊瀏覽器的 Back（上一頁）按鈕，然後藉由受害者的證明資訊（credentials）回到已登入的安全網站。內容類型選項（Content Type Options）：`X-Content-Type-Options` 標頭被設置為 `nosniff` 以禁用內容嗅探（content sniffing）。瀏覽器可以（並且經常會）試著去「嗅探」所請求的內容類型並據此顯示它。例如，如果請求的是一個 .jpg，瀏覽器可能會將其描繪（render）為一個圖形影像。這聽起來似乎是個不錯的功能，事實上也可能是如此；但如果惡意程式碼被嵌入到被嗅探的內容中，它就會偷偷摸摸地被處理，繞過原本很嚴格的安全措施。Spring Security 預設提供了 `nosniff` 的設定，關閉了這種攻擊載體。頁框選項（Frame Options）：`X-Frame-Options` 標頭被設置為 `DENY` 值，以防止瀏覽器在 iframe 中顯示內容。有種攻擊被稱作 *clickjacking*（**點擊劫持**），當一個不可見的頁框（invisible frame）被放置在一個顯示的控制項上，導致使用者啟動一個不想要的動作，而非預期的動作，從而「劫持（hijacking）」使用者的點擊（click），由此產生的攻擊就會發生。Spring Security 預設禁用頁框的支援，從而關閉了點擊劫持的攻擊途徑。XSS 防護：`X-XSS-Protection` 標頭的值設定為 1，以啟用瀏覽器對 XSS（Cross Site Scripting，跨站指令稿操作）攻擊的保護。只要啟用，瀏覽器就有許多方法來應對察覺到的攻擊；Spring Security 預設設置為 `mode=block`，這是最安全的設定，以確保瀏覽器安全地修改和處理內容的善意嘗試不會讓用戶受到危害。封鎖內容可以關閉這個潛在的漏洞。

> 請注意，如果你有使用內容傳遞網路（content delivery network），就可能需要調整 XSS 設定以確保正確處理。該設定和其他設定一樣，是完全可以由開發者配置的。在你（開發者）沒有具體指示的情況下，Spring Security 將始終努力在給定的可用資訊之下最大限度地採取**預設就安全**（*secure by default*）的態勢。

回到 `Aircraft Positions` 應用程式，目前的應用程式安全狀態有幾個問題。首先，由於只有一個定義的使用者，需要取用此應用程式的多個個體都必須使用那單一個帳號。這對責任歸屬（accountability）乃至於認證的安全原則而言，都是背道而馳的，因為沒有任何一個人可以唯一地證明他們是他們所說的人。回到責任歸屬問題，如果發生了違規事件，如何確定誰是違規者或促成者呢？更何況，如果發生違規事件，鎖住唯一的使用者帳號就會使得所有的用戶都無法進行存取，目前為止還沒有辦法能避免這種狀況。

現有安全組態的第二個問題是，單一密碼的處理方式。應用程式每次啟動時，都會自動生成一個新密碼，然後必須和所有使用者共用。而雖然還沒有討論應用程式規模擴充（scaling）的問題，但啟動的每個 `Aircraft Positions` 實體都會生成一個唯一的密碼，要求試圖登入該特定應用程式實體的使用者提供那個特定的密碼。顯然，一些改良是可能而且應該進行的。

新增認證功能

Spring Security 採用 `UserDetailsService` 的概念作為其認證能力的核心。`UserDetailsService` 是一個介面，它有單一個方法 `loadUserByUsername(String username)`，它（被實作後）會回傳一個滿足 `UserDetails` 介面的物件，從中可以獲得使用者的名稱、密碼、授予使用者的許可權和帳號狀態等關鍵資訊。這種彈性允許使用各種技術進行眾多的實作，只要 `UserDetailsService` 回傳 `UserDetails`，應用程式就不需要瞭解底層的實作細節。

為了創建一個 `UserDetailsService` bean，我建立了一個組態類別（configuration class），在其中定義了一個創建 bean 的方法。

Bean 的創建

雖然 bean 創建方法可以放在 @Configuration 注釋的任何類別中（如前所述），包括帶有元注釋（內含 @Configuration）的那些類別，例如主應用程式類別，但為相關的 beans 群組建立一個組態類別會更乾淨。如果應用程式很小，beans 的數量也很少，這可以是單一的一個類別。

除了最小和最用完即丟的應用程式那類極少數的例外，我通常不會把創建 bean 的方法放在經過 @SpringBootApplication 注釋的主應用程式類別中。將它們放在單獨的類別中可以藉由減少必須創建或模擬的 bean 之數量來簡化測試，也有利於開發者偶爾可能希望停用一整組 beans（例如載入資料或執行類似函式的 @Component 或 @Configuration 類別）的情況，只要移除或註解掉單一個類別層級的注釋就能停用該功能，同時還是能讓該功能易於取用。雖然「註解並保留（comment and keep）」不應該毫無節制的使用，但在狹義的情況下，它是非常合理的。

這個單獨的類別在下一次修訂中也會派上用場，由於其關注點的自然分離，使得反覆修訂的工作變得更加容易和快速。

首先，我建立了一個名為 SecurityConfig 的類別，並用 @Configuration 對其進行注釋，以使 Spring Boot 能夠在其中找到並執行創建 bean 的方法。認證所需的 bean 是實作了 UserDetailsService 介面的 bean，所以我創建了一個方法 authentication() 來創建並回傳那個 bean。下面這個程式碼的第一次刻意不完整的嘗試：

```
import org.springframework.context.annotation.Bean;
import org.springframework.context.annotation.Configuration;
import org.springframework.security.core.userdetails.User;
import org.springframework.security.core.userdetails.UserDetails;
import org.springframework.security.core.userdetails.UserDetailsService;
import org.springframework.security.provisioning.InMemoryUserDetailsManager;

@Configuration
public class SecurityConfig {
    @Bean
    UserDetailsService authentication() {
        UserDetails peter = User.builder()
                .username("peter")
                .password("ppassword")
                .roles("USER")
```

```
                .build();

        UserDetails jodie = User.builder()
                .username("jodie")
                .password("jpassword")
                .roles("USER", "ADMIN")
                .build();

        System.out.println("   >>> Peter's password: " + peter.getPassword());
        System.out.println("   >>> Jodie's password: " + jodie.getPassword());

        return new InMemoryUserDetailsManager(peter, jodie);
    }
}
```

在 UserDetailService 的 authentication() 方法中，我使用 User 類別的 builder() 方法創建了實作 UserDetails 介面要求的兩個應用程式物件，並指定了使用者名稱、密碼和使用者擁有的角色 / 權限（roles/authorities）。然後，我 build() 這些使用者，並將每個使用者指定給一個區域變數。

接著，我顯示密碼**只是為了演示的目的**。這有助於演示本章的另一個概念，但這**只是為了示範**。

記錄密碼是一種最糟糕的反模式（antipattern）。永遠不要在生產用的應用程式中記錄密碼。

最後，我使用所創建的兩個 User 物件建立一個 InMemoryUserDetailsManager，並將其作為一個 Spring bean 回傳。InMemoryUserDetailsManager 實作了介面 UserDetailsManager 和 UserDetailsPasswordService，讓我們能進行使用者管理（user management）的任務，像是判斷某個使用者是否存在；創建、更新和刪除用戶，以及更改或更新使用者的密碼。因為其清晰性（由於沒有外部依存關係），我使用 InMemoryUserDetailsManager 來演示這個概念，但實作了 UserDetailsService 介面的任何 bean 都可以提供來當作 authentication bean。

重新啟動 Aircraft Positions，我試著認證並檢索當前飛機位置清單，結果如下（簡潔起見，刪除了一些標頭）：

```
mheckler-a01 :: ~ » http :8080/aircraft --auth jodie:jpassword
HTTP/1.1 401
```

```
Cache-Control: no-cache, no-store, max-age=0, must-revalidate
Content-Length: 0
Expires: 0
Pragma: no-cache
WWW-Authenticate: Basic realm="Realm"
X-Content-Type-Options: nosniff
X-Frame-Options: DENY
X-XSS-Protection: 1; mode=block
```

這需要一點故障排除工作。回到 IDE，在堆疊軌跡（stack trace）中，有一些有用的訊息：

```
java.lang.IllegalArgumentException: There is no PasswordEncoder
    mapped for the id "null"
        at org.springframework.security.crypto.password
        .DelegatingPasswordEncoder$UnmappedIdPasswordEncoder
            .matches(DelegatingPasswordEncoder.java:250)
                ~[spring-security-core-5.3.4.RELEASE.jar:5.3.4.RELEASE]
```

這為問題的根源提供了一些線索。檢查記錄下來的密碼（善意的提醒：記錄密碼**只是為了示範**）可以提供確認：

```
>>> Peter's password: ppassword
>>> Jodie's password: jpassword
```

顯然這些密碼是純文字的，沒有進行任何編碼。邁向可行且安全的認證功能之下一步是在 `SecurityConfig` 類別中添加一個密碼編碼器（password encoder），如下所示：

```
private final PasswordEncoder pwEncoder =
        PasswordEncoderFactories.createDelegatingPasswordEncoder();
```

建立和維護安全應用程式的挑戰之一是，安全性必然是不斷演進的。認識到這一點，Spring Security 並非單純插入一個指定的編碼器，取而代之，它使用了一個擁有多個可用編碼器的工廠（factory），並將編碼和解碼工作委託給其中一個。

當然，這意味著在沒有指定編碼器的情況下，必須有一個作為預設的編碼器，就像前面的例子一樣。目前，*BCrypt* 是（很棒的）預設值，但 Spring Security 的編碼器架構的靈活、委派（delegated）性質使得一個編碼器可以在標準演進或需求變化時，被另一個編碼器輕鬆替換。這種優雅的做法能讓應用程式使用者登入應用程式時，將證明資訊從一個編碼器毫無阻礙地遷移到另一個編碼器上，再次減少了那些沒有直接為組織提供價值，但仍需正確及時執行的關鍵任務。

現在我已經有了一個編碼器，下一步就是用它來加密使用者密碼。這一點非常簡單，只要插入對密碼編碼器的 `encode()` 方法的呼叫，傳入純文字密碼，並接收回傳的加密結果即可。

嚴格來說，加密（encrypt）一個值也就是對該值進行編碼（encode），但不是所有的編碼器都會加密。例如，雜湊（hashing）對一個值進行編碼，但不一定會對其進行加密。即便如此，Spring Security 支援的每一種編碼演算法也都會加密；但是，為了支援傳統應用程式（legacy applications），所支援的一些演算法遠不如其他演算法安全。一定要選擇當前推薦的 Spring Security 編碼器，或者選用 `PasswordEncoderFactories.createDelegatingPasswordEncoder()` 所提供的預設編碼器。

SecurityConfig 類別的這個修訂過具有認證功能的版本如下：

```
import org.springframework.context.annotation.Bean;
import org.springframework.context.annotation.Configuration;
import org.springframework.security.core.userdetails.User;
import org.springframework.security.core.userdetails.UserDetails;
import org.springframework.security.core.userdetails.UserDetailsService;
import org.springframework.security.crypto.factory.PasswordEncoderFactories;
import org.springframework.security.crypto.password.PasswordEncoder;
import org.springframework.security.provisioning.InMemoryUserDetailsManager;

@Configuration
public class SecurityConfig {
    private final PasswordEncoder pwEncoder =
            PasswordEncoderFactories.createDelegatingPasswordEncoder();

    @Bean
    UserDetailsService authentication() {
        UserDetails peter = User.builder()
                .username("peter")
                .password(pwEncoder.encode("ppassword"))
                .roles("USER")
                .build();

        UserDetails jodie = User.builder()
                .username("jodie")
                .password(pwEncoder.encode("jpassword"))
                .roles("USER", "ADMIN")
                .build();
```

```
        System.out.println("   >>> Peter's password: " + peter.getPassword());
        System.out.println("   >>> Jodie's password: " + jodie.getPassword());

        return new InMemoryUserDetailsManager(peter, jodie);
    }
}
```

我重新啟動了 Aircraft Positions，然後再次試著進行認證，並取回目前飛機位置的一個清單，其中帶有下列結果（簡潔起見，有些標頭和結果被移除了）：

```
mheckler-a01 :: ~ » http :8080/aircraft --auth jodie:jpassword
HTTP/1.1 200
Cache-Control: no-cache, no-store, max-age=0, must-revalidate
Expires: 0
Pragma: no-cache
X-Content-Type-Options: nosniff
X-Frame-Options: DENY
X-XSS-Protection: 1; mode=block

[
    {
        "altitude": 24250,
        "barometer": 0.0,
        "bds40_seen_time": null,
        "callsign": null,
        "category": "A2",
        "flightno": "",
        "heading": 118,
        "id": 1,
        "is_adsb": true,
        "is_on_ground": false,
        "last_seen_time": "2020-10-12T16:13:26Z",
        "lat": 38.325119,
        "lon": -90.154159,
        "polar_bearing": 178.56009,
        "polar_distance": 37.661127,
        "pos_update_time": "2020-10-12T16:13:24Z",
        "reg": "N168ZZ",
        "route": "FMY-SUS",
        "selected_altitude": 0,
        "speed": 404,
        "squawk": null,
        "type": "LJ60",
        "vert_rate": 2880
    }
]
```

這些結果證實認證現在已經成功了（由於篇幅關係，省略了一個使用錯誤密碼、故意失敗的情況），合法使用者可以再次存取對外開放的 API。

回頭檢查已記錄的、現在已編碼的密碼，我注意到 IDE 的輸出中有類似於下面這樣的值：

```
>>> Peter's password:
    {bcrypt}$2a$10$rLKBzRBvtTtNcV9o8JHzFeaIskJIPXnYgVtCPs5H0GINZtk1WzsBu
>>> Jodie's password: {
    bcrypt}$2a$10$VR33/dlbSsEPPq6nlpnE/.ZQt0M4.bjvO5UYmw0ZW1aptO4G8dEkW
```

記錄下來的值確認程式碼中指定的兩個範例密碼，都已被委派的密碼編碼器使用 *BCrypt* 成功編碼了。

關於已編碼的密碼格式之說明

根據編碼後的密碼格式，將自動選擇正確的密碼編碼器，對試圖進行身份驗證的使用者提供的密碼進行編碼（用於比較）。Spring Security 為了方便起見，會在編碼值前加上一個金鑰（key），說明使用的是何種演算法，這有時會讓開發者感到不安。在（加密的）密碼被惡意行為者獲取的情況下，這是否有可能洩露重要訊息？這些知識不是會讓解密變得更容易嗎？

簡短的答案是，不會。它的強度在於加密本身，而不是來自於任何察覺到的隱蔽性。

我怎麼能確定這一點呢？

大多數加密方法原本就有一些「線索」指出是用什麼來加密一個值。注意前面列出的兩個密碼，這兩個加密值都是以 `$2a$10$` 字元字串開頭，事實上，所有 *BCrypt* 加密值都是如此。雖然有可能採用不在結果編碼值中指出使用何種機制的加密演算法，但這會是例外而非常規做法。

授權

`Aircraft Positions` 應用程式現在成功地驗證了用戶，並且只允許上述使用者存取其對外開放的 API。不過，當前的安全配置有一個相當大的問題：存取 API 的任何部分都意味著存取它的所有部分，而不管使用者擁有的角色 / 權限（roles/authority），或者更準確地說，不去管沒具備的角色。

作為這個安全缺陷的一個非常簡單的例子，我透過複製、重命名和重新映射 `PositionController` 類別中現有的 `getCurrentAircraftPositions()` 方法作為第二個端點，為 `Aircraft Positions` 的 API 添加另一個端點。一旦完成，`PositionController` 看起來會像這樣：

```
import lombok.AllArgsConstructor;
import org.springframework.web.bind.annotation.GetMapping;
import org.springframework.web.bind.annotation.RestController;

@AllArgsConstructor
@RestController
public class PositionController {
    private final PositionRetriever retriever;

    @GetMapping("/aircraft")
    public Iterable<Aircraft> getCurrentAircraftPositions() {
        return retriever.retrieveAircraftPositions();
    }

    @GetMapping("/aircraftadmin")
    public Iterable<Aircraft> getCurrentAircraftPositionsAdminPrivs() {
        return retriever.retrieveAircraftPositions();
    }
}
```

我們的目標是只允許具有「ADMIN」角色的使用者存取這第二個方法 `getCurrentAircraftPositionsAdminPrivs()`。雖然在這個版本的例子中，回傳的值與 `getCurrentAircraftPositions()` 回傳的值相同，但隨著應用程式的擴充，這種情況可能不會繼續存在，但這個概念無論如何都適用。

重新啟動 `Aircraft Positions` 應用程式並回到命令列，我首先以使用者 Jodie 的身份登入，以驗證對新端點的存取，正如預期的那樣（第一個端點的存取已確認，但由於篇幅關係而省略；為簡潔起見，一些標頭和結果也省略了）：

```
mheckler-a01 :: ~ » http :8080/aircraftadmin --auth jodie:jpassword
HTTP/1.1 200
Cache-Control: no-cache, no-store, max-age=0, must-revalidate
Expires: 0
Pragma: no-cache
X-Content-Type-Options: nosniff
X-Frame-Options: DENY
X-XSS-Protection: 1; mode=block

[
```

```
{
    "altitude": 24250,
    "barometer": 0.0,
    "bds40_seen_time": null,
    "callsign": null,
    "category": "A2",
    "flightno": "",
    "heading": 118,
    "id": 1,
    "is_adsb": true,
    "is_on_ground": false,
    "last_seen_time": "2020-10-12T16:13:26Z",
    "lat": 38.325119,
    "lon": -90.154159,
    "polar_bearing": 178.56009,
    "polar_distance": 37.661127,
    "pos_update_time": "2020-10-12T16:13:24Z",
    "reg": "N168ZZ",
    "route": "FMY-SUS",
    "selected_altitude": 0,
    "speed": 404,
    "squawk": null,
    "type": "LJ60",
    "vert_rate": 2880
},
{
    "altitude": 38000,
    "barometer": 1013.6,
    "bds40_seen_time": "2020-10-12T20:24:48Z",
    "callsign": "SWA1828",
    "category": "A3",
    "flightno": "WN1828",
    "heading": 274,
    "id": 2,
    "is_adsb": true,
    "is_on_ground": false,
    "last_seen_time": "2020-10-12T20:24:48Z",
    "lat": 39.348862,
    "lon": -90.751668,
    "polar_bearing": 310.510201,
    "polar_distance": 35.870036,
    "pos_update_time": "2020-10-12T20:24:48Z",
    "reg": "N8567Z",
    "route": "TPA-BWI-OAK",
    "selected_altitude": 38016,
    "speed": 397,
```

```
        "squawk": "7050",
        "type": "B738",
        "vert_rate": -128
    }
]
```

接下來，我將以 Peter 的身份進行登入。Peter 不應該能夠取用映射到 */aircraftadmin* 的 `getCurrentAircraftPositionsAdminPrivs()` 方法，但事實並非如此，目前 Peter 這個經過認證的用戶，可以存取所有東西：

```
mheckler-a01 :: ~ » http :8080/aircraftadmin --auth peter:ppassword
HTTP/1.1 200
Cache-Control: no-cache, no-store, max-age=0, must-revalidate
Expires: 0
Pragma: no-cache
X-Content-Type-Options: nosniff
X-Frame-Options: DENY
X-XSS-Protection: 1; mode=block

[
    {
        "altitude": 24250,
        "barometer": 0.0,
        "bds40_seen_time": null,
        "callsign": null,
        "category": "A2",
        "flightno": "",
        "heading": 118,
        "id": 1,
        "is_adsb": true,
        "is_on_ground": false,
        "last_seen_time": "2020-10-12T16:13:26Z",
        "lat": 38.325119,
        "lon": -90.154159,
        "polar_bearing": 178.56009,
        "polar_distance": 37.661127,
        "pos_update_time": "2020-10-12T16:13:24Z",
        "reg": "N168ZZ",
        "route": "FMY-SUS",
        "selected_altitude": 0,
        "speed": 404,
        "squawk": null,
        "type": "LJ60",
        "vert_rate": 2880
    },
    {
```

```
            "altitude": 38000,
            "barometer": 1013.6,
            "bds40_seen_time": "2020-10-12T20:24:48Z",
            "callsign": "SWA1828",
            "category": "A3",
            "flightno": "WN1828",
            "heading": 274,
            "id": 2,
            "is_adsb": true,
            "is_on_ground": false,
            "last_seen_time": "2020-10-12T20:24:48Z",
            "lat": 39.348862,
            "lon": -90.751668,
            "polar_bearing": 310.510201,
            "polar_distance": 35.870036,
            "pos_update_time": "2020-10-12T20:24:48Z",
            "reg": "N8567Z",
            "route": "TPA-BWI-OAK",
            "selected_altitude": 38016,
            "speed": 397,
            "squawk": "7050",
            "type": "B738",
            "vert_rate": -128
        }
    ]
```

為了使 Aircraft Positions 應用程式不僅能夠簡單地認證用戶，而且也能夠檢查使用者對存取特定資源的權限，我重構了 SecurityConfig 來執行該任務。

第一步是用 @EnableWebSecurity 替換類別層級注釋 @Configuration。@EnableWebSecurity 是一個元注釋（meta-annotation），它包含了被移除的 @Configuration，仍然允許被注釋的類別中有創建 bean 的方法；但它也包含了 @EnableGlobalAuthentication 注釋，可以讓 Spring Boot 替應用程式完成更多的安全自動組態。這就讓 Aircraft Positions 為定義授權機制本身的這個下一步做好了準備。

我重構了 SecurityConfig 類別，以擴充 WebSecurityConfigurerAdapter，這個抽象類別有許多的成員變數和方法，對擴充應用程式 Web 安全性的基本組態很有用處。特別是，WebSecurityConfigurerAdapter 有一個 configure(HttpSecurity http) 方法，為使用者授權提供一個基本的實作：

```
protected void configure(HttpSecurity http) throws Exception {
    // 記錄用的述句省略了
```

```
    http
        .authorizeRequests()
            .anyRequest().authenticated()
            .and()
        .formLogin().and()
        .httpBasic();
}
```

在前面的實作中，給出了下列指引：

- 授權已認證的使用者的任何請求。
- 將提供簡單的登入和登出表單（可由開發者創建的表單覆寫）。
- 對於非瀏覽器的使用者代理程式（例如，命令列工具），會啟用 HTTP Basic Authentication。

如果開發者沒有提供任何授權細節，這就提供了一個合理的安全態勢。下一步是提供更多的具體內容，從而覆寫這種行為。

我使用 Mac 版 IntelliJ 的 CTRL+O 鍵盤快速鍵，或者點擊滑鼠右鍵，然後選按 Generate 打開 Generate 功能表，然後選擇「Override methods...」選項來顯示可覆寫 / 可實作（overridable/implementable）的方法。選擇帶有特徵式 configure(http:HttpSecurity):void 的方法，會產生以下方法：

```
@Override
protected void configure(HttpSecurity http) throws Exception {
    super.configure(http);
}
```

然後我以下列程式碼取代對超類別（superclass）之方法的呼叫：

```
// User authorization
@Override
protected void configure(HttpSecurity http) throws Exception {
    http.authorizeRequests()
            .mvcMatchers("/aircraftadmin/**").hasRole("ADMIN")
            .anyRequest().authenticated()
            .and()
            .formLogin()
            .and()
            .httpBasic();
}
```

`configure(HttpSecurity http)` 方法的這個實作會進行以下動作：

- 使用一個 `String` 模式比對器（pattern matcher），比較所請求的路徑，是否與 */aircraftadmin* 及其下的所有路徑匹配。
- 如果匹配成功，而且使用者擁有「ADMIN」角色 / 權限（role/authority），則授權該用戶進行請求。
- 其他任何已認證使用者的請求都會被滿足。
- 將提供簡單的登入和登出表單（可由開發者創建的表單覆寫）。
- 對非瀏覽器的使用者代理程式（命令列工具等）啟用 HTTP Basic Authentication。

這種最精簡的授權機制在安全過濾器串鏈中放置了兩個過濾器：一個用於檢查路徑是否匹配和管理員權限，一個用於檢查所有其他路徑和已認證使用者。分層的做法能讓我們用相當簡單、易於推理的邏輯來捕捉複雜的場景。

`SecurityConfig` 類別的最終版本（針對以表單為基礎的安全性）是這樣的：

```
import org.springframework.context.annotation.Bean;
import org.springframework.security.config.annotation.web.builders.HttpSecurity;
import org.springframework.security.config.annotation.web.configuration
    .EnableWebSecurity;
import org.springframework.security.config.annotation.web.configuration
    .WebSecurityConfigurerAdapter;
import org.springframework.security.core.userdetails.User;
import org.springframework.security.core.userdetails.UserDetails;
import org.springframework.security.core.userdetails.UserDetailsService;
import org.springframework.security.crypto.factory.PasswordEncoderFactories;
import org.springframework.security.crypto.password.PasswordEncoder;
import org.springframework.security.provisioning.InMemoryUserDetailsManager;

@EnableWebSecurity
public class SecurityConfig extends WebSecurityConfigurerAdapter {
    private final PasswordEncoder pwEncoder =
            PasswordEncoderFactories.createDelegatingPasswordEncoder();

    @Bean
    UserDetailsService authentication() {
        UserDetails peter = User.builder()
                .username("peter")
                .password(pwEncoder.encode("ppassword"))
                .roles("USER")
                .build();
```

```
        UserDetails jodie = User.builder()
                .username("jodie")
                .password(pwEncoder.encode("jpassword"))
                .roles("USER", "ADMIN")
                .build();

        System.out.println("   >>> Peter's password: " + peter.getPassword());
        System.out.println("   >>> Jodie's password: " + jodie.getPassword());

        return new InMemoryUserDetailsManager(peter, jodie);
    }

    @Override
    protected void configure(HttpSecurity http) throws Exception {
        http.authorizeRequests()
                .mvcMatchers("/aircraftadmin/**").hasRole("ADMIN")
                .anyRequest().authenticated()
                .and()
                .formLogin()
                .and()
                .httpBasic();
    }
}
```

關於安全性的補充說明

將更特定的篩選條件（*more-specific criteria*）放在較不特定的篩選條件（*less-specific criteria*）之前，這是絕對關鍵的。

每一個請求都會通過安全過濾器串鏈，直到它與某個過濾器相匹配為止，這時請求會按照指定的條件進行處理。例如，如果把 `.anyRequest().authenticated()` 條件放在 `.mvcMatchers("/aircraftadmin/**").hasRole("ADMIN")` 之前，則任何請求都會匹配，同樣會讓所有已通過身份認證的用戶存取所有對外開放的資源（包括 */aircraftadmin* 底下的所有資源）。

將 `.mvcMatchers("/aircraftadmin/**").hasRole("ADMIN")`（以及其他更特定的標準）放在 `anyRequest()` 的條件之前，會讓 `anyRequest()` 回到全面捕捉（catch-all）的狀態，當有意這樣做的時候，這是一個非常有利的位置，以允許存取所有已認證使用者應該擁有的應用程式區域，例如一個共通的登陸頁面、功能表等。

還要注意的是，基於 Spring MVC（非反應式）和基於 Spring WebFlux（反應式）的 Spring Boot 應用程式之間在注釋、類別和 bean 名稱、回傳型別，以及認證和授權的做法上存在一些小差異，但有非常高的重疊度。這些問題將在下一節中得到一定程度的解決。

現在來確認一下，所有的工作是否如預期運作。我重新啟動 `Aircraft Positions` 應用程式，並以 Jodie 的身份從命令列訪問 */aircraftadmin* 端點（第一個端點的存取已確認，但由於篇幅原因省略；為簡潔起見，也省略了一些標頭和結果）：

```
mheckler-a01 :: ~ » http :8080/aircraftadmin --auth jodie:jpassword
HTTP/1.1 200
Cache-Control: no-cache, no-store, max-age=0, must-revalidate
Expires: 0
Pragma: no-cache
X-Content-Type-Options: nosniff
X-Frame-Options: DENY
X-XSS-Protection: 1; mode=block

[
    {
        "altitude": 36000,
        "barometer": 1012.8,
        "bds40_seen_time": "2020-10-13T19:16:10Z",
        "callsign": "UPS2806",
        "category": "A5",
        "flightno": "5X2806",
        "heading": 289,
        "id": 1,
        "is_adsb": true,
        "is_on_ground": false,
        "last_seen_time": "2020-10-13T19:16:14Z",
        "lat": 38.791122,
        "lon": -90.21286,
        "polar_bearing": 189.515723,
        "polar_distance": 9.855602,
        "pos_update_time": "2020-10-13T19:16:12Z",
        "reg": "N331UP",
        "route": "SDF-DEN",
        "selected_altitude": 36000,
        "speed": 374,
        "squawk": "6652",
        "type": "B763",
```

```
        "vert_rate": 0
    },
    {
        "altitude": 25100,
        "barometer": 1012.8,
        "bds40_seen_time": "2020-10-13T19:16:13Z",
        "callsign": "ASH5937",
        "category": "A3",
        "flightno": "AA5937",
        "heading": 44,
        "id": 2,
        "is_adsb": true,
        "is_on_ground": false,
        "last_seen_time": "2020-10-13T19:16:13Z",
        "lat": 39.564148,
        "lon": -90.102459,
        "polar_bearing": 5.201331,
        "polar_distance": 36.841422,
        "pos_update_time": "2020-10-13T19:16:13Z",
        "reg": "N905J",
        "route": "DFW-BMI-DFW",
        "selected_altitude": 11008,
        "speed": 476,
        "squawk": "6270",
        "type": "CRJ9",
        "vert_rate": -2624
    }
]
```

Jodie 由於擁有「ADMIN」角色，能夠如預期存取 */aircraftadmin* 端點。接著，我試著使用 Peter 登入。需要注意的是，第一個端點的存取已經確認，但由於篇幅關係，省略了；為了簡潔起見，也省略了一些標頭：

```
mheckler-a01 :: ~ » http :8080/aircraftadmin --auth peter:ppassword
HTTP/1.1 403
Cache-Control: no-cache, no-store, max-age=0, must-revalidate
Expires: 0
Pragma: no-cache
X-Content-Type-Options: nosniff
X-Frame-Options: DENY
X-XSS-Protection: 1; mode=block

{
    "error": "Forbidden",
    "message": "",
    "path": "/aircraftadmin",
```

```
    "status": 403,
    "timestamp": "2020-10-13T19:18:10.961+00:00"
}
```

這正是應該發生的事情，因為 Peter 只有「USER」角色，而非「ADMIN」。系統有正確運作。

程式碼 *Checkout* 檢查

請 check out 程式碼儲存庫中的分支 *chapter10forms* 以獲得基於表單的一個完整範例。

為認證和授權實作 OpenID Connect 和 OAuth2

雖然基於表單（forms-based）的認證和內部授權對為數眾多的應用程式而言是有用的，但在許多用例中，「你知道什麼」的認證方法並不理想，甚至不足以達到所需的或所要求的安全水平。一些例子包括但不限於以下情況：

- 需要認證的免費服務，但不需要知道使用者的任何資訊（或由於法律或其他原因不想知道）。
- 單因子認證（single-factor authentication）不夠安全，希望或需要多因子認證（Multi-Factor Authentication，MFA）支援的情況。
- 對於建立和維護管理密碼、角色 / 權限（roles/authorities）和其他必要機制的安全軟體基礎設施的相關考量。
- 對被攻陷的事件之下責任歸屬的考量。

這些考量或目標，都沒有簡單的答案，但有幾家公司已經為認證和授權建立並維護了可靠且安全的基礎設施資產，並以低價或免費的方式提供給大眾使用。像 Okta 這樣業界領先的安全廠商，以及其他因為業務而需要成熟的使用者認證和權限驗證的公司：Facebook、GitHub 和 Google 等，這裡僅列出幾個。Spring Security 透過 OpenID Connect 和 OAuth2 支援所有的這些選項以及更多功能。

OAuth2 的創立是為了提供第三方授權使用者存取指定資源的一種手段，例如雲端服務、共用儲存區和應用程式。OpenID Connect 建立在 OAuth2 的基礎上，藉由使用下列一或多個因子來新增一致的、標準化的認證：

- 你知道的東西，例如密碼（password）
- 你所擁有的東西，像是硬體金鑰（hardware key）
- 你是什麼，比如生物特徵識別器（biometric identifier）

Spring Boot 和 Spring Security 支援對 Facebook、GitHub、Google 和 Okta 提供的 OpenID Connect 和 OAuth2 實作進行開箱即用的自動組態，由於 OpenID Connect 和 OAuth2 發佈的標準以及 Spring Security 可擴充的架構，還可以輕鬆配置設定其他提供商。我在下面的例子中使用 Okta 的程式庫和 authentication+authorization 機制，但不同供應商之間的差異主要是在一個主題上的變化。請自由使用最符合你需求的安全供應商。

OpenID Connect 和 OAuth2 的各種應用程式 / 服務（Application/Service）角色

雖然本節直接處理的是各種服務分別使用 OpenID Connect 和 OAuth2 進行認證和授權所實現的角色，但它實際上可以全部或部分適用於任何類型的第三方認證和授權機制。

應用程式 / 服務主要履行三個角色：

- 客戶端（client）
- 授權伺服器（authorization server）
- 資源伺服器（resource server）

通常，一或多個服務被視為客戶端，也就是終端使用者與之互動的應用程式或服務，它們與一或多個安全提供者合作，對使用者進行身份認證，並獲得各種資源的授權（角色 / 權限）。

有一或多個授權伺服器處理使用者的認證，並將使用者所擁有的權限回傳給客戶端。授權伺服器處理有時間限制的授權（timed authorizations）之發放，也可以選擇展期（renewals）。

資源伺服器根據客戶端提交的權限提供對受保護資源的存取。

> Spring Security 讓開發人員能夠建立所有三種類型的應用程式或服務，但在本書中，我將重點放在建立客戶端和資源伺服器。Spring Authorization Server（*https://oreil.ly/spraut*）目前被認為是一個實驗性的專案，但正在迅速成熟，它將會對許多用例非常有用處；然而，對於許多組織和前面列出的許多目標來說，由第三方提供的授權服務仍然是最合理的。就跟所有的決定一樣，你的需求應該決定你的道路。

在這個例子中，我重構了 `Aircraft Positions`，使其成為 OpenID Connect 和 OAuth2 客戶端應用程式，運用 Okta 的功能驗證使用者，並獲得使用者存取資源伺服器對外開放的資源之權限。然後，我重構了 PlaneFinder，以提供它的資源（作為一個 OAuth2 資源伺服器），依據來自 `Aircraft Positions`（客戶端）應用程式的請求所攜帶的證明資訊（credentials）。

Aircraft Positions 客戶端應用程式

我通常會從堆疊中最後面的應用程式開始，但在這種情況下，我相信相反的做法更有價值，原因在於使用者獲得（或被拒絕）存取資源的相關流程。

使用者存取一個客戶端應用程式，該應用程式使用某種機制來認證他們。一旦通過認證，用戶對資源的請求就會被轉發到所謂的資源伺服器，這些伺服器持有並管理所述資源。這是一個邏輯的流程，我們大多數人都會反覆遵循，並且覺得非常熟悉。藉由相同的順序啟用安全功能，也就是客戶端，然後是資源伺服器，這與我們自己預期的流程一致。

將 OpenID Connect 和 OAuth2 的依存關係添加到 Aircraft Positions

與基於表單的安全性一樣，在創建新的 Spring Boot 客戶端專案時，透過 Spring Initializr 添加額外的依存關係，在未開發的客戶端應用程式中開始使用 OpenID Connect 和 OAuth2 是很簡單的，如圖 10-2 所示。

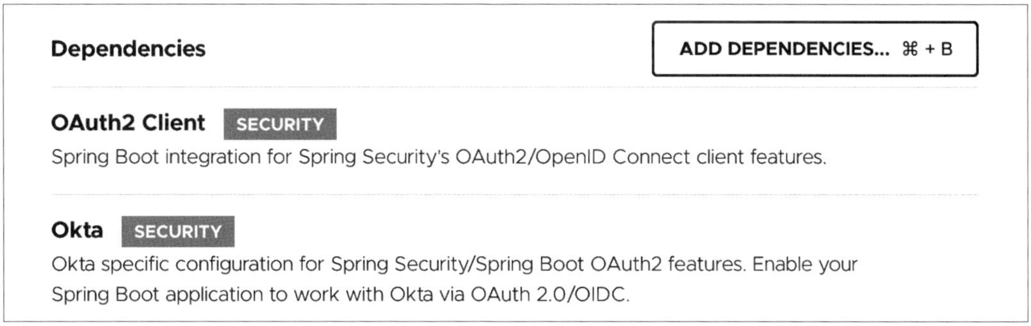

Dependencies ADD DEPENDENCIES... ⌘ + B

OAuth2 Client SECURITY

Spring Boot integration for Spring Security's OAuth2/OpenID Connect client features.

Okta SECURITY

Okta specific configuration for Spring Security/Spring Boot OAuth2 features. Enable your Spring Boot application to work with Okta via OAuth 2.0/OIDC.

圖 10-2 Spring Initializr 中使用 Okta 的 OpenID Connect 和 OAuth2 客戶端應用程式之依存關係

更新現有的應用程式只需要多花一點工夫。由於我正在替換當前基於表單的安全性，首先我刪除了在上一節中添加的 Spring Security 的既有依存關係。然後，我新增了 Initializr 會為 OpenID Connect 和 OAuth2 添加的相同的兩個依存關係，一個是 OAuth2 Client（包括 OpenID Connect 認證部分和其他必要元件），一個是 Okta，因為我們將使用他們的基礎設施來認證和管理權限，把它們加到 `Aircraft Positions` 的 *pom.xml* Maven 建置檔中：

```
<!--        Comment out or remove this          -->
<!--<dependency>-->
<!--        <groupId>org.springframework.boot</groupId>-->
<!--        <artifactId>spring-boot-starter-security</artifactId>-->
<!--</dependency>-->

<!--        Add these                               -->
<dependency>
    <groupId>org.springframework.boot</groupId>
    <artifactId>spring-boot-starter-oauth2-client</artifactId>
</dependency>
<dependency>
    <groupId>com.okta.spring</groupId>
    <artifactId>okta-spring-boot-starter</artifactId>
    <version>1.4.0</version>
</dependency>
```

目前包含的 Okta 的 Spring Boot Starter 程式庫版本為 1.4.0。這個版本已經過測試和驗證，能與當前版本的 Spring Boot 正常協作。在手動添加依存關係到建置檔時，開發人員應該養成習慣的良好實務做法是訪問 Spring Initializr（*https://start.spring.io*），選擇目前（當時）最新的 Boot 版本，添加 Okta（或其他特定版本的）依存關係，並 *Explore* 專案以確認目前推薦的版本號碼。

一旦我重新整理該建置（build），就可以開始重構程式碼了，使 `Aircraft Positions` 能夠以 Okta 進行認證並獲取使用者權限。

重構 Aircraft Positions 以進行認證和授權

要把目前的 Aircraft Positions 設置為 OAuth2 的客戶端應用程式，實際上有三件事情要做：

- 移除基於表單的安全組態。
- 為用來存取 PlaneFinder 端點所創建的 `WebClient` 新增 OAuth2 組態。
- 指定 OpenID Connect + OAuth2 註冊的客戶端證明資訊，以及安全提供者（在本例中是 Okta）的 URI。

我將前兩個一起解決，首先將 `SecurityConfig` 類別的主體全部刪除。如果仍然希望或需要對 `Aircraft Positions` 在本地提供的資源進行存取控制，`SecurityConfig` 當然可以保持原樣或稍加修改就好；然而，對於本例，PlaneFinder 履行資源伺服器的角色，因此應該控制或拒絕對所請求的有價值的資源之存取。`Aircraft Positions` 只是作為一個使用者客戶端，與安全基礎設施合作，讓使用者能被認證，然後將資源請求傳遞給資源伺服器。

我將 `@EnableWebSecurity` 注釋替換為 `@Configuration`，因為不再需要本地認證（local authentication）的自動組態。此外，類別標頭中的 `extends WebSecurityConfigurerAdapter` 也被刪除了，因為 `Aircraft Positions` 應用程式的這次修訂版並不限制對其端點的請求，而是把使用者的授權請求傳遞給 PlaneFinder，這樣它就可以將這些權限與每個資源允許的權限進行比較，並採取相應的行動。

接著，我在 `SecurityConfig` 類別中建立了一個 `WebClient` bean，以便在整個 `Aircraft Positions` 應用程式中使用。此時這並不是一個硬性要求，因為我可以單純把 OAuth2 組態納入到指定給 `PositionRetriever` 內成員變數的 `WebClient` 創建過程中，而且這樣做有說得通的道理存在。儘管如此，PositionRetriever 需要取用一個 WebClient，但設置 WebClient 來處理 OpenID Connect 和 OAuth2 組態，會與 PositionRetriever 的核心任務，也就是檢索飛機位置，相去甚遠。

建立並設置（configuring）一個 WebClient 來進行身份認證和授權，非常符合一個名為 SecurityConfig 的類別之能力範疇：

```
import org.springframework.context.annotation.Bean;
import org.springframework.context.annotation.Configuration;
import org.springframework.security.oauth2.client.registration
    .ClientRegistrationRepository;
import org.springframework.security.oauth2.client.web
    .OAuth2AuthorizedClientRepository;
import org.springframework.security.oauth2.client.web.reactive.function.client
    .ServletOAuth2AuthorizedClientExchangeFilterFunction;
import org.springframework.web.reactive.function.client.WebClient;

@Configuration
public class SecurityConfig {
    @Bean
    WebClient client(ClientRegistrationRepository regRepo,
                     OAuth2AuthorizedClientRepository cliRepo) {
        ServletOAuth2AuthorizedClientExchangeFilterFunction filter =
                new ServletOAuth2AuthorizedClientExchangeFilterFunction
                    (regRepo, cliRepo);

        filter.setDefaultOAuth2AuthorizedClient(true);

        return WebClient.builder()
                .baseUrl("http://localhost:7634/")
                .apply(filter.oauth2Configuration())
                .build();
    }
}
```

兩個 beans 被自動連接到 client() 這個 bean 創建方法中：

- ClientRegistrationRepository，一個列出由應用程式指定使用的 OAuth2 客戶端的清單，通常是在一個特性檔案（properties file）中，例如 *application.yml*
- OAuth2AuthorizedClientRepository，代表一名已認證使用者的一個 OAuth2 客戶端清單，並管理該使用者的 OAuth2AccessToken。

在創建和配置 WebClient bean 的方法中，我執行了以下操作：

1. 我以兩個注入的儲存庫初始化了一個過濾器函式。
2. 我確認應該使用預設的已授權客戶端。這是典型的情況，畢竟，經過認證的用戶通常是希望獲得資源存取權的資源所有，但對於涉及委任存取（delegated access）的用例，可以選擇使用一個不同的授權客戶端。我指定了 URL，並將為 OAuth2 配置的過濾器套用於 WebClient builder 並建置 WebClient，將其作為一個 Spring bean 回傳，並把它添加到 ApplicationContext 中。啟用了 OAuth2 的 WebClient 現在可以在整個 Aircraft Positions 應用程式中使用。

由於 WebClient bean 現在是由應用程式透過 bean 創建方法所創造的，所以我現在移除了創建一個 WebClient 物件並將之直接指定給 PositionRetriever 類別中一個成員變數的述句，並用一個簡單的成員變數宣告來取代它。使用 Lombok 的 @AllArgsConstructor 在類別上注釋，Lombok 會為它替該類別產生的「所有引數建構器（all arguments constructor）」自動新增一個 WebClient 參數。由於 WebClient bean 在 ApplicationContext 中是可以取用的，Spring Boot 會將之自動連接到 PositionRetriever 中，並在其中自動把它指定給 WebClient 成員變數。這個新重構的 PositionRetriever 類別現在看起來像這樣：

```
import lombok.AllArgsConstructor;
import org.springframework.stereotype.Component;
import org.springframework.web.reactive.function.client.WebClient;

@AllArgsConstructor
@Component
public class PositionRetriever {
    private final AircraftRepository repository;
    private final WebClient client;

    Iterable<Aircraft> retrieveAircraftPositions() {
        repository.deleteAll();

        client.get()
                .uri("/aircraft")
                .retrieve()
                .bodyToFlux(Aircraft.class)
                .filter(ac -> !ac.getReg().isEmpty())
                .toStream()
                .forEach(repository::save);

        return repository.findAll();
    }
}
```

在這一節的前面，我提到了 `ClientRegistrationRepository` 的使用，這是一個為應用程式指定所用的 OAuth2 客戶端的清單。有很多方式可以充填這個儲存庫，但其條目（entries）通常被指定為應用程式的特性（properties）。在這個例子中，我在 `Aircraft Positions` 的 *application.yml* 檔案中添加了以下資訊（這裡顯示的是虛構值）：

```
spring:
  security:
    oauth2:
      client:
        registration:
          okta:
            client-id: <your_assigned_client_id_here>
            client-secret: <your_assigned_client_secret_here>
        provider:
          okta:
            issuer-uri: https://<your_assigned_subdomain_here>
                        .oktapreview.com/oauth2/default
```

從 OpenID Connect + OAuth2 提供者獲取客戶端和發行者（Issuer）的詳細資訊

由於本節的重點是如何與受信任的第三方所提供的安全基礎設施進行互動，以正確並安全地開發 Spring Boot 應用程式，因此，為眾多的這些安全提供者一一說明創建帳戶、註冊應用程式以及為各種資源定義使用者權限的詳細步驟在某種程度上超出了本章所定義的範疇。幸運的是，在 Spring Security OAuth2 範例儲存庫（sample repository）中涵蓋了執行這些外部操作所需的程序。遵循這個連結以設置 Okta 作為 Authentication Provider（*https://oreil.ly/sbokta*）；相同文件中還包含了其他支援的提供者的類似步驟。

有了這些資訊之後，`Aircraft Positions` 應用程式的 `ClientRegistrationRepository` 將有 Okta 的單一條目，當使用者試圖存取應用程式時，將會自動使用該條目。

如果定義了多個條目，第一次請求時，將會呈現一個網頁，提示用戶選擇提供者。

我對 Aircraft Positions 還做了一個小更動（對 PositionRetriever 也做了一個小小的下游變更），單純是為了更好地展示成功和不成功的用戶授權。我複製了當前在 PositionController 類別中定義的唯一端點，將其重新命名，並為其指定了一個暗示著「僅限管理員（admin only）」的存取權限：

```
import lombok.AllArgsConstructor;
import org.springframework.web.bind.annotation.GetMapping;
import org.springframework.web.bind.annotation.RestController;

@AllArgsConstructor
@RestController
public class PositionController {
    private final PositionRetriever retriever;

    @GetMapping("/aircraft")
    public Iterable<Aircraft> getCurrentAircraftPositions() {
        return retriever.retrieveAircraftPositions("aircraft");
    }

    @GetMapping("/aircraftadmin")
    public Iterable<Aircraft> getCurrentAircraftPositionsAdminPrivs() {
        return retriever.retrieveAircraftPositions("aircraftadmin");
    }
}
```

為了適應使用 PositionRetriever 中單一方法對兩個 PlaneFinder 端點的存取動作，我改變了它的 retrieveAircraftPositions() 方法，以接受一個動態的路徑參數 String endpoint，並在建構客戶端請求時使用它。更新後的 PositionRetriever 類別看起來像這樣：

```
import lombok.AllArgsConstructor;
import org.springframework.stereotype.Component;
import org.springframework.web.reactive.function.client.WebClient;

@AllArgsConstructor
@Component
public class PositionRetriever {
    private final AircraftRepository repository;
    private final WebClient client;

    Iterable<Aircraft> retrieveAircraftPositions(String endpoint) {
        repository.deleteAll();

        client.get()
                .uri((null != endpoint) ? endpoint : "")
                .retrieve()
```

```
                .bodyToFlux(Aircraft.class)
                .filter(ac -> !ac.getReg().isEmpty())
                .toStream()
                .forEach(repository::save);

        return repository.findAll();
    }
}
```

`Aircraft Positions` 現在是一個完全配置好的 OpenID Connect 和 OAuth2 客戶端應用程式。接著，我重構 PlaneFinder 作為 OAuth2 的資源伺服器，根據請求向已授權的使用者提供資源。

PlaneFinder 資源伺服器

任何涉及到依存關係變化的重構，都要從建置檔（build file）開始著手。

新增 OpenID Connect 和 OAuth2 依存關係給 Aircraft Positions

如前所述，在未開發的客戶端應用程式中建立新的 Spring Boot OAuth2 資源伺服器時，只需透過 Spring Initializr 再添加一兩個依存關係即可，如圖 10-3 所示。

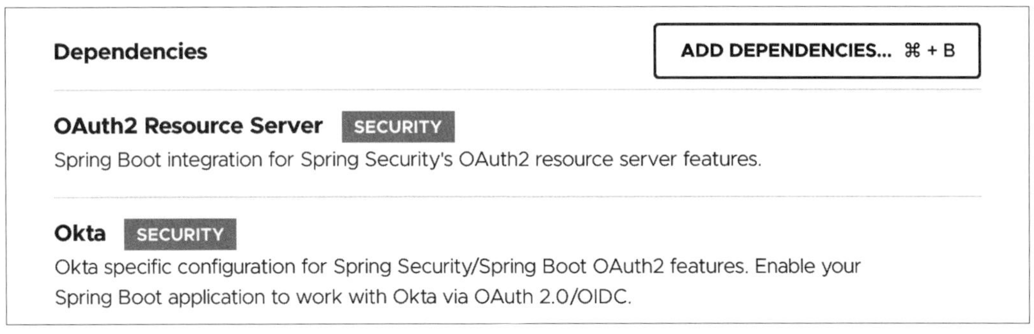

圖 10-3　Spring Initializr 中，使用 Okta 的 OAuth2 資源伺服器的依存關係

調查那些依存關係

由於我選擇在這些範例中使用 Okta 來實作 OpenID Connect 和 OAuth2 機制（安全基礎設施和程式庫），所以我只需在專案中添加 Okta Spring Boot 啟動器依存關係（starter dependency）就可以達到同樣的效果。Okta 依存關係帶來了 OAuth2 客戶端應用程式和資源伺服器所需的所有必要程式庫：

- Spring Security Config
- Spring Security Core
- Spring Security OAuth2 Client
- Spring Security Core
- Spring Security JOSE
- Spring Security Resource Server
- Spring Security Web

從 Initializr 添加 OAuth2 Resource Server 的依存關係不會為新的應用程式增加任何額外的負擔，因為它包括相同的依存關係，並少了 OAuth2 Client 的依存關係；Okta 的依存關係是一個超集合。我這樣做主要是作為一種視覺上的線索，這也是一種很好的實務做法，以避免在以後決定改變認證和授權提供者的情況下，必須去追查依存關係。儘管如此，我建議你總是檢查你應用程式的依存關係樹，並刪除非必要的依存關係。

更新現有的 PlaneFinder 應用程式非常直截了當。我將 Initializr 為 OAuth2 Resource Server 和 Okta 所添加的兩個依存關係新增到 PlaneFinder 的 *pom.xml* Maven 建置檔中，因為我們會使用他們的基礎設施來驗證權限：

```
<dependency>
    <groupId>org.springframework.boot</groupId>
    <artifactId>spring-boot-starter-oauth2-resource-server</artifactId>
</dependency>
<dependency>
    <groupId>com.okta.spring</groupId>
    <artifactId>okta-spring-boot-starter</artifactId>
    <version>1.4.0</version>
</dependency>
```

只要我重新整理此建置（build），就可以開始重構程式碼，以使 PlaneFinder 能夠驗證送入的請求所帶有的使用者權限，確認用戶的許可權並授予（或拒絕）對 PlaneFinder 資源的存取。

為資源的授權重構 PlaneFinder

使用 Okta 為我們的分散式系統啟用 OpenID Connect 和 OAuth2 認證與授權功能的大部分工作在此時都已完成。重構 PlaneFinder 以正確履行 OAuth2 資源伺服器的職責，只需要很少的工夫：

- 整合 JWT（JSON Web Token）的支援
- 將 JWTs（讀作「jots」）內提供的權限與獲得指定資源所需的權限進行比較

這兩個任務都可以透過創建單一個 SecurityWebFilterChain bean 來完成，Spring Security 將用它來檢索、驗證和比較送入請求的 JWT 內容與所需的權限。

我再次建立一個 SecurityConfig 類別，並用 @Configuration 注釋它，為 bean 創建方法提供一個獨特的位置。接下來，我建立一個 securityWebFilterChain() 方法，如下所示：

```
import org.springframework.context.annotation.Bean;
import org.springframework.context.annotation.Configuration;
import org.springframework.security.config.web.server.ServerHttpSecurity;
import org.springframework.security.web.server.SecurityWebFilterChain;

@Configuration
public class SecurityConfig {
    @Bean
    public SecurityWebFilterChain securityWebFilterChain(ServerHttpSecurity http) {
        http
                .authorizeExchange()
                .pathMatchers("/aircraft/**").hasAuthority("SCOPE_closedid")
                .pathMatchers("/aircraftadmin/**").hasAuthority("SCOPE_openid")
                .and().oauth2ResourceServer().jwt();

        return http.build();
    }
}
```

為了建立這個過濾器串鏈（filter chain），我將 Spring Boot 的安全性自動組態所提供的現有的 ServerHttpSecurity bean 自動連接起來。這個 bean 將與啟用 WebFlux 的應用程式（即 classpath 上有 spring-boot-starter-webflux 的時候）並用。

在 classpath 上沒有 WebFlux 的應用程式將使用 `HttpSecurity` bean 及其相應的方法來替代，就像本章前面基於表單的認證範例一樣。

接著，我設定 `ServerHttpSecurity` bean 的安全條件，指定該如何處理請求。為此，我提供了兩個資源路徑來匹配請求及其所需的使用者權限；我還啟用了 OAuth2 的資源伺服器支援，使用 JWT 來承載使用者資訊。

JWT 有時被稱為承載權杖（bearer tokens），因為它們承載了用戶對資源的存取權限。

最後，我從 `ServerHttpSecurity` bean 建構出 `SecurityWebFilterChain`，並將其回傳，使其在整個 PlaneFinder 應用程式中可作為一個 bean 使用。

當一個請求到達時，過濾器串鏈會把所請求的資源路徑與串鏈中指定的路徑進行比較，直到找到匹配為止。一旦匹配，應用程式就會與 OAuth2 提供商（本例中為 Okta）驗證權杖（token）的有效性，然後將所包含的權限與存取對映資源所需的權限進行比較。如果得到有效匹配，則允許存取；如果不匹配，應用程式將回傳一個 *403 Forbidden* 狀態碼。

你可能已經注意到，第二個 `pathMatcher` 指定了一個在 PlaneFinder 中（尚）不存在的資源路徑。我把這個路徑添加到 PlaneController 類別中，完全只是為了能夠提供成功和失敗的權限檢查範例。

OAuth2 提供者可能包括幾個預設的權限，包括 *openid*、*email*、*profile* 等。在範例的過濾器串鏈中，我檢查了一個不存在的（對於我的提供者和 OAuth2 權限組態來說）*closedid* 權限；因此，對路徑以 */aircraft* 開頭的資源的任何請求都將失敗。按照目前的寫法，只要送入的請求所要求的資源路徑以 */aircraftadmin* 開頭，並具備有效權杖，它們都會成功。

Spring Security 把「SCOPE_」加到 OAuth2 提供者所提供的授權前面，將 Spring Security 內部的範疇（scopes）概念與 OAuth2 授權做 1:1 的映射。對於使用 Spring Security 與 OAuth2 的開發人員來說，知道這一點很重要，但這是個沒有實際意義的區別。

為了完成程式碼的重構，我現在將前面路徑匹配器中所參考的 */aircraftadmin* 端點映射新增到 PlaneFinder 的 `PlaneController` 類別中，簡單複製現有的 */aircraft* 端點之功能，以展示具有不同存取條件的兩個端點：

```
import org.springframework.messaging.handler.annotation.MessageMapping;
import org.springframework.stereotype.Controller;
import org.springframework.web.bind.annotation.GetMapping;
import org.springframework.web.bind.annotation.ResponseBody;
import reactor.core.publisher.Flux;

import java.io.IOException;
import java.time.Duration;

@Controller
public class PlaneController {
    private final PlaneFinderService pfService;

    public PlaneController(PlaneFinderService pfService) {
        this.pfService = pfService;
    }

    @ResponseBody
    @GetMapping("/aircraft")
    public Flux<Aircraft> getCurrentAircraft() throws IOException {
        return pfService.getAircraft();
    }

    @ResponseBody
    @GetMapping("/aircraftadmin")
    public Flux<Aircraft> getCurrentAircraftByAdmin() throws IOException {
        return pfService.getAircraft();
    }

    @MessageMapping("acstream")
    public Flux<Aircraft> getCurrentACStream() throws IOException {
        return pfService.getAircraft().concatWith(
                Flux.interval(Duration.ofSeconds(1))
                        .flatMap(l -> pfService.getAircraft()));
    }
}
```

最後，我必須向應用程式指明去哪裡訪問 OAuth2 提供者，以便驗證傳入的 JWT。由於 OAuth2 提供者端點的規格有一定的自由度，因此在如何完成這項工作方面可能多少會有變化，但 Okta 很有幫助地實作了一個發行者 URI（issuer URI），作為組態的中心 URI，從這個 URI 可以獲得其他必要的 URI。這就減少了應用程式開發者新增單一特性的負擔。

我已經將 *application.properties* 檔案從鍵值與值對組（key-value pairs）的格式轉換為了 *application.yml*，這允許結構化的特性樹，減少了一些重複。請注意，這是選擇性的，但當特性鍵值的重複性開始顯現時，這會很有用處。

```
spring:
  security:
    oauth2:
      resourceserver:
        jwt:
          issuer-uri: https://<your_assigned_subdomain_here>.oktapreview.com/
              oauth2/default
  rsocket:
    server:
      port: 7635

server:
  port: 7634
```

現在所有的元素都到位了，我重新啟動 PlaneFinder OAuth2 資源伺服器和 Aircraft Positions OpenID Connect + OAuth2 客戶端應用程式來驗證結果。在瀏覽器中載入 Aircraft Positions 的 */aircraftadmin* API 端點的位址（*http://localhost:8080/aircraftadmin*），我被重導到 Okta 進行認證，如圖 10-4 所示。

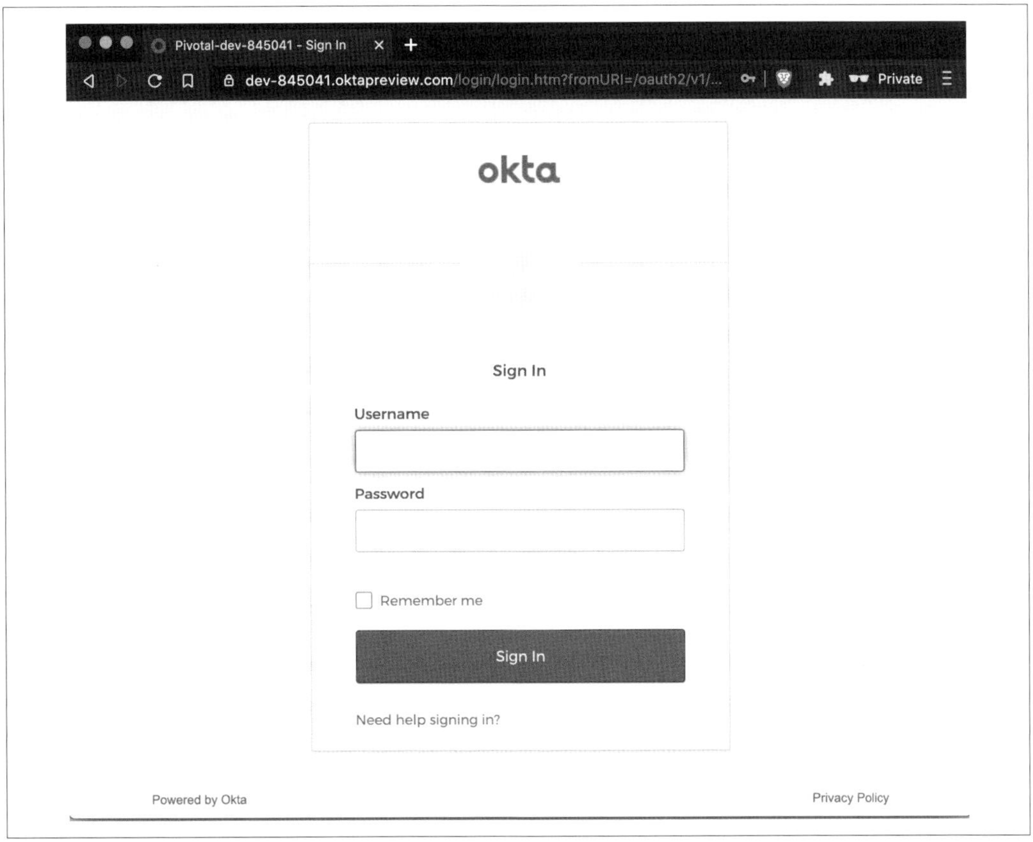

圖 10-4　OpenID Connect 供應商（Okta）所提供的登入提示

只要我提供有效的用戶憑證，Okta 就會將經過認證的用戶（我）重導至客戶端應用程式 `Aircraft Positions`。我請求的端點接著向 PlaneFinder 請求飛機位置，並將 Okta 提供的 JWT 傳遞給它。一旦 PlaneFinder 將請求的路徑與資源路徑相匹配，並驗證了 JWT 及其包含的權限，它就會將當前的飛機位置回應給 `Aircraft Positions` 客戶端應用程式，而它則會把那些位置提供給我，如圖 10-5 所示。

localhost:8080/aircraftadmin

localhost:8080/aircraftadmin

Raw Parsed


```
[
  {
    "id": 1,
    "callsign": "N684CA",
    "squawk": "5635",
    "reg": "N684CA",
    "flightno": "",
    "route": "",
    "type": "P46T",
    "category": "A1",
    "altitude": 28000,
    "heading": 305,
    "speed": 204,
    "lat": 38.85692,
    "lon": -90.475281,
    "barometer": 1013.6,
    "vert_rate": 0,
    "selected_altitude": 28000,
    "polar_distance": 15.178367,
    "polar_bearing": 246.770022,
    "is_adsb": true,
    "is_on_ground": false,
    "last_seen_time": "2020-10-18T17:18:41Z",
    "pos_update_time": "2020-10-18T17:18:39Z",
    "bds40_seen_time": "2020-10-18T17:18:38Z"
  },
  {
    "id": 2,
    "callsign": null,
    "squawk": null,
    "reg": "N11TS",
    "flightno": "",
    "route": "FAT-SDF",
    "type": "F2TH",
    "category": "A2",
    "altitude": 41000,
    "heading": 97,
    "speed": 547,
    "lat": 38.552282,
    "lon": -90.286316,
    "barometer": 0,
```


圖 10-5 成功回傳當前飛機位置

如果請求一個我沒有權限的資源會怎樣？要查看授權失敗的例子，我試著存取 `Aircraft Positions` 的 */aircraft* 端點（位於 *http://localhost:8080/aircraft*），結果如圖 10-6 所示。請注意，由於我已經進行了身份驗證，所以我不需要重新認證就可以繼續存取 `Aircraft Positions` 應用程式。

圖 10-6　授權失敗的結果

請注意，這個回應並沒有提供太多關於檢索結果失敗的資訊。一般認為，避免洩露細節是良好的安全實務做法，因為這些細節可能會向潛在的惡意行為者提供有助於攻擊成功的資訊。然而，在訪問 `Aircraft Positions` 的日誌（logs）時，我看到了以下附加資訊：

```
Forbidden: 403 Forbidden from GET http://localhost:7634/aircraft with root cause
```

這正是預期的反應，因為匹配在 */aircraft* 或它底下資源之請求的 PlaneFinder 過濾器預期未定義的權限 *closedid*，這當然沒有提供。

這些例子經過最大程度的精煉，但它們代表了使用受人信任的第三方安全提供者的 OpenID Connect 認證和 OAuth2 授權的關鍵面向。其他可以為 Spring Boot 應用程式自訂和擴充這種類型認證和授權的一切工作都建立在這些基本原則和步驟之上。

順勢而為

本節中的範例運用 Authorization Code Grant 所產生的 Authorization Code Flow。Authorization Code Flow 是安全 Web 應用程式的典型建構過程，同時也是推薦原生應用程式（native applications）使用的 Authorization Code Flow with PKCE（Proof Key for Code Exchange）的核心部分。

還有其他流程（flows）存在，值得注意的有 Resource Owner Password Flow、Implicit Flow 以及 Client Credentials Flow，但其他的這些流程及其限制和特殊用例，已超出了本章的範圍。

程式碼 *Checkout* 檢查

完整的章節程式碼，請 check out 程式碼儲存庫的分支 *chapter10end*。

總結

理解認證和授權的概念對於打造安全的應用程式來說至關緊要，為使用者驗證（user verification）和存取控制（access control）提供了基礎。Spring Security 將認證和授權的選項與 HTTP 防火牆、過濾器串鏈等其他機制相結合，廣泛運用 IETF 和 W3C 的交換標準與選項，以幫助鎖定應用程式。採用安全的開箱即用思路，Spring Security 利用 Boot 強大的自動組態功能來估算開發人員的輸入和可用的依存關係，以最少的努力為 Spring Boot 應用程式提供最大的安全性。

本章討論了安全性的幾個核心面向，以及它們如何套用到應用程式之上。我示範了將 Spring Security 整合到 Spring Boot 應用程式的多種方式，以強化應用程式的安全態勢，縮小涵蓋範圍中的危險漏洞，並減少攻擊的表面積。

下一章檢視將你的 Spring Boot 應用程式部署（deploy）到各種目標目的地的方式，並討論了它們的相對優點。我還演示了如何建立這些部署工件（deployment artifacts），為它們的最佳化執行提供了選擇，並展示如何驗證其元件和出處（provenance）。

第十一章

部署你的 Spring Boot 應用程式

在軟體開發中，部署（deployment）是一個應用程式進入生產（production）的入口匝道。

無論一個應用程式向其終端使用者承諾了什麼功能，在用戶能夠實際使用該應用程式之前，它都等同於一個學術性的假設練習。無論是比喻或事實，部署都可以說是一種報酬（payoff）。

參考 Spring Initializr，許多開發者都知道 Spring Boot 應用程式可以創建為 WAR 檔案或 JAR 檔案。這些開發者中的大多數人也知道，有許多很好的理由（本書前面已經提到了其中的幾個）來放棄 WAR 選項而創建可執行的 JAR 檔案，而很少有好理由去做相反的事情。很多開發人員可能沒有意識到的是，即使是在建置一個 Spring Boot 可執行 JAR 時，也有許多部署選項能夠滿足各種需求和用例。

在本章中，我將檢視如何使用對不同目標目的地（target destinations）有利的選項來部署你的 Spring Boot 應用程式，並討論它們的相對優點。然後，我示範如何建立這些部署工件（deployment artifacts）、解釋最佳執行的選項，並展示如何驗證它們的元件和出處。幾乎可以肯定是，就部署 Spring Boot 應用程式而言，你所擁有的工具比你意識到的更多、更好。

程式碼 *Checkout* 檢查

請從程式碼儲存庫 check out 分支 *chapter11begin* 以開始進行。

重訪 Spring Boot 的可執行 JAR

正如在第一章中所討論的那樣，Spring Boot 的可執行 JAR（executable JAR）在自成一體的可測試和可部署的一個單元中提供了最大的實用性和通用性。它的創建和反覆修訂速度快，可根據環境的變化動態地自動配置，而且其發佈和維護的工作簡單到極致。

每個雲端提供商都有提供一種應用程式託管（application hosting）的選項，從原型設計（prototyping）到生產部署（production deployments）都廣泛使用這種功能，而這些應用平台大多預期一個基本上自足且可部署的應用程式，只提供最基本的環境要件。一個 Spring Boot JAR 可以很自然地融入這些乾淨的環境，只需要有 JDK 存在就可以實現無阻力的執行；由於 Spring Boot 與應用程式託管的無間契合，一些平台甚至直接指名使用 Spring Boot。藉由內建機制來處理外部的互動，例如涉及 HTTP 的交換、訊息傳遞等等，Spring Boot 應用程式可以省去安裝、配置和維護應用程式伺服器（application server）的工夫或其他外部因素。這大幅減少了開發人員的工作量和應用程式平台的額外負擔。

由於 Spring Boot 應用程式擁有對依存程式庫（dependent libraries）的完全控制權，因此它消除了變更外部依存關係的恐懼。多年來，對於應用程式伺服器、servlet 引擎、資料庫或訊息程式庫，或其他任何關鍵元件的預定更新，已經使無數非 Boot 應用程式崩潰過。如果應用程式仰賴的外部元件是由底層的 app 平台所維護，開發人員就必須對他們「動搖了世界」（可能只是因為一個依存的程式庫發佈了新的版本）而導致的非預期故障保持高度的警戒。這是個刺激的年代。

有了 Spring Boot 應用程式，對於任何依存關係，無論是核心的 Spring 程式庫，還是第二層（或第三層，或第四層等）的依存關係，升級起來都會減少很多痛苦和壓力。應用程式開發人員升級和測試應用程式，並且只有在一切都按預期運作時，才會部署更新（通常使用 blue-green deployment（*https://en.wikipedia.org/wiki/Blue-green_deployment*））。由於依存關係對於應用程式來說不再是外部的，而是與應用程式捆綁在一起，因此開發人員可以完全控制依存關係的版本和升級時間。

Spring Boot JAR 還有另一個實用的技巧，由 Spring Boot Maven 和 Gradle 的外掛提供：建立有時被稱為「完全可執行（fully executable）」的 JAR 之能力。這個引號是刻意的，在官方文件中也有，因為應用程式的運作仍然需要 JDK。那麼「完全可執行」的 Spring Boot 應用程式是什麼意思呢？而該如何創建它呢？

讓我們先從如何創建開始。

建置一個「完全可執行（Fully Executable）」的 Spring Boot JAR

我將在這個例子中使用 PlaneFinder。為了便於比較，我在命令列使用 `mvn clean package` 從建置專案，不做任何修改。結果就是在專案的 *target*（目標）目錄底下創建了以下 JAR（結果經過修剪頁面才容納得下）。

```
» ls -lb target/*.jar

-rw-r--r--  1 markheckler  staff  27085204 target/planefinder-0.0.1-SNAPSHOT.jar
```

這個 Spring Boot JAR 被稱為一個**可執行的** *JAR*（*executable JAR*），因為它由整個應用程式構成，而不需要外部的下游依存關係，它執行所需的，只是由安裝的 JDK 所提供的 JVM。在它目前的狀態之下執行這個 app 看起來會像這樣（結果經過修剪和編輯頁面才能容納）：

```
» java -jar target/planefinder-0.0.1-SNAPSHOT.jar
```

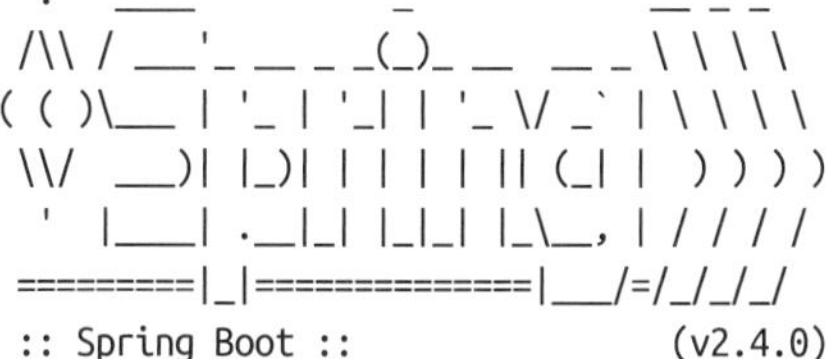

```
 :: Spring Boot ::                (v2.4.0)

: Starting PlanefinderApplication v0.0.1-SNAPSHOT
: No active profile set, falling back to default profiles: default
: Bootstrapping Spring Data R2DBC repositories in DEFAULT mode.
: Finished Spring Data repository scanning in 132 ms. Found 1 R2DBC
  repository interfaces.
: Netty started on port(s): 7634
: Netty RSocket started on port(s): 7635
: Started PlanefinderApplication in 2.75 seconds (JVM running for 3.106)
```

當然，這和預期的一樣，這可以作為下一步工作的基準線。現在我重新審視 PlaneFinder 的 *pom.xml*，將指定的 XML 程式碼片段添加到 `spring-boot-maven-plug-in` 的現有段落，如圖 11-1 所示。

```
<build>
    <plugins>
        <plugin>
            <groupId>org.springframework.boot</groupId>
            <artifactId>spring-boot-maven-plugin</artifactId>
            <version>2.4.0</version>
            <configuration>
                <executable>true</executable>
            </configuration>
        </plugin>
    </plugins>
</build>
```

圖 11-1　PlaneFinder 的 pom.xml 檔案的外掛段落

回到終端機，我再次使用 mvn clean package 從命令列建置專案。這一次，在專案的 target 目錄底下建立的 JAR 有一個明顯的不同，如下圖所示（結果被修剪到適合頁面）：

```
» ls -lb target/*.jar

-rwxr--r--  1 markheckler  staff  27094314 target/planefinder-0.0.1-SNAPSHOT.jar
```

它比 Boot 的標準可執行 JAR 稍微大了一點，達到了 9,110 個位元組，也就是快要 9 KB。這對你有什麼好處呢？

Java 的 JAR 檔案會從頭到尾被讀取（是的，你沒有看錯），直到找到檔案結尾的標記（end-of-file marker）為止。建立所謂「完全可執行的 JAR」時，Spring Boot Maven 的外掛會巧妙地在一般的 Spring Boot 可執行 JAR 的開頭加上一段指令稿（script），使其能夠像其他可執行的二進位檔案（executable binary）一樣在 Unix 或 Linux 系統上執行（假設有 JDK 存在），包括能以 init.d 或 systemd 註冊它。在編輯器中檢查 PlaneFinder 的 JAR，結果會像這樣（為了簡潔起見，只顯示了一部分的指令稿標頭，它原本的內容相當豐富）：

```
#!/bin/bash
#
#    .   ____          _            __ _ _
#   /\\ / ___'_ __ _ _(_)_ __  __ _ \ \ \ \
#  ( ( )\___ | '_ | '_| | '_ \/ _` | \ \ \ \
#   \\/  ___)| |_)| | | | | || (_| |  ) ) ) )
#    '  |____| .__|_| |_|_| |_\__, | / / / /
#   =========|_|==============|___/=/_/_/_/
#   :: Spring Boot Startup Script ::
#

### BEGIN INIT INFO
# Provides:          planefinder
# Required-Start:    $remote_fs $syslog $network
# Required-Stop:     $remote_fs $syslog $network
# Default-Start:     2 3 4 5
# Default-Stop:      0 1 6
# Short-Description: planefinder
# Description:       Data feed for SBUR
# chkconfig:         2345 99 01
### END INIT INFO

...

# Action functions
start() {
  if [[ -f "$pid_file" ]]; then
    pid=$(cat "$pid_file")
    isRunning "$pid" && { echoYellow "Already running [$pid]"; return 0; }
  fi
  do_start "$@"
}

do_start() {
  working_dir=$(dirname "$jarfile")
  pushd "$working_dir" > /dev/null
  if [[ ! -e "$PID_FOLDER" ]]; then
    mkdir -p "$PID_FOLDER" &> /dev/null
    if [[ -n "$run_user" ]]; then
      chown "$run_user" "$PID_FOLDER"
    fi
  fi
  if [[ ! -e "$log_file" ]]; then
    touch "$log_file" &> /dev/null
    if [[ -n "$run_user" ]]; then
      chown "$run_user" "$log_file"
```

```
    fi
  fi
  if [[ -n "$run_user" ]]; then
    checkPermissions || return $?
    if [ $USE_START_STOP_DAEMON = true ] && type start-stop-daemon >
        /dev/null 2>&1; then
      start-stop-daemon --start --quiet \
        --chuid "$run_user" \
        --name "$identity" \
        --make-pidfile --pidfile "$pid_file" \
        --background --no-close \
        --startas "$javaexe" \
        --chdir "$working_dir" \
        —"${arguments[@]}" \
        >> "$log_file" 2>&1
      await_file "$pid_file"
    else
      su -s /bin/sh -c "$javaexe $(printf "\"%s\" " "${arguments[@]}") >>
        \"$log_file\" 2>&1 & echo \$!" "$run_user" > "$pid_file"
    fi
    pid=$(cat "$pid_file")
  else
    checkPermissions || return $?
    "$javaexe" "${arguments[@]}" >> "$log_file" 2>&1 &
    pid=$!
    disown $pid
    echo "$pid" > "$pid_file"
  fi
  [[ -z $pid ]] && { echoRed "Failed to start"; return 1; }
  echoGreen "Started [$pid]"
}

stop() {
  working_dir=$(dirname "$jarfile")
  pushd "$working_dir" > /dev/null
  [[ -f $pid_file ]] ||
    { echoYellow "Not running (pidfile not found)"; return 0; }
  pid=$(cat "$pid_file")
  isRunning "$pid" || { echoYellow "Not running (process ${pid}).
    Removing stale pid file."; rm -f "$pid_file"; return 0; }
  do_stop "$pid" "$pid_file"
}

do_stop() {
  kill "$1" &> /dev/null || { echoRed "Unable to kill process $1"; return 1; }
  for ((i = 1; i <= STOP_WAIT_TIME; i++)); do
```

```
    isRunning "$1" || { echoGreen "Stopped [$1]"; rm -f "$2"; return 0; }
    [[ $i -eq STOP_WAIT_TIME/2 ]] && kill "$1" &> /dev/null
    sleep 1
  done
  echoRed "Unable to kill process $1";
  return 1;
}

force_stop() {
  [[ -f $pid_file ]] ||
    { echoYellow "Not running (pidfile not found)"; return 0; }
  pid=$(cat "$pid_file")
  isRunning "$pid" ||
    { echoYellow "Not running (process ${pid}). Removing stale pid file.";
    rm -f "$pid_file"; return 0; }
  do_force_stop "$pid" "$pid_file"
}

do_force_stop() {
  kill -9 "$1" &> /dev/null ||
      { echoRed "Unable to kill process $1"; return 1; }
  for ((i = 1; i <= STOP_WAIT_TIME; i++)); do
    isRunning "$1" || { echoGreen "Stopped [$1]"; rm -f "$2"; return 0; }
    [[ $i -eq STOP_WAIT_TIME/2 ]] && kill -9 "$1" &> /dev/null
    sleep 1
  done
  echoRed "Unable to kill process $1";
  return 1;
}

restart() {
  stop && start
}

force_reload() {
  working_dir=$(dirname "$jarfile")
  pushd "$working_dir" > /dev/null
  [[ -f $pid_file ]] || { echoRed "Not running (pidfile not found)";
      return 7; }
  pid=$(cat "$pid_file")
  rm -f "$pid_file"
  isRunning "$pid" || { echoRed "Not running (process ${pid} not found)";
      return 7; }
  do_stop "$pid" "$pid_file"
  do_start
}
```

```
status() {
  working_dir=$(dirname "$jarfile")
  pushd "$working_dir" > /dev/null
  [[ -f "$pid_file" ]] || { echoRed "Not running"; return 3; }
  pid=$(cat "$pid_file")
  isRunning "$pid" || { echoRed "Not running (process ${pid} not found)";
      return 1; }
  echoGreen "Running [$pid]"
  return 0
}

run() {
  pushd "$(dirname "$jarfile")" > /dev/null
  "$javaexe" "${arguments[@]}"
  result=$?
  popd > /dev/null
  return "$result"
}

# Call the appropriate action function
case "$action" in
start)
  start "$@"; exit $?;;
stop)
  stop "$@"; exit $?;;
force-stop)
  force_stop "$@"; exit $?;;
restart)
  restart "$@"; exit $?;;
force-reload)
  force_reload "$@"; exit $?;;
status)
  status "$@"; exit $?;;
run)
  run "$@"; exit $?;;
*)
  echo "Usage: $0 {start|stop|force-stop|restart|force-reload|status|run}";
    exit 1;
esac

exit 0
<binary portion omitted>
```

Spring Boot Maven（或 Gradle，如果選擇 Gradle 作為建置系統的話）外掛還會為輸出的 JAR 設置檔案擁有者的讀、寫和執行（rwx）權限。這樣做可以使其如前所述被執行，並允許標頭指令稿找出 JDK，為應用程式的執行做準備，並按照這裡所展示的那樣執行它（結果經過修剪和編輯以放入頁面）。

```
» target/planefinder-0.0.1-SNAPSHOT.jar
```

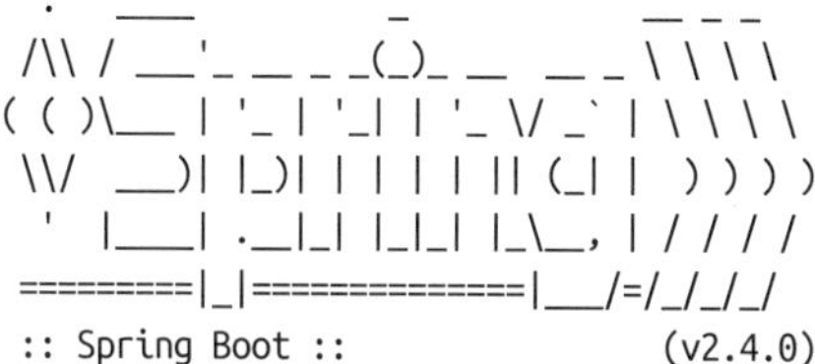

```
: Starting PlanefinderApplication v0.0.1-SNAPSHOT
: No active profile set, falling back to default profiles: default
: Bootstrapping Spring Data R2DBC repositories in DEFAULT mode.
: Finished Spring Data repository scanning in 185 ms.
  Found 1 R2DBC repository interfaces.
: Netty started on port(s): 7634
: Netty RSocket started on port(s): 7635
: Started PlanefinderApplication in 2.938 seconds (JVM running for 3.335)
```

現在我已經示範過了如何操作，是時候討論一下這個選項為我們帶來了什麼。

這有什麼意義呢？

創建 Spring Boot「完全可執行」JAR 的能力無法解決所有問題，但它確實提供了一種獨特的能力，以便在必要時與基於 Unix 和 Linux 的底層系統進行更深入的整合。因為內嵌有啟動指令稿和執行權限，新增一個 Spring Boot 應用程式以提供啟動功能的工作變得非常簡單。

如果您不需要或無法在你當前的應用程式環境中運用該項功能，你應該單純繼續建立使用 `java -jar` 的典型 Spring Boot 可執行 JAR 作為輸出。這只是你的工具箱中的另一個工具，它是免費提供的，幾乎不需要你費力去實作，需要時就可使用它。

爆發的 JAR

Spring Boot 的創新做法是將依存的 JAR 檔案完整無缺地內嵌在 Boot 的可執行 JAR 中，這對後續的操作（如解壓縮）非常有利。將添加它們到 Spring Boot 可執行 JAR 中的過程反轉過來，就能以原始的、未被改變的狀態生成元件的工件（component artifacts）。這聽起來很簡單，因為這**真的**很簡單。

你可能會想把 Spring Boot 的可執行 JAR 再還原成各個獨立的部分，原因有很多：

- 解壓縮後的 Boot 應用程式提供了稍快的執行速度。這很少會是還原的充分理由，但這是一個不錯的紅利。
- 解壓縮後的依存關係是易於替換的離散單元。應用程式的更新可以更快或以更低的頻寬完成，因為只有改變過的檔案必須重新部署。
- 許多雲端平台，例如 Heroku 和 Cloud Foundry 的任何建置版（build）或品牌 / 衍生品（brand/derivative），都將此作為應用部署過程的一部分。最大限度地對映本地和遠端環境可以幫忙保持一致性，並在必要時協助診斷任何問題。

標準的 Spring Boot 可執行 JAR 和「完全可執行」的 JAR， 這兩者都可以使用 `jar -xvf <spring_boot_jar>` 以下列方式進行還原（為簡潔起見，刪除了大部分檔條目）：

```
» mkdir expanded
» cd expanded
» jar -xvf ../target/planefinder-0.0.1-SNAPSHOT.jar
  created: META-INF/
 inflated: META-INF/MANIFEST.MF
  created: org/
  created: org/springframework/
  created: org/springframework/boot/
  created: org/springframework/boot/loader/
  created: org/springframework/boot/loader/archive/
  created: org/springframework/boot/loader/data/
  created: org/springframework/boot/loader/jar/
  created: org/springframework/boot/loader/jarmode/
  created: org/springframework/boot/loader/util/
  created: BOOT-INF/
  created: BOOT-INF/classes/
  created: BOOT-INF/classes/com/
  created: BOOT-INF/classes/com/thehecklers/
  created: BOOT-INF/classes/com/thehecklers/planefinder/
  created: META-INF/maven/
  created: META-INF/maven/com.thehecklers/
  created: META-INF/maven/com.thehecklers/planefinder/
```

```
  inflated: BOOT-INF/classes/schema.sql
  inflated: BOOT-INF/classes/application.properties
  inflated: META-INF/maven/com.thehecklers/planefinder/pom.xml
  inflated: META-INF/maven/com.thehecklers/planefinder/pom.properties
   created: BOOT-INF/lib/
  inflated: BOOT-INF/classpath.idx
  inflated: BOOT-INF/layers.idx
»
```

一旦檔案解壓縮了，我發現使用 *nix tree 命令來檢視其結構可以有更視覺化的線索可循：

```
» tree
.
├── BOOT-INF
│   ├── classes
│   │   ├── application.properties
│   │   ├── com
│   │   │   └── thehecklers
│   │   │       └── planefinder
│   │   │           ├── Aircraft.class
│   │   │           ├── DbConxInit.class
│   │   │           ├── PlaneController.class
│   │   │           ├── PlaneFinderService.class
│   │   │           ├── PlaneRepository.class
│   │   │           ├── PlanefinderApplication.class
│   │   │           └── User.class
│   │   └── schema.sql
│   ├── classpath.idx
│   ├── layers.idx
│   └── lib
│       ├── h2-1.4.200.jar
│       ├── jackson-annotations-2.11.3.jar
│       ├── jackson-core-2.11.3.jar
│       ├── jackson-databind-2.11.3.jar
│       ├── jackson-dataformat-cbor-2.11.3.jar
│       ├── jackson-datatype-jdk8-2.11.3.jar
│       ├── jackson-datatype-jsr310-2.11.3.jar
│       ├── jackson-module-parameter-names-2.11.3.jar
│       ├── jakarta.annotation-api-1.3.5.jar
│       ├── jul-to-slf4j-1.7.30.jar
│       ├── log4j-api-2.13.3.jar
│       ├── log4j-to-slf4j-2.13.3.jar
│       ├── logback-classic-1.2.3.jar
│       ├── logback-core-1.2.3.jar
│       ├── lombok-1.18.16.jar
│       ├── netty-buffer-4.1.54.Final.jar
```

```
│       ├── netty-codec-4.1.54.Final.jar
│       ├── netty-codec-dns-4.1.54.Final.jar
│       ├── netty-codec-http-4.1.54.Final.jar
│       ├── netty-codec-http2-4.1.54.Final.jar
│       ├── netty-codec-socks-4.1.54.Final.jar
│       ├── netty-common-4.1.54.Final.jar
│       ├── netty-handler-4.1.54.Final.jar
│       ├── netty-handler-proxy-4.1.54.Final.jar
│       ├── netty-resolver-4.1.54.Final.jar
│       ├── netty-resolver-dns-4.1.54.Final.jar
│       ├── netty-transport-4.1.54.Final.jar
│       ├── netty-transport-native-epoll-4.1.54.Final-linux-x86_64.jar
│       ├── netty-transport-native-unix-common-4.1.54.Final.jar
│       ├── r2dbc-h2-0.8.4.RELEASE.jar
│       ├── r2dbc-pool-0.8.5.RELEASE.jar
│       ├── r2dbc-spi-0.8.3.RELEASE.jar
│       ├── reactive-streams-1.0.3.jar
│       ├── reactor-core-3.4.0.jar
│       ├── reactor-netty-core-1.0.1.jar
│       ├── reactor-netty-http-1.0.1.jar
│       ├── reactor-pool-0.2.0.jar
│       ├── rsocket-core-1.1.0.jar
│       ├── rsocket-transport-netty-1.1.0.jar
│       ├── slf4j-api-1.7.30.jar
│       ├── snakeyaml-1.27.jar
│       ├── spring-aop-5.3.1.jar
│       ├── spring-beans-5.3.1.jar
│       ├── spring-boot-2.4.0.jar
│       ├── spring-boot-autoconfigure-2.4.0.jar
│       ├── spring-boot-jarmode-layertools-2.4.0.jar
│       ├── spring-context-5.3.1.jar
│       ├── spring-core-5.3.1.jar
│       ├── spring-data-commons-2.4.1.jar
│       ├── spring-data-r2dbc-1.2.1.jar
│       ├── spring-data-relational-2.1.1.jar
│       ├── spring-expression-5.3.1.jar
│       ├── spring-jcl-5.3.1.jar
│       ├── spring-messaging-5.3.1.jar
│       ├── spring-r2dbc-5.3.1.jar
│       ├── spring-tx-5.3.1.jar
│       ├── spring-web-5.3.1.jar
│       └── spring-webflux-5.3.1.jar
├── META-INF
│   ├── MANIFEST.MF
│   └── maven
│       └── com.thehecklers
│           └── planefinder
│
```

```
│               ├── pom.properties
│               └── pom.xml
└── org
    └── springframework
        └── boot
            └── loader
                ├── ClassPathIndexFile.class
                ├── ExecutableArchiveLauncher.class
                ├── JarLauncher.class
                ├── LaunchedURLClassLoader$DefinePackageCallType.class
                ├── LaunchedURLClassLoader
                $UseFastConnectionExceptionsEnumeration.class
                ├── LaunchedURLClassLoader.class
                ├── Launcher.class
                ├── MainMethodRunner.class
                ├── PropertiesLauncher$1.class
                ├── PropertiesLauncher$ArchiveEntryFilter.class
                ├── PropertiesLauncher$ClassPathArchives.class
                ├── PropertiesLauncher$PrefixMatchingArchiveFilter.class
                ├── PropertiesLauncher.class
                ├── WarLauncher.class
                ├── archive
                │   ├── Archive$Entry.class
                │   ├── Archive$EntryFilter.class
                │   ├── Archive.class
                │   ├── ExplodedArchive$AbstractIterator.class
                │   ├── ExplodedArchive$ArchiveIterator.class
                │   ├── ExplodedArchive$EntryIterator.class
                │   ├── ExplodedArchive$FileEntry.class
                │   ├── ExplodedArchive$SimpleJarFileArchive.class
                │   ├── ExplodedArchive.class
                │   ├── JarFileArchive$AbstractIterator.class
                │   ├── JarFileArchive$EntryIterator.class
                │   ├── JarFileArchive$JarFileEntry.class
                │   ├── JarFileArchive$NestedArchiveIterator.class
                │   └── JarFileArchive.class
                ├── data
                │   ├── RandomAccessData.class
                │   ├── RandomAccessDataFile$1.class
                │   ├── RandomAccessDataFile$DataInputStream.class
                │   ├── RandomAccessDataFile$FileAccess.class
                │   └── RandomAccessDataFile.class
                ├── jar
                │   ├── AbstractJarFile$JarFileType.class
                │   ├── AbstractJarFile.class
                │   ├── AsciiBytes.class
                │   ├── Bytes.class
```

```
│   ├── CentralDirectoryEndRecord$1.class
│   ├── CentralDirectoryEndRecord$Zip64End.class
│   ├── CentralDirectoryEndRecord$Zip64Locator.class
│   ├── CentralDirectoryEndRecord.class
│   ├── CentralDirectoryFileHeader.class
│   ├── CentralDirectoryParser.class
│   ├── CentralDirectoryVisitor.class
│   ├── FileHeader.class
│   ├── Handler.class
│   ├── JarEntry.class
│   ├── JarEntryCertification.class
│   ├── JarEntryFilter.class
│   ├── JarFile$1.class
│   ├── JarFile$JarEntryEnumeration.class
│   ├── JarFile.class
│   ├── JarFileEntries$1.class
│   ├── JarFileEntries$EntryIterator.class
│   ├── JarFileEntries.class
│   ├── JarFileWrapper.class
│   ├── JarURLConnection$1.class
│   ├── JarURLConnection$JarEntryName.class
│   ├── JarURLConnection.class
│   ├── StringSequence.class
│   └── ZipInflaterInputStream.class
├── jarmode
│   ├── JarMode.class
│   ├── JarModeLauncher.class
│   └── TestJarMode.class
└── util
    └── SystemPropertyUtils.class

19 directories, 137 files
»
```

使用 tree 來查看 JAR 的內容，可以很好地分層顯示應用程式的組成。它還能顯示出眾多的依存關係，這些依存關係結合在一起，為這個應用程式提供了選擇實現的功能。列出在 *BOOT-INF/lib* 底下的檔案，可以確認元件程式庫在建置 Spring Boot JAR 和隨後解壓縮其內容的過程中都保持不變，甚至連元件 JAR 最初的時間戳記（timestamps）都沒有改變，如這裡所示（為簡潔起見，刪除了大部分條目）：

```
» ls -l BOOT-INF/lib
total 52880
-rw-r--r--  1 markheckler  staff  2303679 Oct 14  2019 h2-1.4.200.jar
-rw-r--r--  1 markheckler  staff    68215 Oct  1 22:20 jackson-annotations-
 2.11.3.jar
```

```
-rw-r--r--  1 markheckler  staff   351495 Oct  1 22:25 jackson-core-
 2.11.3.jar
-rw-r--r--  1 markheckler  staff  1421699 Oct  1 22:38 jackson-databind-
 2.11.3.jar
-rw-r--r--  1 markheckler  staff    58679 Oct  2 00:17 jackson-dataformat-cbor-
 2.11.3.jar
-rw-r--r--  1 markheckler  staff    34335 Oct  2 00:25 jackson-datatype-jdk8-
 2.11.3.jar
-rw-r--r--  1 markheckler  staff   111008 Oct  2 00:25 jackson-datatype-jsr310-
 2.11.3.jar
-rw-r--r--  1 markheckler  staff     9267 Oct  2 00:25 jackson-module-parameter-
 names-2.11.3.jar
 ...
-rw-r--r--  1 markheckler  staff   374303 Nov 10 09:01 spring-aop-5.3.1.jar
-rw-r--r--  1 markheckler  staff   695851 Nov 10 09:01 spring-beans-5.3.1.jar
-rw-r--r--  1 markheckler  staff  1299025 Nov 12 13:56 spring-boot-2.4.0.jar
-rw-r--r--  1 markheckler  staff  1537971 Nov 12 13:55 spring-boot-
 autoconfigure-2.4.0.jar
-rw-r--r--  1 markheckler  staff    32912 Feb  1  1980 spring-boot-jarmode-
 layertools-2.4.0.jar
-rw-r--r--  1 markheckler  staff  1241939 Nov 10 09:01 spring-context-5.3.1.jar
-rw-r--r--  1 markheckler  staff  1464734 Feb  1  1980 spring-core-5.3.1.jar
-rw-r--r--  1 markheckler  staff  1238966 Nov 11 12:03 spring-data-commons-
 2.4.1.jar
-rw-r--r--  1 markheckler  staff   433079 Nov 11 12:08 spring-data-r2dbc-
 1.2.1.jar
-rw-r--r--  1 markheckler  staff   339745 Nov 11 12:05 spring-data-relational-
 2.1.1.jar
-rw-r--r--  1 markheckler  staff   282565 Nov 10 09:01 spring-expression-
 5.3.1.jar
-rw-r--r--  1 markheckler  staff    23943 Nov 10 09:01 spring-jcl-5.3.1.jar
-rw-r--r--  1 markheckler  staff   552895 Nov 10 09:01 spring-messaging-
 5.3.1.jar
-rw-r--r--  1 markheckler  staff   133156 Nov 10 09:01 spring-r2dbc-5.3.1.jar
-rw-r--r--  1 markheckler  staff   327956 Nov 10 09:01 spring-tx-5.3.1.jar
-rw-r--r--  1 markheckler  staff  1546053 Nov 10 09:01 spring-web-5.3.1.jar
-rw-r--r--  1 markheckler  staff   901591 Nov 10 09:01 spring-webflux-5.3.1.jar
»
```

一旦所有的檔案都從 Spring Boot 的 JAR 解壓縮出來，就有幾個方式可用來執行此應用程式。推薦的做法是使用 JarLauncher，在不同次執行之間，它都會維持一致的類別載入順序（classloading order），如下面所示（結果經過修剪與編輯以放入頁面）：

```
» java org.springframework.boot.loader.JarLauncher

  .   ____          _            __ _ _
 /\\ / ___'_ __ _ _(_)_ __  __ _ \ \ \ \
( ( )\___ | '_ | '_| | '_ \/ _` | \ \ \ \
 \\/  ___)| |_)| | | | | || (_| |  ) ) ) )
  '  |____| .__|_| |_|_| |_\__, | / / / /
 =========|_|==============|___/=/_/_/_/
 :: Spring Boot ::                (v2.4.0)

: Starting PlanefinderApplication v0.0.1-SNAPSHOT
: No active profile set, falling back to default profiles: default
: Bootstrapping Spring Data R2DBC repositories in DEFAULT mode.
: Finished Spring Data repository scanning in 95 ms. Found 1 R2DBC
  repository interfaces.
: Netty started on port(s): 7634
: Netty RSocket started on port(s): 7635
: Started PlanefinderApplication in 1.935 seconds (JVM running for 2.213)
```

在這種情況下，PlaneFinder 的啟動速度比 Spring Boot「完全可執行」JAR 的啟動速度快了超過一整秒。單獨的這一個正面因素可能會，也可能不會超過單一個完全自足的可部署單元所帶來的優勢，這邊看起來很可能是不會的。但是，結合僅在少數檔案發生變化時推送差量（deltas）的能力，以及（如果適用）更好地對映本地和遠端環境的能力，執行已爆發（exploded）的 Spring Boot 應用程式的能力，可能會是一種非常有用的選擇。

將 Spring Boot 應用程式部署至容器

如前所述，一些雲端平台（包括私有雲和公有雲）採用可部署的應用程式，並使用 app 的開發者所提供的、經過廣泛最佳化的預設值及設定，代替開發人員建立一個容器映像（container image）。然後，這些映像會被用來創建（或摧毀）含有執行中的應用程式的容器，依據應用程式的複製（replication）設定和利用率（utilization）來進行。像 Heroku 和眾多版本的 Cloud Foundry 這樣的平台，能讓開發人員推送一個 Spring Boot 可執行 JAR，並提供任何必要的組態設定（或單純接受預設值），而其餘工作的由平台處理。其他的平台，例如 VMware 的 Tanzu Application Service for Kubernetes 也結合了這一點，而且功能清單在範疇和流暢執行度方面都在提升。

有許多平台和部署目標並不支援這種水平的便利部署服務。無論你或你的組織是否已投入這些其他產品之一，還是你有其他的需求，引導你朝不同的方向發展，Spring Boot 都能滿足你。

雖然你可以為你的 Spring Boot 應用程式手工製作你自己的容器映像，但這並不是最理想的方式；這樣做不會給應用程式本身增加任何價值，而且通常被認為是從開發到生產的必要之惡（頂多可以這樣說）。現在不一樣了，沒必要那樣做。

透過前面提到的平台所用的許多相同的工具有智慧地容器化應用程式，Spring Boot 在其 Maven 和 Gradle 外掛中整合了無痛且無阻力地建置完全符合 Open Container Initiative（OCI）映像的能力，這些映像被 Docker、Kubernetes 和所有主要的容器引擎 / 機制（engine/mechanism）所使用。基於業界領先的 Cloud Native Buildpacks（*https://buildpacks.io*）和 Paketo（*https://paketo.io*）buildpacks 計畫，Spring Boot 建置功能的外掛提供了選項，可使用本地安裝和本地執行的 Docker 常駐程式（daemon）創建 OCI 映像並將其推送到本地或指定的遠端映像儲存庫（image repository）。

使用 Spring Boot 的外掛從你的應用程式建立出映像，在各種好的面向上，也是充滿主張（opinionated）的，使用概念上的「自動組態」來最佳化映像的建立，透過映像內容的分層（layering），根據每個程式碼單元預期的變化頻率來分離程式碼 / 程式庫（code/libraries）。忠於自動組態和主張（opinions）背後的 Spring Boot 理念，如果你需要自訂組態，Boot 還提供一種方式來覆寫並指引分層的過程。這很少是必要的，甚至也不是你會想要的，但如果你的需求屬於這些罕見的特殊情況之一，就能輕鬆達成。

從 2.4.0 Milestone 2 開始的所有 Spring Boot 版本，預設的設定會產生以下分層：

`dependencies`

包括定期發佈的依存關係項，即 GA 版本。

`spring-boot-loader`

包括在 *org/springframework/boot/loader* 底下找到的所有檔案。

`snapshot-dependencies`

尚未被視為 GA 的前瞻發行版（forward-looking releases）

`application`

應用程式類別和相關資源（範本、特性檔、指令稿等）。

程式碼的波動性，或者說它變化的傾向和頻率，通常會隨著你從上到下穿過這些分層而增加。透過創建單獨的分層來放置類似的易變程式碼，後續的映像創建將更加高效率，從而更快完成。這**極大地**減少了在應用程式的生命週期內重新建置可部署工件所需的時間和資源。

從 IDE 建立一個容器映像

從 Spring Boot 應用程式創建出分層的容器映像（layered container image）可以非常輕易地在 IDE 中完成。我在這個例子中使用的是 IntelliJ，但幾乎所有主流的 IDE 都有類似的功能。

必須執行本地版本的 Docker（就我的例子而言是 Docker Desktop for Mac）才能創建映像。

為了創建映像，我展開 IntelliJ 右側空白處標有 Maven 的分頁，開啟 *Maven* 面板，然後展開 *Plugins*，選擇並展開 *spring-boot* 外掛，並按兩下 *spring-boot:build-image* 選項以執行目標，如圖 11-2 所示。

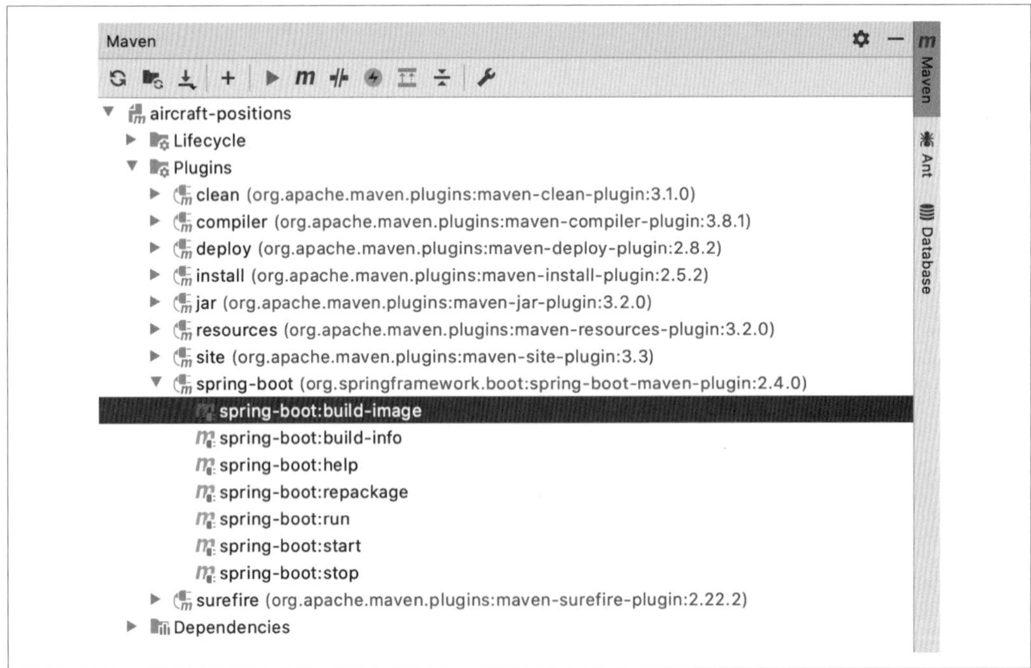

圖 11-2　從 IntelliJ 的 Maven 面板建置一個 Spring Boot 應用程式容器映像

創建此映像會產生一個相當長的行動日誌。特別值得關注的是這裡所列出的條目：

```
[INFO]     [creator]     Paketo Executable JAR Buildpack 3.1.3
[INFO]     [creator]       https://github.com/paketo-buildpacks/executable-jar
[INFO]     [creator]         Writing env.launch/CLASSPATH.delim
[INFO]     [creator]         Writing env.launch/CLASSPATH.prepend
[INFO]     [creator]       Process types:
[INFO]     [creator]         executable-jar: java org.springframework.boot.
    loader.JarLauncher
[INFO]     [creator]         task:           java org.springframework.boot.
    loader.JarLauncher
[INFO]     [creator]         web:            java org.springframework.boot.
    loader.JarLauncher
[INFO]     [creator]
[INFO]     [creator]     Paketo Spring Boot Buildpack 3.5.0
[INFO]     [creator]       https://github.com/paketo-buildpacks/spring-boot
[INFO]     [creator]       Creating slices from layers index
[INFO]     [creator]         dependencies
[INFO]     [creator]         spring-boot-loader
[INFO]     [creator]         snapshot-dependencies
[INFO]     [creator]         application
[INFO]     [creator]       Launch Helper: Contributing to layer
[INFO]     [creator]         Creating /layers/paketo-buildpacks_spring-boot/
    helper/exec.d/spring-cloud-bindings
[INFO]     [creator]         Writing profile.d/helper
[INFO]     [creator]       Web Application Type: Contributing to layer
[INFO]     [creator]         Reactive web application detected
[INFO]     [creator]         Writing env.launch/BPL_JVM_THREAD_COUNT.default
[INFO]     [creator]       Spring Cloud Bindings 1.7.0: Contributing to layer
[INFO]     [creator]         Downloading from
    https://repo.spring.io/release/org/springframework/cloud/
    spring-cloud-bindings/1.7.0/spring-cloud-bindings-1.7.0.jar
[INFO]     [creator]         Verifying checksum
[INFO]     [creator]         Copying to
    /layers/paketo-buildpacks_spring-boot/spring-cloud-bindings
[INFO]     [creator]       4 application slices
```

如前面提過的，映像的分層（在前面列表中被稱作 *slices*）在必要之時，可以為特殊的情境修改它們的內容。

一旦映像被建立出來，日誌裡面會出現如下所列的結果：

```
[INFO] Successfully built image 'docker.io/library/aircraft-positions:
       0.0.1-SNAPSHOT'
[INFO]
[INFO] ------------------------------------------------------------------------
```

```
[INFO] BUILD SUCCESS
[INFO] ------------------------------------------------------------------------
[INFO] Total time:  25.851 s
[INFO] Finished at: 2020-11-28T20:09:48-06:00
[INFO] ------------------------------------------------------------------------
```

從命令列建立一個容器映像

當然，要從命令列建立出相同的容器映象也是可能的，而且也很簡單。在那麼做之前，我會對結果映像的命名設定做一些小型變更。

為了方便起見，我更傾向於建立與我的 Docker Hub（*https://hub.docker.com*）帳號和命名慣例一致的映像，而你所選擇的映像儲存庫可能有類似的特定慣例。Spring Boot 的建置功能外掛接受 `<configuration>` 段落的細節，以讓將映像推送到儲存庫 / 型錄（repository/catalog）的步驟更為平順。我在 `Aircraft Position` 的 *pom.xml* 檔案的 `<plug-ins>` 段落添加了有正確標記的一行，以符合我的需求 / 偏好（requirements/preferences）：

```
<build>
  <plug-ins>
    <plug-in>
      <groupId>org.springframework.boot</groupId>
      <artifactId>spring-boot-maven-plug-in</artifactId>
      <configuration>
        <image>
          <name>hecklerm/${project.artifactId}</name>
        </image>
      </configuration>
    </plug-in>
  </plug-ins>
</build>
```

接下來，我在終端機視窗中從專案目錄底下發出以下命令，重新創建應用程式的容器映像，不久後就收到了如這裡所示的結果：

```
» mvn spring-boot:build-image


... (Intermediate logged results omitted for brevity)


[INFO] Successfully built image 'docker.io/hecklerm/aircraft-positions:latest'
[INFO]
[INFO] ------------------------------------------------------------------------
[INFO] BUILD SUCCESS
```

```
[INFO] ------------------------------------------------------------------------
[INFO] Total time:  13.257 s
[INFO] Finished at: 2020-11-28T20:23:40-06:00
[INFO] ------------------------------------------------------------------------
```

請注意，映像的輸出不再是 *docker.io/library/aircraft-positions:0.0.1-SNAPSHOT*，跟我在 IDE 中以預設值建置它時不同。新的映像座標與我在 *pom.xml* 中指定的一致：*docker.io/hecklerm/aircraft-positions:latest*。

驗證映像是否存在

為了驗證前面兩節中所建立的映像是否已經載入到本地端的儲存庫中，我在終端機視窗中執行以下命令，依據名稱進行過濾，得到以下結果（並進行了修剪頁面才能容納）：

```
» docker images | grep -in aircraft-positions
aircraft-positions           0.0.1-SNAPSHOT   a7ed39a3d52e    277MB
hecklerm/aircraft-positions  latest           924893a0f1a9    277MB
```

將前面輸出中最後顯示的映象推送（因為它現在已符合我們預期且想要的帳號與命名慣例）到 Docker Hub 可以像下面這樣達成，會有如下的結果：

```
» docker push hecklerm/aircraft-positions
The push refers to repository [docker.io/hecklerm/aircraft-positions]
1dc94a70dbaa: Pushed
4672559507f8: Pushed
e3e9839150af: Pushed
5f70bf18a086: Layer already exists
a3abfb734aa5: Pushed
3c14fe2f1177: Pushed
4cc7b4eb8637: Pushed
fcc507beb4cc: Pushed
c2e9ddddd4ef: Pushed
108b6855c4a6: Pushed
ab39aa8fd003: Layer already exists
0b18b1f120f4: Layer already exists
cf6b3a71f979: Pushed
ec0381c8f321: Layer already exists
7b0fc1578394: Pushed
eb0f7cd0acf8: Pushed
1e5c1d306847: Mounted from paketobuildpacks/run
23c4345364c2: Mounted from paketobuildpacks/run
a1efa53a237c: Mounted from paketobuildpacks/run
fe6d8881187d: Mounted from paketobuildpacks/run
23135df75b44: Mounted from paketobuildpacks/run
```

```
b43408d5f11b: Mounted from paketobuildpacks/run
latest: digest:
  sha256:a7e5d536a7426d6244401787b153ebf43277fbadc9f43a789f6c4f0aff6d5011
    size: 5122
»
```

訪問 Docker Hub 能讓我確認有成功地公開部署該映像，如圖 11-3 所示。

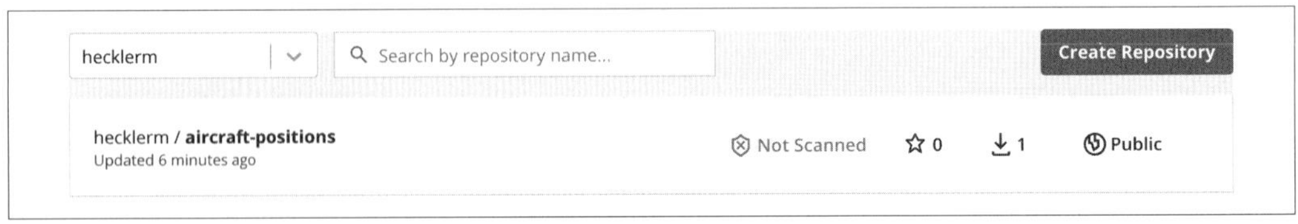

圖 11-3　Docker Hub 中的 Spring Boot 應用程式容器映像

部署至 Docker Hub 或其他在你本地機器之外可取用的任何容器映像儲存庫，是更廣泛地部署（希望是正式上線生產）你 Spring Boot 容器化應用程式（containerized application）之前的最後一個步驟。

執行容器化的應用程式

要執行應用程式，我使用 docker run 命令。你的組織可能會有一個部署管線（deployment pipeline），將應用程式從容器映像（取自映像儲存庫）變為執行中的容器化應用程式，但執行的步驟可能是相同的，儘管自動化的部分更多而需要鍵入的東西更少。

由於我已經有了映像的本地端拷貝，所以不需要從遠端取回；否則，在基於指定映像的容器啟動之前，就必須遠端存取映像儲存庫，以便常駐程式（daemon）取回遠端映像或分層，以在本地重建它。

要執行容器化的 Aircraft Positions 應用程式，我執行了以下命令，並看到了下列結果（經過修剪和編輯頁面才能容納）：

```
» docker run --name myaircraftpositions -p8080:8080
  hecklerm/aircraft-positions:latest
Setting Active Processor Count to 6
WARNING: Container memory limit unset. Configuring JVM for 1G container.
Calculated JVM Memory Configuration: -XX:MaxDirectMemorySize=10M -Xmx636688K
  -XX:MaxMetaspaceSize=104687K -XX:ReservedCodeCacheSize=240M -Xss1M
  (Total Memory: 1G, Thread Count: 50, Loaded Class Count: 16069, Headroom: 0%)
Adding 138 container CA certificates to JVM truststore
```

```
Spring Cloud Bindings Enabled
Picked up JAVA_TOOL_OPTIONS:
-Djava.security.properties=/layers/paketo-buildpacks_bellsoft-liberica/
    java-security-properties/java-security.properties
  -agentpath:/layers/paketo-buildpacks_bellsoft-liberica/jvmkill/
    jvmkill-1.16.0-RELEASE.so=printHeapHistogram=1
  -XX:ActiveProcessorCount=6
  -XX:MaxDirectMemorySize=10M
  -Xmx636688K
  -XX:MaxMetaspaceSize=104687K
  -XX:ReservedCodeCacheSize=240M
  -Xss1M
  -Dorg.springframework.cloud.bindings.boot.enable=true

  .   ____          _            __ _ _
 /\\ / ___'_ __ _ _(_)_ __  __ _ \ \ \ \
( ( )\___ | '_ | '_| | '_ \/ _` | \ \ \ \
 \\/  ___)| |_)| | | | | || (_| |  ) ) ) )
  '  |____| .__|_| |_|_| |_\__, | / / / /
 =========|_|==============|___/=/_/_/_/
 :: Spring Boot ::                (v2.4.0)

: Starting AircraftPositionsApplication v0.0.1-SNAPSHOT
: Netty started on port(s): 8080
: Started AircraftPositionsApplication in 10.7 seconds (JVM running for 11.202)
```

現在來快速查看一下 Spring Boot 外掛所建立的映像內部。

檢視 Spring Boot 應用程式容器映像的工具

目前有許多工具程式可用來處理容器映像，它們所提供的許多功能遠遠超出了本書的範圍，但我想簡單提一下我發現在某些情況下很有用的兩個工具：pack 與 dive。

Pack

要檢視使用 Cloud Native（Paketo）Buildpacks（以及 buildpacks 本身）建立 Spring Boot 應用程式容器映像所用的材料，可以使用 pack 工具程式。pack 是使用 Cloud Native Buildpacks 建置 apps 的指定 CLI，並且能夠透過各種方式獲得。我使用 home brew 在 Mac 上使用簡單的 brew install pack 命令來取得並安裝它。

對之前建立的映像執行 pack，結果如下：

```
» pack inspect-image hecklerm/aircraft-positions
Inspecting image: hecklerm/aircraft-positions

REMOTE:

Stack: io.buildpacks.stacks.bionic

Base Image:
  Reference: f5caea10feb38ae882a9447b521fd1ea1ee93384438395c7ace2d8cfaf808e3d
  Top Layer: sha256:1e5c1d306847275caa0d1d367382dfdcfd4d62b634b237f1d7a2e
             746372922cd

Run Images:
  index.docker.io/paketobuildpacks/run:base-cnb
  gcr.io/paketo-buildpacks/run:base-cnb

Buildpacks:
  ID                                        VERSION
  paketo-buildpacks/ca-certificates         1.0.1
  paketo-buildpacks/bellsoft-liberica       5.2.1
  paketo-buildpacks/executable-jar          3.1.3
  paketo-buildpacks/dist-zip                2.2.2
  paketo-buildpacks/spring-boot             3.5.0

Processes:
  TYPE           SHELL  COMMAND  ARGS
  web (default)  bash   java     org.springframework.boot.loader.JarLauncher
  executable-jar bash   java     org.springframework.boot.loader.JarLauncher
  task           bash   java     org.springframework.boot.loader.JarLauncher


LOCAL:

Stack: io.buildpacks.stacks.bionic

Base Image:
  Reference: f5caea10feb38ae882a9447b521fd1ea1ee93384438395c7ace2d8cfaf808e3d
  Top Layer: sha256:1e5c1d306847275caa0d1d367382dfdcfd4d62b634b237f1d7a2e
             746372922cd

Run Images:
  index.docker.io/paketobuildpacks/run:base-cnb
  gcr.io/paketo-buildpacks/run:base-cnb
```

```
Buildpacks:
  ID                                    VERSION
  paketo-buildpacks/ca-certificates     1.0.1
  paketo-buildpacks/bellsoft-liberica   5.2.1
  paketo-buildpacks/executable-jar      3.1.3
  paketo-buildpacks/dist-zip            2.2.2
  paketo-buildpacks/spring-boot         3.5.0

Processes:
  TYPE           SHELL  COMMAND  ARGS
  web (default)  bash   java     org.springframework.boot.loader.JarLauncher
  executable-jar bash   java     org.springframework.boot.loader.JarLauncher
  task           bash   java     org.springframework.boot.loader.JarLauncher
```

使用 `pack` 工具程式的 `inspect-image` 命令可以提供關於映像的一些關鍵資訊，尤其是下列這些：

- 哪個 Docker 基礎映像 /Linux 版本（bionic）被用來作為這個映像的基礎
- 使用了哪些 buildpacks 來充填映像（列出了五個 Paketo buildpacks）
- 哪些行程將被執行，以什麼方式執行（由 shell 執行的 Java 命令）

請注意，本地和遠端連接的儲存庫都會被輪詢以取得指定的映射，並提供兩者的詳細資訊。這對於診斷由一個位置或另一個位置的過期容器映像所引起的問題特別有幫助。

Dive

`dive` 工具程式是由 Alex Goodman 創造的，作為一種「潛入（dive）」容器映像的方式，可以查看非常精細的 OCI 映像分層和整個映像檔案系統的樹狀結構。

`dive` 可以深入到 Spring Boot 分層構造的應用程式層級之下，並進入作業系統。我發現它不如 pack 有用，因為它的重點是 OS 與應用程式，但它是驗證特定檔案存在與否、檔案權限和其他必要的低階考量的理想工具。這是一個很少使用的工具，但如果需要這種程度的細節和控制時，它是必不可少的。

程式碼 *Checkout* 檢查

完整的章節程式碼，請查看程式碼儲存庫中的分支 *chapter11end*。

總結

在應用程式的使用者能夠真正使用該應用程式之前，它只不過是一個假設的練習。無論是比喻或事實，部署都可以說是一種報酬。

許多開發人員都知道 Spring Boot 應用程式可以製作成 WAR 檔或 JAR 檔。這些開發人員中的大多數人也知道，有許多很好的理由跳過 WAR 選項而創建可執行的 JAR 檔，很少有好的理由去做相反的選擇。很多開發人員可能沒有意識到的是，即使在建置 Spring Boot 可執行 JAR 的時候，也有許多部署選項能滿足各種需求和用例。

在本章中，我檢視了幾種部署 Spring Boot 應用程式的方式，這些選項對不同的目標目的地（target destinations）有用處，還討論了它們的相對優點。然後，我演示了如何創建這些部署工件，解釋了最佳化執行的選項，並展示了如何驗證其元件和出處。目標包括標準的 Spring Boot 可執行 JAR、「完全可執行」的 Spring Boot JAR、爆發式 / 擴充過（exploded/expanded）的 JAR，以及使用 Cloud Native（Paketo）Buildpacks 建置的容器映像，這些容器映像可以在 Docker、Kubernetes 和所有主要的容器引擎 / 機制（engine/mechanism）上執行。Spring Boot 為你提供了眾多無阻力的部署選項，將你的開發超能力也擴充為部署超能力。

在下一章也是最後一章中，我將進一步探討兩個稍微更深入的主題，進而結束這本書和這段旅程。如果你想瞭解更多關於測試和除錯反應式應用程式（reactive applications）的知識，你一定不要錯過。

第十二章

更深入 Reactive

正如前面所討論的那樣，反應式程式設計（reactive programming）為開發人員提供了在分散式系統中更加善用資源的一種方法，甚至將強大的規模拓展機制擴充到應用程式的邊界和通訊頻道。對於只有主流 Java 開發實踐經驗（由於它明顯的循序邏輯，這通常被稱為**命令式** Java，而非一般在反應式程式設計中使用的比較宣告式的做法，不過這種劃分，像大多數的分類一樣，並非完美）的開發人員來說，這些反應式功能可能會承擔一些不被歡迎的代價。除了預期的學習曲線（由於有平行且互補的 WebMVC 和 WebFlux 實作，Spring 幫忙大幅拉平了這一曲線）之外，在工具、其成熟度以及測試、故障排除和除錯等基本活動的既定實務面向也有相對的限制。

雖然相對於它的命令式（imperative）表親，反應式 Java 開發確實還處於初創階段，但它們都是同一家族的事實，使得實用工具和程序的開發和成熟速度大大加快。如前所述，Spring 同樣立足在其發展過程和社群內已奠定的命令式專業知識基礎上，將幾十年的進化成果濃縮到**現在**就可運用的生產就緒元件（production-ready components）中。

本章介紹並解釋了在你開始部署反應式 Spring Boot 應用程式時，可能遇到的測試和診斷 / 除錯（diagnosing/debugging）問題的最新相關技術，並示範了如何在你投入生產之前就讓 WebFlux/Reactor 為你工作，並且協助你投入生產。

程式碼 *Checkout* 檢查

請從程式碼儲存庫中查看分支 *chapter12begin* 以開始進行。

何時要 Reactive？

反應式程式設計（reactive programming），特別是那些專注於反應式串流（reactive streams）的應用，可以實現全系統的規模擴充，這在目前而言，是使用其他可用手段所難以匹敵的。然而，並不是所有的應用程式都需要在端對端可擴充性（end-to-end scalability）的深遠影響之下運作，又或者，它們可能已經在令人印象深刻的時間框架內，承擔著相對可預測的負載運行（或預期運行）得很好了。長期以來，命令式 apps 滿足了全球組織的生產需求，它們不會因為一個新選項的到來，而突然停止這麼做。

雖然反應式程式設計提供的可能性無疑是令人興奮的，但 Spring 團隊明確表示，在可預見的未來，反應式程式碼並不會取代所有的命令式程式碼，如果有可能的話。正如 Spring WebFlux 的 Spring Framework 參考說明文件（*https://oreil.ly/SFRefDoc*）中所述：

> 如果你有一個龐大的團隊，在遷移至非阻斷式（*non-blocking*）、函式型（*functional*）和宣告式（*declarative*）程式設計的過程中，要牢記在心的是那陡峭的學習曲線。在不用完全轉換的前提下，一個實用的做法是使用反應式的 *WebClient*。除此之外，從小處著手，並衡量增益。我們預計，對於廣泛的應用程式來說，這種轉變是非必要的。如果你不確定要尋找什麼好處，可以從瞭解非阻斷式 *I/O*（例如，單執行緒的 *Node.js* 上的共時性）的工作原理及其影響開始。
>
> —Spring Framework Reference Documentation

簡而言之，採用反應式程式設計和 Spring WebFlux 是一種選擇（它是很棒的選擇，或許提供了滿足某些需求的最佳方式），但仍然是在仔細考量了相關需求和目標系統的需要之後，所做出的抉擇。無論是否採用 Reactive，Spring Boot 都為開發關鍵業務軟體以處理你所有的生產工作負載提供了無與倫比的選擇。

測試 Reactive 應用程式

為了更集中聚焦於測試反應式 Spring Boot 應用程式的關鍵概念，我採取了幾個步驟來緊縮要考量的程式碼範圍。就像拉近以放大你想拍攝的目標一樣，其他專案程式碼仍然存在，但不在本節中的關鍵資訊路徑上。

關於測試的額外說明

我在第 9 章中涵蓋了測試（testing），並在一定程度上介紹了我的測試理念。為了更深入地探討本章所涉及的測試方面的問題，我必須分享我的更多想法，以便使這裡採取的步驟更加清晰。由於本書主要關注的是 Spring Boot，而相關的主題只是次要的，因此，我已經嘗試（並將繼續嘗試）找到「足夠就好」的額外資訊量，以提供情境脈絡，而不進行非必要的闡述。正如讀者可以想像的那樣，這樣的平衡點是不可能找到的，因為會隨著不同的讀者而變化，但我希望盡可能接近這個平衡點。

測試為程式碼的結構提供了線索。若以真正的 Test Driven Development（TDD）進行，這種結構性的指引從應用程式開發的最初就會出現。一旦程式碼到位，就將測試具體化（正如我在本書的幾個章節中所做的那樣，以充分強調要分享的 Spring Boot 概念，而非只是適用的測試工具），這會產生更棒的程式碼重構成果，以更好的方式隔離和解耦行為，來測試特定的元件和結果。這可能會讓人感受到破壞性，但這通常會帶來邊界更清晰、更好的程式碼，使其更容易測試，也更可靠。

本章的程式碼也不例外。為了正確地隔離和測試所需的行為，對現有的、工作中的程式碼進行一些重構是有必要的。這不需要很長時間，而且最終的結果可證明是更好的。

在這一節中，我將特別鎖定去測試外部那些提供反應式串流發佈者（reactive streams publishers）的 API（即可以是 `Flux` 或 `Mono` 的 `Flux`、`Mono` 和 `Publisher` 型別），而非典型的阻斷式 `Iterable` 或 `Object` 型別。我從 `Aircraft Positions` 內提供外部 API 的類別開始：`PositionController`。

如果你還沒有如本章開頭所指出的那樣 check out 第 12 章的程式碼，請現在就去做。

不過要先重構

雖然 PositionController 內的程式碼確實可以運作，但它有點測試上的混亂。首要之務是提供一個更乾淨的關注點分離（separation of concerns），首先我將創建 RSocketRequester 物件的程式碼刪除，移到一個 @Configuration 類別中，將其創建為一個 Spring bean，以便在應用程式中的任何地方取用：

```
import org.springframework.context.annotation.Bean;
import org.springframework.context.annotation.Configuration;
import org.springframework.messaging.rsocket.RSocketRequester;

@Configuration
public class RSocketRequesterConfig {
    @Bean
    RSocketRequester requester(RSocketRequester.Builder builder) {
        return builder.tcp("localhost", 7635);
    }
}
```

這簡化了 PositionController 的建構器，將創建 RSocketRequester 的工作放在了它所屬的地方，遠在一個控制器類別（controller class）之外。要在 PositionController 中使用 RSocketRequester bean，我只需使用 Spring Boot 的建構器注入將其自動連接（autowire）起來即可：

```
public PositionController(AircraftRepository repository,
                          RSocketRequester requester) {
    this.repository = repository;
    this.requester = requester;
}
```

測試 RSocket 的連線（connection）需要整合測試（integration testing）。雖然本節的重點是單元測試而非整合測試，但為了隔離出並正確地對 PositionController 進行單元測試，把 RSocketRequester 的建構與 PositionController 解耦合（decouple）仍然是很重要的。

還剩下另一個邏輯來源，遠落在控制器的功能之外，這次是涉及到使用 AircraftRepository bean 進行獲取，然後儲存和檢索飛機位置。典型情況下，當與特定類別無關的複雜邏輯進到該類別時，最好將其提取出來，就像我對 RSocketRequester bean 所做的那樣。為了將這些有點複雜且不相關的程式碼移到 PositionController 之外，我建立了一個 PositionService 類別，並將其定義為整個應用程式中都能取用的 @Service bean。這個 @Service 注釋只是經常用到的 @Component 注釋的一個更視覺化的具體描述：

```
import org.springframework.stereotype.Service;
import org.springframework.web.reactive.function.client.WebClient;
import reactor.core.publisher.Flux;
import reactor.core.publisher.Mono;

@Service
public class PositionService {
    private final AircraftRepository repo;
    private WebClient client = WebClient.create(
        "http://localhost:7634/aircraft");

    public PositionService(AircraftRepository repo) {
        this.repo = repo;
    }

    public Flux<Aircraft> getAllAircraft() {
        return repo.deleteAll()
                .thenMany(client.get()
                        .retrieve()
                        .bodyToFlux(Aircraft.class)
                        .filter(plane -> !plane.getReg().isEmpty()))
                .flatMap(repo::save)
                .thenMany(repo.findAll());
    }

    public Mono<Aircraft> getAircraftById(Long id) {
        return repo.findById(id);
    }

    public Flux<Aircraft> getAircraftByReg(String reg) {
        return repo.findAircraftByReg(reg);
    }
}
```

目前在 AircraftRepository 中沒有定義 findAircraftByReg() 方法。我在建立測試之前會先解決這個問題。

雖然還可以做更多事（特別是在 WebClient 成員變數方面），但就現在而言，從它之前在 PositionController::getCurrentAircraftPositions 之中的家裡面移除 PositionService::getAllAircraft 中所顯示的複雜邏輯，並將 PositionService bean 注入到控制器中供其使用，從而使控制器類別更加簡潔和集中，也就足夠了：

```
import org.springframework.http.MediaType;
import org.springframework.messaging.rsocket.RSocketRequester;
import org.springframework.stereotype.Controller;
import org.springframework.ui.Model;
import org.springframework.web.bind.annotation.GetMapping;
import org.springframework.web.bind.annotation.ResponseBody;
import reactor.core.publisher.Flux;

@Controller
public class PositionController {
    private final PositionService service;
    private final RSocketRequester requester;

    public PositionController(PositionService service,
            RSocketRequester requester) {
        this.service = service;
        this.requester = requester;
    }

    @GetMapping("/aircraft")
    public String getCurrentAircraftPositions(Model model) {
        model.addAttribute("currentPositions", service.getAllAircraft());

        return "positions";
    }

    @ResponseBody
    @GetMapping(value = "/acstream", produces =
        MediaType.TEXT_EVENT_STREAM_VALUE)
    public Flux<Aircraft> getCurrentACPositionsStream() {
        return requester.route("acstream")
                .data("Requesting aircraft positions")
                .retrieveFlux(Aircraft.class);
    }
}
```

回顧現有的 PositionController 端點，可以看出它們供給了一個 Thymeleaf 範本（public String getCurrentAircraftPositions(Model model)）或需要一個外部的 RSocket 連線（public Flux<Aircraft> getCurrentACPositionsStream()）。為了隔離和測試 Aircraft Positions 應用程式提供外部 API 的能力，我需要擴充當前定義的端點。我又添加了兩

個映射到 */acpos* 和 */acpos/search* 的端點，以創建一個基本但靈活的 API，利用到我在 `PositionService` 中創建的方法。

我首先創建了一個方法來檢索並以 JSON 形式回傳當前在我們的 PlaneFinder 服務設備範圍內的所有飛機位置。`getCurrentACPositions()` 方法呼叫 `PositionService::getAllAircraft`，就像其對應的 `getCurrentAircraftPositions(Model model)` 一樣，但它回傳 JSON 物件值，而不是把它們添加到領域物件模型（domain object model）中，並重導至範本引擎以顯示 HTML 頁面。

接下來，我建立了一個方法，可透過唯一的位置記錄識別字（position record identifier）和飛機註冊號碼（aircraft registration number）來搜索當前的飛機位置。紀錄（嚴格來說是文件，因為這個版本的 `Aircraft Positions` 使用 MongoDB）識別字是最後從 PlaneFinder 檢索到的那些位置在資料庫中的唯一 ID。它對於檢索某個特定的位置紀錄很有用；但從飛機的角度來看，更有用的是搜索飛機的唯一註冊號碼的能力。

有趣的是，查詢的時候，PlaneFinder 可能會回報單一飛機的少數幾個位置。這是由於飛行中的飛機幾乎都是不間斷地發送位置報告。這對我們來說意味著，在目前回報的位置中按飛機的唯一註冊號碼進行搜索時，我們實際上可能會檢索到該航班的多個位置報告。

有多種方法可以編寫靈活的搜索機制，接受不同類型的搜索條件，回傳不同數量的潛在結果，但我選擇將所有的選項都納入到單一方法中：

```
@ResponseBody
@GetMapping("/acpos/search")
public Publisher<Aircraft>
        searchForACPosition(@RequestParam Map<String, String> searchParams) {

    if (!searchParams.isEmpty()) {
        Map.Entry<String, String> setToSearch =
                searchParams.entrySet().iterator().next();

        if (setToSearch.getKey().equalsIgnoreCase("id")) {
            return service.getAircraftById(Long.valueOf(setToSearch.getValue()));
        } else {
            return service.getAircraftByReg(setToSearch.getValue());
        }
    } else {
        return Mono.empty();
    }
}
```

searchForACPosition 的設計與實作決策的注意事項

首先，@ResponseBody 是必要的，因為我選擇在同一個 Controller 類別中結合 REST 端點和範本驅動的端點。如前所述，@RestController 元注釋（meta-annotation）就包括了 @Controller 和 @ResponseBody，以表示直接回傳 Object 值，而非透過一個 HTML 頁面的 Domain Object Model（DOM）。由於 PositionController 只以 @Controller 注釋，所以有必要把 @ResponseBody 加到我希望直接回傳 Object 值的任何方法中。

接著，@RequestParam 注釋允許使用者提供零或多個請求參數（request parameters），方法是在端點的映射上附加一個問號（?），並以 key=value 的格式指定參數，用逗號分隔。在這個例子中，我刻意選擇只檢查第一個參數（若有參數存在）是否有名為「id」的鍵值（key）；如果請求中包含一個 id 參數，則透過其資料庫 ID 來請求飛機位置的文件。如果參數不是 id，我就預設為搜索目前回報的位置內的飛機註冊號碼。

這裡有幾個我在生產用的系統中可能不會做的默認假設，包括預設搜索註冊號碼、刻意丟棄任何後續搜尋參數等等。這些我留待以後作為自己和讀者的習題。

方法特徵式（method signature）中有一點需要注意：我回傳一個 Publisher，而不是具體的 Flux 或 Mono。這是有必要的，因為我決定將搜尋選項整合到單一個方法中，而且事實上，在資料庫中按資料庫 ID 搜尋位置文件，不會回傳一個以上的匹配結果；而按飛機的註冊號碼搜尋，可能會產出多個緊密歸組的位置報告。為該方法指定一個 Publisher 的回傳值，我就可以回傳 Mono 或 Flux，因為兩者都是特化後的 Publisher。

最後，如果用戶沒有提供任何搜尋參數，我將使用 Mono.empty() 回傳一個空（empty）的 Mono。你的需求可能決定出相同的結果，或者你可能選擇（或被要求）回傳一個不同的結果，例如所有的飛機位置。不管是什麼設計決策，「Principle of Least Astonishment（最少驚訝原則）」都應該作為參考的依據。

PositionController 類別的最終版本（就目前而言）看起來像這樣：

```
import org.reactivestreams.Publisher;
import org.springframework.http.MediaType;
import org.springframework.messaging.rsocket.RSocketRequester;
import org.springframework.stereotype.Controller;
import org.springframework.ui.Model;
import org.springframework.web.bind.annotation.GetMapping;
import org.springframework.web.bind.annotation.RequestParam;
import org.springframework.web.bind.annotation.ResponseBody;
import reactor.core.publisher.Flux;
import reactor.core.publisher.Mono;

import java.util.Map;

@Controller
public class PositionController {
    private final PositionService service;
    private final RSocketRequester requester;

    public PositionController(PositionService service,
            RSocketRequester requester) {
        this.service = service;
        this.requester = requester;
    }

    @GetMapping("/aircraft")
    public String getCurrentAircraftPositions(Model model) {
        model.addAttribute("currentPositions", service.getAllAircraft());

        return "positions";
    }

    @ResponseBody
    @GetMapping("/acpos")
    public Flux<Aircraft> getCurrentACPositions() {
        return service.getAllAircraft();
    }

    @ResponseBody
    @GetMapping("/acpos/search")
    public Publisher<Aircraft> searchForACPosition(@RequestParam Map<String,
            String> searchParams) {

        if (!searchParams.isEmpty()) {
            Map.Entry<String, String> setToSearch =
```

```
                searchParams.entrySet().iterator().next();

            if (setToSearch.getKey().equalsIgnoreCase("id")) {
                return service.getAircraftById(Long.valueOf
                    (setToSearch.getValue()));
            } else {
                return service.getAircraftByReg(setToSearch.getValue());
            }
        } else {
            return Mono.empty();
        }
    }

    @ResponseBody
    @GetMapping(value = "/acstream", produces =
            MediaType.TEXT_EVENT_STREAM_VALUE)
    public Flux<Aircraft> getCurrentACPositionsStream() {
        return requester.route("acstream")
                .data("Requesting aircraft positions")
                .retrieveFlux(Aircraft.class);
    }
}
```

接下來，我回到 PositionService 類別。如前所述，它的 public Flux<Aircraft> getAircraftByReg(String reg) 方法參考了 AircraftRepository 中一個目前尚未定義的方法。為了解決這個問題，我在 AircraftRepository 介面定義中新增了一個 Flux<Aircraft> findAircraftByReg(String reg) 方法：

```
import org.springframework.data.repository.reactive.ReactiveCrudRepository;
import reactor.core.publisher.Flux;

public interface AircraftRepository extends
        ReactiveCrudRepository<Aircraft, Long> {
    Flux<Aircraft> findAircraftByReg(String reg);
}
```

這段有趣的程式碼、這單一個方法特徵式，展示了強大的 Spring Data 概念，即使用一組廣泛適用的慣例來進行查詢的衍生（query derivation），這些慣例包括：find、search 或 get 這類的運算子、所儲存 / 檢索 / 管理（stored/retrieved/managed）的物件之指定型別（在本例中是 Aircraft），以及像 reg.Aircraft 這樣的成員變數名。藉由上述方法命名慣例宣告一個帶有參數及其型別和回傳型別的方法特徵式，Spring Data 就能為你建置出方法的實作。

如果你想要或需要提供更多的具體細節或提示，也可以用 @Query 來注釋方法特徵式，並提供想要或必要的細節。在本例中，這並非必須，因為表明我們希望透過註冊號碼搜尋飛機位置，並在一個反應式串流 Flux 中回傳一個以上的值，對於要創建實作的 Spring Data 而言，已經是很充裕的資訊了。

回到 PositionService，IDE 現在很高興地回報 repo.findAircraftByReg(reg) 是一個有效的方法呼叫了。

我為這個例子所做出的另一個設計決策是讓兩個 getAircraftByXxx 方法都查詢當前的位置文件。這可能被認為是假設資料庫中存在一些位置文件，或者說，如果資料庫內還沒有包含任何位置，使用者並不在意重新檢索。你的需求可能會驅動不同的選擇，例如在搜尋之前驗證是否有些位置存在，如果不存在，則透過呼叫 getAllAircraft 來執行一個新的檢索。

而現在進行測試

在前面關於測試的章節中，使用了標準的 Object 型別來測試預期的結果。我確實用了 WebClient 和 WebTestClient，但只是作為與所有基於 HTTP 的端點互動的首選工具，而不管它們是否回傳反應式串流流發佈者型別（reactive streams publisher types）。現在，是時候正確地測試這些反應式串流語義了。

以現有的 PositionControllerTest 類別為起點，我對它進行了重新調整，以適應它對應的類別 PositionController 所對外開放的反應式新端點。以下是類別層級的細節：

```
@WebFluxTest(controllers = {PositionController.class})
class PositionControllerTest {
    @Autowired
    private WebTestClient client;

    @MockBean
    private PositionService service;
    @MockBean
    private RSocketRequester requester;

    private Aircraft ac1, ac2, ac3;

    ...

}
```

首先，我做了類別層級的注釋 @WebFluxTest(controllers = {PositionController.class})。我仍然使用反應式 WebTestClient，並希望將這個測試類別的範圍限制在 WebFlux 功能上，所以載入一個完整的 Spring Boot 應用程式情境（application context）是不必要的，而且浪費時間和資源。

其次，我自動連接了一個 WebTestClient bean。在前面關於測試的章節中，我直接將 WebTestClient bean 注入到單一個測試方法中，但由於現在有多個方法都會需要它，所以建立一個成員變數來參考它更為合理。

第三，我使用 Mockito 的 @MockBean 注釋建立模擬的 beans（mock beans）。我模擬 RSocketRequester bean，只是因為 PositionController（我們請求並且需要在類別層級注釋中載入）需要一個 RSocketRequester 的 bean，無論是真實的還是模擬的。我模擬了 PositionService bean，以便在這個類別的測試中模擬並使用它的行為。模擬 PositionService 能讓我確定它有正確的行為，讓它輸出的消費者（PositionController）動起來，並將實際結果與已知的預期結果進行比較。

最後，我創建了三個 Aircraft 實體用於所包含的測試。

在執行一個 JUnit @Test 方法之前，會有一個注釋為 @BeforeEach 的方法被執行以設置場景和預期結果。這是我用來在每個測試方法之前準備測試環境的 setUp() 方法：

```
@BeforeEach
void setUp(ApplicationContext context) {
    // Spring Airlines 航班 001 飛行途中，從 STL 前往 SFO，
    // 目前位在 Kansas City 上方 30000 呎處
    ac1 = new Aircraft(1L, "SAL001", "sqwk", "N12345", "SAL001",
            "STL-SFO", "LJ", "ct",
            30000, 280, 440, 0, 0,
            39.2979849, -94.71921, 0D, 0D, 0D,
            true, false,
            Instant.now(), Instant.now(), Instant.now());

    // Spring Airlines 航班 002 飛行途中，從 SFO 前往 STL，
    // 目前位在 Denver 上方 40000 呎處。
    ac2 = new Aircraft(2L, "SAL002", "sqwk", "N54321", "SAL002",
            "SFO-STL", "LJ", "ct",
            40000, 65, 440, 0, 0,
            39.8560963, -104.6759263, 0D, 0D, 0D,
            true, false,
            Instant.now(), Instant.now(), Instant.now());
```

```
        // Spring Airlines 航班 002 飛行途中，從 SFO 前往 STL，
        // 目前剛經過 DEN 上方 40000 呎處。
        ac3 = new Aircraft(3L, "SAL002", "sqwk", "N54321", "SAL002",
                "SFO-STL", "LJ", "ct",
                40000, 65, 440, 0, 0,
                39.8412964, -105.0048267, 0D, 0D, 0D,
                true, false,
                Instant.now(), Instant.now(), Instant.now());


        Mockito.when(service.getAllAircraft()).thenReturn(Flux.just(ac1, ac2, ac3));
        Mockito.when(service.getAircraftById(1L)).thenReturn(Mono.just(ac1));
        Mockito.when(service.getAircraftById(2L)).thenReturn(Mono.just(ac2));
        Mockito.when(service.getAircraftById(3L)).thenReturn(Mono.just(ac3));
        Mockito.when(service.getAircraftByReg("N12345"))
            .thenReturn(Flux.just(ac1));
        Mockito.when(service.getAircraftByReg("N54321"))
            .thenReturn(Flux.just(ac2, ac3));
    }
```

我將註冊號碼為 N12345 的飛機之飛機位置指定給 ac1 成員變數。對於 ac2 和 ac3，我為同一架飛機 N54321 指定了非常接近的位置，以模擬從 PlaneFinder 到達的密切更新的位置報告之常見情況。

setUp() 方法的最後幾行定義了 Position Service mock bean 的方法以各種方式被呼叫時，將提供的行為。類似於前面測試章節中的方法模擬（method mocks），匯入（import）的唯一區別是回傳值的型別；由於實際的 PositionService 方法回傳的 ReactorPublisher 型別為 Flux 和 Mono，所以模擬的方法也必須如此。

檢索所有飛機位置的測試

最後，我建立了一個方法來測試 PositionController 的方法 getCurrentACPositions()：

```
    @Test
    void getCurrentACPositions() {
        StepVerifier.create(client.get()
                .uri("/acpos")
                .exchange()
                .expectStatus().isOk()
                .expectHeader().contentType(MediaType.APPLICATION_JSON)
                .returnResult(Aircraft.class)
                .getResponseBody())
```

```
            .expectNext(ac1)
            .expectNext(ac2)
            .expectNext(ac3)
            .verifyComplete();
    }
```

測試反應式串流應用程式會給通常被認為是相當平凡（就算容易遺漏）的工作帶來無數挑戰，即設定預期結果、獲取實際結果，並將兩者進行比較以確定測試的成敗。雖然多個結果**能夠**以效果上等同於是瞬間的方式獲得，但就像一個阻斷式型別的 Iterable 一樣，反應式串流的 Publisher 在將其作為一個單元回傳之前，不會等待一個完整的結果集合。從機器的角度來看，這就是一次性接收五個一組的結果（舉例來說）或非常快速地接收五個結果，但單獨完成的區別。

Reactor 測試工具的核心是 StepVerifier 及其工具方法。StepVerifier 訂閱了一個 Publisher，顧名思義，開發者因此可將得到的結果視為離散值，並對每個結果進行驗證。在 getCurrentACPositions 的測試中，我執行了以下操作：

- 創建一個 StepVerifier。
- 為它提供由下列步驟產生的一個 Flux：
  - — 使用 WebTestClient bean。
  - — 取用映射到 */acpos* 端點的 PositionController::getCurrentACPositions 方法。
  - — 發動 exchange()。
  - — 驗證回應狀態為 200 OK。
  - — 驗證回應標頭的內容類型為「application/json」。
  - — 將結果項目作為 Aircraft 類別的實體回傳。
  - — GET 回應。
- 根據預期的第一個值 ac1 來評估實際的第一個值。
- 根據預期的第二個值 ac2 來評估實際的第二個值。
- 根據預期的第三個值 ac3 來評估實際的第三個值。
- 驗證所有的動作和有收到 Publisher 完成的信號。

這是對預期行為相當詳盡的評估，包括條件和所回傳的值。執行測試的結果類似於下面的輸出（根據頁面的大小進行了刪減）：

```
  .   ____          _            __ _ _
 /\\ / ___'_ __ _ _(_)_ __  __ _ \ \ \ \
( ( )\___ | '_ | '_| | '_ \/ _` | \ \ \ \
 \\/  ___)| |_)| | | | | || (_| |  ) ) ) )
  '  |____| .__|_| |_|_| |_\__, | / / / /
 =========|_|==============|___/=/_/_/_/
 :: Spring Boot ::                (v2.4.0)

: Starting PositionControllerTest on mheckler-a01.vmware.com with PID 21211
: No active profile set, falling back to default profiles: default
: Started PositionControllerTest in 2.19 seconds (JVM running for 2.879)

Process finished with exit code 0
</C>`
```

從 IDE 中執行，結果將類似於圖 12-1 所示。

Test Results	303 ms
PositionControllerTest	303 ms
getCurrentACPositions()	303 ms

圖 12-1　成功的測試

測試 Aircraft Positions 的搜尋功能

在 PositionController::searchForACPosition 中測試搜尋功能需要至少兩個單獨的測試，因為需要依據資料庫文件 ID 和飛機註冊號碼搜尋飛機位置的能力。

為了測試透過資料庫文件識別字進行的搜尋，我創建了以下的單元測試：

```
@Test
void searchForACPositionById() {
    StepVerifier.create(client.get()
            .uri("/acpos/search?id=1")
            .exchange()
            .expectStatus().isOk()
            .expectHeader().contentType(MediaType.APPLICATION_JSON)
            .returnResult(Aircraft.class)
            .getResponseBody())
```

```
        .expectNext(ac1)
        .verifyComplete();
}
```

這類似於所有飛機位置的單元測試。有兩個值得注意的例外：

- 指定的 URI 參考到搜尋端點，並包含搜尋參數 id=1，以檢索 ac1。
- 預期的結果只有 ac1，如 expectNext(ac1) 鏈串運算（chained operation）中所示。

為了測試藉由飛機註冊號碼搜尋飛機位置的功能，我創建了下列單元測試，使用我模擬的註冊號碼來包含兩個相應的位置文件：

```
@Test
void searchForACPositionByReg() {
    StepVerifier.create(client.get()
            .uri("/acpos/search?reg=N54321")
            .exchange()
            .expectStatus().isOk()
            .expectHeader().contentType(MediaType.APPLICATION_JSON)
            .returnResult(Aircraft.class)
            .getResponseBody())
        .expectNext(ac2)
        .expectNext(ac3)
        .verifyComplete();
}
```

這項測試與前一項測試的差別很小：

- URI 包括搜尋參數 reg=N54321，結果應該是 ac2 和 ac3，這兩個參數都包含註冊號碼為 N54321 的飛機之報告位置。
- 預期的結果藉由 expectNext(ac2) 與 expectNext(ac3) 鏈串運算驗證為 ac2 與 ac3。

PositionControllerTest 類別的最終狀態顯示於下列清單：

```
import org.junit.jupiter.api.AfterEach;
import org.junit.jupiter.api.BeforeEach;
import org.junit.jupiter.api.Test;
import org.mockito.Mockito;
import org.springframework.beans.factory.annotation.Autowired;
import org.springframework.boot.test.autoconfigure.web.reactive.WebFluxTest;
import org.springframework.boot.test.mock.mockito.MockBean;
import org.springframework.http.MediaType;
import org.springframework.messaging.rsocket.RSocketRequester;
import org.springframework.test.web.reactive.server.WebTestClient;
```

```java
import reactor.core.publisher.Flux;
import reactor.core.publisher.Mono;
import reactor.test.StepVerifier;

import java.time.Instant;

@WebFluxTest(controllers = {PositionController.class})
class PositionControllerTest {
    @Autowired
    private WebTestClient client;

    @MockBean
    private PositionService service;
    @MockBean
    private RSocketRequester requester;

    private Aircraft ac1, ac2, ac3;

    @BeforeEach
    void setUp() {
        // Spring Airlines 航班 001 飛行途中，從 STL 前往 SFO，
        // 目前位於 Kansas City 上方 30000 呎處
        ac1 = new Aircraft(1L, "SAL001", "sqwk", "N12345", "SAL001",
                "STL-SFO", "LJ", "ct",
                30000, 280, 440, 0, 0,
                39.2979849, -94.71921, 0D, 0D, 0D,
                true, false,
                Instant.now(), Instant.now(), Instant.now());

        // Spring Airlines 航班 002 飛行途中，從 SFO 前往 STL，
        // 目前位於 Denver 上方 40000 呎處
        ac2 = new Aircraft(2L, "SAL002", "sqwk", "N54321", "SAL002",
                "SFO-STL", "LJ", "ct",
                40000, 65, 440, 0, 0,
                39.8560963, -104.6759263, 0D, 0D, 0D,
                true, false,
                Instant.now(), Instant.now(), Instant.now());

        // Spring Airlines 航班 002 飛行途中，從 SFO 前往 STL，
        // 位於 40000 呎上方，目前剛通過 DEN
        ac3 = new Aircraft(3L, "SAL002", "sqwk", "N54321", "SAL002",
                "SFO-STL", "LJ", "ct",
                40000, 65, 440, 0, 0,
                39.8412964, -105.0048267, 0D, 0D, 0D,
                true, false,
                Instant.now(), Instant.now(), Instant.now());
```

```
    Mockito.when(service.getAllAircraft())
            .thenReturn(Flux.just(ac1, ac2, ac3));
    Mockito.when(service.getAircraftById(1L))
            .thenReturn(Mono.just(ac1));
    Mockito.when(service.getAircraftById(2L))
            .thenReturn(Mono.just(ac2));
    Mockito.when(service.getAircraftById(3L))
            .thenReturn(Mono.just(ac3));
    Mockito.when(service.getAircraftByReg("N12345"))
            .thenReturn(Flux.just(ac1));
    Mockito.when(service.getAircraftByReg("N54321"))
            .thenReturn(Flux.just(ac2, ac3));
}

@AfterEach
void tearDown() {
}

@Test
void getCurrentACPositions() {
    StepVerifier.create(client.get()
            .uri("/acpos")
            .exchange()
            .expectStatus().isOk()
            .expectHeader().contentType(MediaType.APPLICATION_JSON)
            .returnResult(Aircraft.class)
            .getResponseBody())
        .expectNext(ac1)
        .expectNext(ac2)
        .expectNext(ac3)
        .verifyComplete();
}

@Test
void searchForACPositionById() {
    StepVerifier.create(client.get()
            .uri("/acpos/search?id=1")
            .exchange()
            .expectStatus().isOk()
            .expectHeader().contentType(MediaType.APPLICATION_JSON)
            .returnResult(Aircraft.class)
            .getResponseBody())
        .expectNext(ac1)
        .verifyComplete();
```

```
    }

    @Test
    void searchForACPositionByReg() {
        StepVerifier.create(client.get()
                .uri("/acpos/search?reg=N54321")
                .exchange()
                .expectStatus().isOk()
                .expectHeader().contentType(MediaType.APPLICATION_JSON)
                .returnResult(Aircraft.class)
                .getResponseBody())
            .expectNext(ac2)
            .expectNext(ac3)
            .verifyComplete();
    }
}
```

在 PositionControllerTest 類別中執行所有測試，可以得到如圖 12-2 所示的令人滿意的結果。

Test Results	325 ms
PositionControllerTest	325 ms
searchForACPositionByReg()	302 ms
getCurrentACPositions()	11 ms
searchForACPositionById()	12 ms

圖 12-2　所有單元測試成功執行

StepVerifier 讓更多測試變得可能，本節中已經提示了其中的一些。特別值得關注的是 StepVerifier::withVirtualTime 方法，它能讓我們測試會零星發射要壓縮的值的發佈者（publishers），即時產生結果，而這些結果一般可能會分散在很長的一段時間內出現。StepVerifier::withVirtualTime 接受一個 Supplier<Publisher> 而非直接接受一個 Publisher，但除此之外，它的使用機制非常類似。

這些都是測試反應式 Spring Boot 應用程式的基本要素。但在生產中遇到問題怎麼辦？當你的 app 上線時，Reactor 提供了哪些工具來識別和解決問題呢？

Reactive 應用程式的診斷與除錯

在典型的 Java 應用程式中，當事情出現偏差時，通常會有一個堆疊軌跡（stacktrace）。由於多種原因，命令式程式碼（imperative code）可以產生有用的（有時是大量的）堆疊軌跡，但在一個較高的層次上，有兩個因素使得這種實用的資訊能被收集和顯示：

- 循序執行的程式碼通常決定了如何做某事（命令式）
- 這段循序程式碼的執行發生在單一個執行緒（thread）中。

每條規則都有例外，但一般來說，這是常見的組合，可以在碰到錯誤之前，捕捉循序執行的步驟：所有的事情都是在單一個泳道上一次一步發生的。這可能沒有那麼有效地運用全部的系統資源，而一般情況下也不會，但它使隔離和解決問題變得更加簡單。

進入反應式串流。Project Reactor 和其他反應式串流的實作運用排程器（schedulers）來管理和使用那些其他的執行緒。那些通常會被閒置或未被充分利用的資源可以投入到工作中去，從而使反應式應用程式的規模能夠擴充到遠遠超過它們對應的阻斷式程式。我想向你推薦 Reactor Core 說明文件（*https://projectreactor.io/docs/core/release/reference*），以瞭解更多關於 `Schedulers` 的細節，以及控制它們如何被使用和調整的可用選項，但現在只需說 Reactor 在絕大多數情況下都能很好地自動處理排程。

然而，這確實凸顯了為反應式 Spring Boot（或任何反應式）應用程式產生有意義的執行軌跡（execution trace）的一種挑戰。我們不能指望單純追蹤一個執行緒的活動，並生成循序執行的程式碼的一個有意義的列表。

由於這種執行緒跳轉（thread-hopping）的最佳化功能，使得追蹤執行的困難工作變得更加複雜，因為反應式程式設計將程式碼的**組裝**（*assembly*）與程式碼的**執行**（*execution*）分開。正如在第 8 章中提到的，在大多數情況下，對於大多數的 `Publisher` 型別來說，在你**訂閱**（*subscribe*）之前什麼都不會發生。

簡單地說，你不可能看到生產時期的故障指向你宣告式組裝的 `Publisher`（無論是 `Flux` 還是 `Mono`）運算管線（pipeline of operations）的程式碼中哪裡有問題。失敗幾乎都發生在管線變得活躍的時候：生產、處理以及向一個 `Subscriber` 傳遞值的時候。

程式碼組裝和執行之間的這種距離，以及 Reactor 利用多個執行緒來完成一連串運算的能力，意味著需要更好的工具才能有效排除執行時期出現的錯誤。幸運的是，Reactor 提供了幾個很棒的選擇。

Hooks.onOperatorDebug()

這並不是說，使用現有的堆疊軌跡結果對反應式應用程式進行故障排除是不可能的，只是說這可以得到很大的改善。和大多數事情一樣，證明就在程式碼中，或者就本例而言，是在失敗後記錄起來的輸出中。

為了模擬反應式 Publisher 運算子串鏈（chain of operators）中的故障，我重新審視了 PositionControllerTest 類別，並修改了每次跑測試之前會執行的 setUp() 方法中的一行程式碼：

```
Mockito.when(service.getAllAircraft()).thenReturn(Flux.just(ac1, ac2, ac3));
```

我將模擬的 getAllAircraft() 方法所產生的、正確運作的 Flux 取代為了會在所產生的值串流（stream of values）中包含錯誤的另一個：

```
Mockito.when(service.getAllAircraft()).thenReturn(
        Flux.just(ac1, ac2, ac3)
                .concatWith(Flux.error(new Throwable("Bad position report")))
);
```

接著，我執行 getCurrentACPositions() 的測試來看看我們蓄意破壞的 Flux 所產生的結果（繞行以適應頁面大小）：

```
500 Server Error for HTTP GET "/acpos"

java.lang.Throwable: Bad position report
        at com.thehecklers.aircraftpositions.PositionControllerTest
        .setUp(PositionControllerTest.java:59) ~[test-classes/:na]
        Suppressed: reactor.core.publisher.FluxOnAssembly$OnAssemblyException:
Error has been observed at the following site(s):
        |_ checkpoint → Handler com.thehecklers.aircraftpositions
        .PositionController
        #getCurrentACPositions() [DispatcherHandler]
        |_ checkpoint → HTTP GET "/acpos" [ExceptionHandlingWebHandler]
Stack trace:
                at com.thehecklers.aircraftpositions.PositionControllerTest
        .setUp(PositionControllerTest.java:59) ~[test-classes/:na]
                at java.base/jdk.internal.reflect.NativeMethodAccessorImpl
        .invoke0(Native Method) ~[na:na]
                at java.base/jdk.internal.reflect.NativeMethodAccessorImpl
        .invoke(NativeMethodAccessorImpl.java:62) ~[na:na]
                at java.base/jdk.internal.reflect.DelegatingMethodAccessorImpl
        .invoke(DelegatingMethodAccessorImpl.java:43) ~[na:na]
                at java.base/java.lang.reflect.Method
```

```
.invoke(Method.java:564) ~[na:na]
        at org.junit.platform.commons.util.ReflectionUtils
.invokeMethod(ReflectionUtils.java:686)
~[junit-platform-commons-1.6.2.jar:1.6.2]
        at org.junit.jupiter.engine.execution.MethodInvocation
.proceed(MethodInvocation.java:60)
        ~[junit-jupiter-engine-5.6.2.jar:5.6.2]
        at org.junit.jupiter.engine.execution.InvocationInterceptorChain
$ValidatingInvocation.proceed(InvocationInterceptorChain.java:131)
~[junit-jupiter-engine-5.6.2.jar:5.6.2]
        at org.junit.jupiter.engine.extension.TimeoutExtension
.intercept(TimeoutExtension.java:149)
~[junit-jupiter-engine-5.6.2.jar:5.6.2]
        at org.junit.jupiter.engine.extension.TimeoutExtension
.interceptLifecycleMethod(TimeoutExtension.java:126)
~[junit-jupiter-engine-5.6.2.jar:5.6.2]
        at org.junit.jupiter.engine.extension.TimeoutExtension
.interceptBeforeEachMethod(TimeoutExtension.java:76)
~[junit-jupiter-engine-5.6.2.jar:5.6.2]
        at org.junit.jupiter.engine.execution
.ExecutableInvoker$ReflectiveInterceptorCall.lambda$ofVoidMethod
  $0(ExecutableInvoker.java:115)
  ~[junit-jupiter-engine-5.6.2.jar:5.6.2]
        at org.junit.jupiter.engine.execution.ExecutableInvoker
.lambda$invoke$0(ExecutableInvoker.java:105)
  ~[junit-jupiter-engine-5.6.2.jar:5.6.2]
        at org.junit.jupiter.engine.execution.InvocationInterceptorChain
$InterceptedInvocation.proceed(InvocationInterceptorChain.java:106)
  ~[junit-jupiter-engine-5.6.2.jar:5.6.2]
        at org.junit.jupiter.engine.execution.InvocationInterceptorChain
.proceed(InvocationInterceptorChain.java:64)
  ~[junit-jupiter-engine-5.6.2.jar:5.6.2]
        at org.junit.jupiter.engine.execution.InvocationInterceptorChain
.chainAndInvoke(InvocationInterceptorChain.java:45)
  ~[junit-jupiter-engine-5.6.2.jar:5.6.2]
        at org.junit.jupiter.engine.execution.InvocationInterceptorChain
.invoke(InvocationInterceptorChain.java:37)
  ~[junit-jupiter-engine-5.6.2.jar:5.6.2]
        at org.junit.jupiter.engine.execution.ExecutableInvoker
.invoke(ExecutableInvoker.java:104)
  ~[junit-jupiter-engine-5.6.2.jar:5.6.2]
        at org.junit.jupiter.engine.execution.ExecutableInvoker
.invoke(ExecutableInvoker.java:98)
  ~[junit-jupiter-engine-5.6.2.jar:5.6.2]
        at org.junit.jupiter.engine.descriptor.ClassBasedTestDescriptor
.invokeMethodInExtensionContext(ClassBasedTestDescriptor.java:481)
```

```
  ~[junit-jupiter-engine-5.6.2.jar:5.6.2]
        at org.junit.jupiter.engine.descriptor.ClassBasedTestDescriptor
.lambda$synthesizeBeforeEachMethodAdapter
  $18(ClassBasedTestDescriptor.java:466)
  ~[junit-jupiter-engine-5.6.2.jar:5.6.2]
        at org.junit.jupiter.engine.descriptor.TestMethodTestDescriptor
.lambda$invokeBeforeEachMethods$2(TestMethodTestDescriptor.java:169)
  ~[junit-jupiter-engine-5.6.2.jar:5.6.2]
        at org.junit.jupiter.engine.descriptor.TestMethodTestDescriptor
.lambda$invokeBeforeMethodsOrCallbacksUntilExceptionOccurs
    $5(TestMethodTestDescriptor.java:197)
    ~[junit-jupiter-engine-5.6.2.jar:5.6.2]
        at org.junit.platform.engine.support.hierarchical.ThrowableCollector
.execute(ThrowableCollector.java:73)
    ~[junit-platform-engine-1.6.2.jar:1.6.2]
        at org.junit.jupiter.engine.descriptor.TestMethodTestDescriptor
.invokeBeforeMethodsOrCallbacksUntilExceptionOccurs
    (TestMethodTestDescriptor.java:197)
    ~[junit-jupiter-engine-5.6.2.jar:5.6.2]
        at org.junit.jupiter.engine.descriptor.TestMethodTestDescriptor
.invokeBeforeEachMethods(TestMethodTestDescriptor.java:166)
    ~[junit-jupiter-engine-5.6.2.jar:5.6.2]
        at org.junit.jupiter.engine.descriptor.TestMethodTestDescriptor
.execute(TestMethodTestDescriptor.java:133)
    ~[junit-jupiter-engine-5.6.2.jar:5.6.2]
        at org.junit.jupiter.engine.descriptor.TestMethodTestDescriptor
.execute(TestMethodTestDescriptor.java:71)
    ~[junit-jupiter-engine-5.6.2.jar:5.6.2]
        at org.junit.platform.engine.support.hierarchical.NodeTestTask
.lambda$executeRecursively$5(NodeTestTask.java:135)
    ~[junit-platform-engine-1.6.2.jar:1.6.2]
        at org.junit.platform.engine.support.hierarchical.ThrowableCollector
.execute(ThrowableCollector.java:73)
    ~[junit-platform-engine-1.6.2.jar:1.6.2]
        at org.junit.platform.engine.support.hierarchical.NodeTestTask
.lambda$executeRecursively$7(NodeTestTask.java:125)
    ~[junit-platform-engine-1.6.2.jar:1.6.2]
        at org.junit.platform.engine.support.hierarchical.Node
.around(Node.java:135) ~[junit-platform-engine-1.6.2.jar:1.6.2]
        at org.junit.platform.engine.support.hierarchical.NodeTestTask
.lambda$executeRecursively$8(NodeTestTask.java:123)
    ~[junit-platform-engine-1.6.2.jar:1.6.2]
        at org.junit.platform.engine.support.hierarchical.ThrowableCollector
.execute(ThrowableCollector.java:73)
    ~[junit-platform-engine-1.6.2.jar:1.6.2]
        at org.junit.platform.engine.support.hierarchical.NodeTestTask
```

```
.executeRecursively(NodeTestTask.java:122)
    ~[junit-platform-engine-1.6.2.jar:1.6.2]
        at org.junit.platform.engine.support.hierarchical.NodeTestTask
.execute(NodeTestTask.java:80)
    ~[junit-platform-engine-1.6.2.jar:1.6.2]
        at java.base/java.util.ArrayList.forEach(ArrayList.java:1510) ~[na:na]
        at org.junit.platform.engine.support.hierarchical
.SameThreadHierarchicalTestExecutorService
    .invokeAll(SameThreadHierarchicalTestExecutorService.java:38)
        ~[junit-platform-engine-1.6.2.jar:1.6.2]
        at org.junit.platform.engine.support.hierarchical.NodeTestTask
.lambda$executeRecursively$5(NodeTestTask.java:139)
    ~[junit-platform-engine-1.6.2.jar:1.6.2]
        at org.junit.platform.engine.support.hierarchical.ThrowableCollector
.execute(ThrowableCollector.java:73)
    ~[junit-platform-engine-1.6.2.jar:1.6.2]
        at org.junit.platform.engine.support.hierarchical.NodeTestTask
.lambda$executeRecursively$7(NodeTestTask.java:125)
    ~[junit-platform-engine-1.6.2.jar:1.6.2]
        at org.junit.platform.engine.support.hierarchical.Node
.around(Node.java:135) ~[junit-platform-engine-1.6.2.jar:1.6.2]
        at org.junit.platform.engine.support.hierarchical.NodeTestTask
.lambda$executeRecursively$8(NodeTestTask.java:123)
    ~[junit-platform-engine-1.6.2.jar:1.6.2]
        at org.junit.platform.engine.support.hierarchical.ThrowableCollector
.execute(ThrowableCollector.java:73)
    ~[junit-platform-engine-1.6.2.jar:1.6.2]
        at org.junit.platform.engine.support.hierarchical.NodeTestTask
.executeRecursively(NodeTestTask.java:122)
    ~[junit-platform-engine-1.6.2.jar:1.6.2]
        at org.junit.platform.engine.support.hierarchical.NodeTestTask
.execute(NodeTestTask.java:80)
    ~[junit-platform-engine-1.6.2.jar:1.6.2]
        at java.base/java.util.ArrayList.forEach(ArrayList.java:1510) ~[na:na]
        at org.junit.platform.engine.support.hierarchical
.SameThreadHierarchicalTestExecutorService
    .invokeAll(SameThreadHierarchicalTestExecutorService.java:38)
        ~[junit-platform-engine-1.6.2.jar:1.6.2]
        at org.junit.platform.engine.support.hierarchical.NodeTestTask
.lambda$executeRecursively$5(NodeTestTask.java:139)
    ~[junit-platform-engine-1.6.2.jar:1.6.2]
        at org.junit.platform.engine.support.hierarchical.ThrowableCollector
.execute(ThrowableCollector.java:73)
    ~[junit-platform-engine-1.6.2.jar:1.6.2]
        at org.junit.platform.engine.support.hierarchical.NodeTestTask
.lambda$executeRecursively$7(NodeTestTask.java:125)
```

```
    ~[junit-platform-engine-1.6.2.jar:1.6.2]
        at org.junit.platform.engine.support.hierarchical.Node
.around(Node.java:135) ~[junit-platform-engine-1.6.2.jar:1.6.2]
        at org.junit.platform.engine.support.hierarchical.NodeTestTask
.lambda$executeRecursively$8(NodeTestTask.java:123)
    ~[junit-platform-engine-1.6.2.jar:1.6.2]
        at org.junit.platform.engine.support.hierarchical.ThrowableCollector
.execute(ThrowableCollector.java:73)
    ~[junit-platform-engine-1.6.2.jar:1.6.2]
        at org.junit.platform.engine.support.hierarchical.NodeTestTask
.executeRecursively(NodeTestTask.java:122)
    ~[junit-platform-engine-1.6.2.jar:1.6.2]
        at org.junit.platform.engine.support.hierarchical.NodeTestTask
.execute(NodeTestTask.java:80)
    ~[junit-platform-engine-1.6.2.jar:1.6.2]
        at org.junit.platform.engine.support.hierarchical
.SameThreadHierarchicalTestExecutorService
    .submit(SameThreadHierarchicalTestExecutorService.java:32)
        ~[junit-platform-engine-1.6.2.jar:1.6.2]
        at org.junit.platform.engine.support.hierarchical
.HierarchicalTestExecutor.execute(HierarchicalTestExecutor.java:57)
    ~[junit-platform-engine-1.6.2.jar:1.6.2]
        at org.junit.platform.engine.support.hierarchical
.HierarchicalTestEngine.execute(HierarchicalTestEngine.java:51)
    ~[junit-platform-engine-1.6.2.jar:1.6.2]
        at org.junit.platform.launcher.core.DefaultLauncher
.execute(DefaultLauncher.java:248)
    ~[junit-platform-launcher-1.6.2.jar:1.6.2]
        at org.junit.platform.launcher.core.DefaultLauncher
.lambda$execute$5(DefaultLauncher.java:211)
    ~[junit-platform-launcher-1.6.2.jar:1.6.2]
        at org.junit.platform.launcher.core.DefaultLauncher
.withInterceptedStreams(DefaultLauncher.java:226)
    ~[junit-platform-launcher-1.6.2.jar:1.6.2]
        at org.junit.platform.launcher.core.DefaultLauncher
.execute(DefaultLauncher.java:199)
    ~[junit-platform-launcher-1.6.2.jar:1.6.2]
        at org.junit.platform.launcher.core.DefaultLauncher
.execute(DefaultLauncher.java:132)
    ~[junit-platform-launcher-1.6.2.jar:1.6.2]
        at com.intellij.junit5.JUnit5IdeaTestRunner
.startRunnerWithArgs(JUnit5IdeaTestRunner.java:69)
    ~[junit5-rt.jar:na]
        at com.intellij.rt.junit.IdeaTestRunner$Repeater
.startRunnerWithArgs(IdeaTestRunner.java:33)
    ~[junit-rt.jar:na]
```

```
            at com.intellij.rt.junit.JUnitStarter
        .prepareStreamsAndStart(JUnitStarter.java:230)
            ~[junit-rt.jar:na]
                at com.intellij.rt.junit.JUnitStarter
        .main(JUnitStarter.java:58) ~[junit-rt.jar:na]


java.lang.AssertionError: Status expected:<200 OK>
    but was:<500 INTERNAL_SERVER_ERROR>

> GET /acpos
> WebTestClient-Request-Id: [1]

No content

< 500 INTERNAL_SERVER_ERROR Internal Server Error
< Content-Type: [application/json]
< Content-Length: [142]

{"timestamp":"2020-11-09T15:41:12.516+00:00","path":"/acpos","status":500,
        "error":"Internal Server Error","message":"","requestId":"699a523c"}

        at org.springframework.test.web.reactive.server.ExchangeResult
    .assertWithDiagnostics(ExchangeResult.java:209)
        at org.springframework.test.web.reactive.server.StatusAssertions
    .assertStatusAndReturn(StatusAssertions.java:227)
        at org.springframework.test.web.reactive.server.StatusAssertions
    .isOk(StatusAssertions.java:67)
        at com.thehecklers.aircraftpositions.PositionControllerTest
    .getCurrentACPositions(PositionControllerTest.java:90)
        at java.base/jdk.internal.reflect.NativeMethodAccessorImpl
    .invoke0(Native Method)
        at java.base/jdk.internal.reflect.NativeMethodAccessorImpl
    .invoke(NativeMethodAccessorImpl.java:62)
        at java.base/jdk.internal.reflect.DelegatingMethodAccessorImpl
    .invoke(DelegatingMethodAccessorImpl.java:43)
        at java.base/java.lang.reflect.Method.invoke(Method.java:564)
        at org.junit.platform.commons.util.ReflectionUtils
    .invokeMethod(ReflectionUtils.java:686)
        at org.junit.jupiter.engine.execution.MethodInvocation
    .proceed(MethodInvocation.java:60)
        at org.junit.jupiter.engine.execution.InvocationInterceptorChain
    $ValidatingInvocation.proceed(InvocationInterceptorChain.java:131)
        at org.junit.jupiter.engine.extension.TimeoutExtension
    .intercept(TimeoutExtension.java:149)
        at org.junit.jupiter.engine.extension.TimeoutExtension
```

```
.interceptTestableMethod(TimeoutExtension.java:140)
    at org.junit.jupiter.engine.extension.TimeoutExtension
.interceptTestMethod(TimeoutExtension.java:84)
    at org.junit.jupiter.engine.execution.ExecutableInvoker
$ReflectiveInterceptorCall
    .lambda$ofVoidMethod$0(ExecutableInvoker.java:115)
    at org.junit.jupiter.engine.execution.ExecutableInvoker
.lambda$invoke$0(ExecutableInvoker.java:105)
    at org.junit.jupiter.engine.execution.InvocationInterceptorChain
$InterceptedInvocation.proceed(InvocationInterceptorChain.java:106)
    at org.junit.jupiter.engine.execution.InvocationInterceptorChain
.proceed(InvocationInterceptorChain.java:64)
    at org.junit.jupiter.engine.execution.InvocationInterceptorChain
.chainAndInvoke(InvocationInterceptorChain.java:45)
    at org.junit.jupiter.engine.execution.InvocationInterceptorChain
.invoke(InvocationInterceptorChain.java:37)
    at org.junit.jupiter.engine.execution.ExecutableInvoker
.invoke(ExecutableInvoker.java:104)
    at org.junit.jupiter.engine.execution.ExecutableInvoker
.invoke(ExecutableInvoker.java:98)
    at org.junit.jupiter.engine.descriptor.TestMethodTestDescriptor
.lambda$invokeTestMethod$6(TestMethodTestDescriptor.java:212)
    at org.junit.platform.engine.support.hierarchical.ThrowableCollector
.execute(ThrowableCollector.java:73)
    at org.junit.jupiter.engine.descriptor.TestMethodTestDescriptor
.invokeTestMethod(TestMethodTestDescriptor.java:208)
    at org.junit.jupiter.engine.descriptor.TestMethodTestDescriptor
.execute(TestMethodTestDescriptor.java:137)
    at org.junit.jupiter.engine.descriptor.TestMethodTestDescriptor
.execute(TestMethodTestDescriptor.java:71)
    at org.junit.platform.engine.support.hierarchical.NodeTestTask
.lambda$executeRecursively$5(NodeTestTask.java:135)
    at org.junit.platform.engine.support.hierarchical.ThrowableCollector
.execute(ThrowableCollector.java:73)
    at org.junit.platform.engine.support.hierarchical.NodeTestTask
.lambda$executeRecursively$7(NodeTestTask.java:125)
    at org.junit.platform.engine.support.hierarchical.Node.around(Node.java:135)
    at org.junit.platform.engine.support.hierarchical.NodeTestTask
.lambda$executeRecursively$8(NodeTestTask.java:123)
    at org.junit.platform.engine.support.hierarchical.ThrowableCollector
.execute(ThrowableCollector.java:73)
    at org.junit.platform.engine.support.hierarchical.NodeTestTask
.executeRecursively(NodeTestTask.java:122)
    at org.junit.platform.engine.support.hierarchical.NodeTestTask
.execute(NodeTestTask.java:80)
    at java.base/java.util.ArrayList.forEach(ArrayList.java:1510)
```

```
    at org.junit.platform.engine.support.hierarchical
.SameThreadHierarchicalTestExecutorService
    .invokeAll(SameThreadHierarchicalTestExecutorService.java:38)
    at org.junit.platform.engine.support.hierarchical.NodeTestTask
.lambda$executeRecursively$5(NodeTestTask.java:139)
    at org.junit.platform.engine.support.hierarchical.ThrowableCollector
.execute(ThrowableCollector.java:73)
    at org.junit.platform.engine.support.hierarchical.NodeTestTask
.lambda$executeRecursively$7(NodeTestTask.java:125)
    at org.junit.platform.engine.support.hierarchical.Node.around(Node.java:135)
    at org.junit.platform.engine.support.hierarchical.NodeTestTask
.lambda$executeRecursively$8(NodeTestTask.java:123)
    at org.junit.platform.engine.support.hierarchical.ThrowableCollector
.execute(ThrowableCollector.java:73)
    at org.junit.platform.engine.support.hierarchical.NodeTestTask
.executeRecursively(NodeTestTask.java:122)
    at org.junit.platform.engine.support.hierarchical.NodeTestTask
.execute(NodeTestTask.java:80)
    at java.base/java.util.ArrayList.forEach(ArrayList.java:1510)
    at org.junit.platform.engine.support.hierarchical
.SameThreadHierarchicalTestExecutorService
    .invokeAll(SameThreadHierarchicalTestExecutorService.java:38)
    at org.junit.platform.engine.support.hierarchical.NodeTestTask
.lambda$executeRecursively$5(NodeTestTask.java:139)
    at org.junit.platform.engine.support.hierarchical.ThrowableCollector
.execute(ThrowableCollector.java:73)
    at org.junit.platform.engine.support.hierarchical.NodeTestTask
.lambda$executeRecursively$7(NodeTestTask.java:125)
    at org.junit.platform.engine.support.hierarchical.Node.around(Node.java:135)
    at org.junit.platform.engine.support.hierarchical.NodeTestTask
.lambda$executeRecursively$8(NodeTestTask.java:123)
    at org.junit.platform.engine.support.hierarchical.ThrowableCollector
.execute(ThrowableCollector.java:73)
    at org.junit.platform.engine.support.hierarchical.NodeTestTask
.executeRecursively(NodeTestTask.java:122)
    at org.junit.platform.engine.support.hierarchical.NodeTestTask
.execute(NodeTestTask.java:80)
    at org.junit.platform.engine.support.hierarchical
.SameThreadHierarchicalTestExecutorService
    .submit(SameThreadHierarchicalTestExecutorService.java:32)
    at org.junit.platform.engine.support.hierarchical.HierarchicalTestExecutor
.execute(HierarchicalTestExecutor.java:57)
    at org.junit.platform.engine.support.hierarchical.HierarchicalTestEngine
.execute(HierarchicalTestEngine.java:51)
    at org.junit.platform.launcher.core.DefaultLauncher
.execute(DefaultLauncher.java:248)
```

```
        at org.junit.platform.launcher.core.DefaultLauncher
    .lambda$execute$5(DefaultLauncher.java:211)
        at org.junit.platform.launcher.core.DefaultLauncher
    .withInterceptedStreams(DefaultLauncher.java:226)
        at org.junit.platform.launcher.core.DefaultLauncher
    .execute(DefaultLauncher.java:199)
        at org.junit.platform.launcher.core.DefaultLauncher
    .execute(DefaultLauncher.java:132)
        at com.intellij.junit5.JUnit5IdeaTestRunner
    .startRunnerWithArgs(JUnit5IdeaTestRunner.java:69)
        at com.intellij.rt.junit.IdeaTestRunner$Repeater
    .startRunnerWithArgs(IdeaTestRunner.java:33)
        at com.intellij.rt.junit.JUnitStarter
    .prepareStreamsAndStart(JUnitStarter.java:230)
        at com.intellij.rt.junit.JUnitStarter
    .main(JUnitStarter.java:58)
Caused by: java.lang.AssertionError: Status expected:<200 OK>
        but was:<500 INTERNAL_SERVER_ERROR>
        at org.springframework.test.util.AssertionErrors
    .fail(AssertionErrors.java:59)
        at org.springframework.test.util.AssertionErrors
    .assertEquals(AssertionErrors.java:122)
        at org.springframework.test.web.reactive.server.StatusAssertions
    .lambda$assertStatusAndReturn$4(StatusAssertions.java:227)
        at org.springframework.test.web.reactive.server.ExchangeResult
    .assertWithDiagnostics(ExchangeResult.java:206)
        ... 66 more
```

如你所見，單一個錯誤的值所帶來的資訊體積就相當難以消化了。確實包含有用的資訊，但淹沒在沒那麼有幫助的過量資訊中了。

我很不情願但又刻意地包含了前面 Flux 錯誤所產生的完整輸出，以表明當 Publisher 遇到錯誤時，要在它一般的輸出中尋找線索是多麼的困難，並與現有工具如何顯著地減少噪音和提高關鍵資訊的信號強度進行對比。找到問題的核心可以減少開發中的挫折感，但在生產環境中排除關鍵業務應用程式的故障時，這絕對是至關緊要的。

Project Reactor 包括可配置的生命週期回呼（configurable life cycle callbacks），稱為**掛接器**（*hooks*），透過其 Hooks 類別提供。當事情出錯時，有一個運算子對提高信號對雜訊比（signal to noise ratio）特別有用，它就是 onOperatorDebug()。

在失敗的 Publisher 實體化之前呼叫 Hooks.onOperatorDebug()，可以讓 Publisher 型別（與子型別）的所有後續實體能夠進行組裝時期的儀器化（assembly-time instrumentation）動作。為了確保能在必要的時間點捕獲必要的訊息，該呼叫通常被放在應用程式的主方法中，如下所示：

```
import org.springframework.boot.SpringApplication;
import org.springframework.boot.autoconfigure.SpringBootApplication;
import reactor.core.publisher.Hooks;

@SpringBootApplication
public class AircraftPositionsApplication {

        public static void main(String[] args) {
                Hooks.onOperatorDebug();
                SpringApplication.run(AircraftPositionsApplication.class, args);
        }

}
```

由於我是從測試類別中演示這個功能的，所以我是在刻意失敗的 Publisher 的組裝動作前一行插入 Hooks.onOperatorDebug();：

```
Hooks.onOperatorDebug();
Mockito.when(service.getAllAircraft()).thenReturn(
        Flux.just(ac1, ac2, ac3)
                .concatWith(Flux.error(new Throwable("Bad position report")))
);
```

這個單一的新增動作並沒有消除有些龐大的堆疊軌跡，在極少數情況下，所提供的任何額外資料都是有用的，但對於絕大多數情況，由 onOperatorDebug() 作為回溯軌跡（backtrace）所添加到日誌中的樹狀摘要能幫助我們更快識別出並解決問題。為了保留完整的細節和格式，圖 12-3 顯示了我在 getCurrentACPositions() 測試中引入的同一個錯誤之回溯軌跡摘要。

```
java.lang.Throwable: Bad position report
    at com.thehecklers.aircraftpositions.PositionControllerTest.setUp(PositionControllerTest.java:67) ~[test-classes/:na]
    Suppressed: reactor.core.publisher.FluxOnAssembly$OnAssemblyException:
Assembly trace from producer [reactor.core.publisher.FluxError] :
    reactor.core.publisher.Flux.error(Flux.java:871)
    com.thehecklers.aircraftpositions.PositionControllerTest.setUp(PositionControllerTest.java:68)
Error has been observed at the following site(s):
    |_          Flux.error → at com.thehecklers.aircraftpositions.PositionControllerTest.setUp(PositionControllerTest.java:68)
    |_     Flux.concatWith → at com.thehecklers.aircraftpositions.PositionControllerTest.setUp(PositionControllerTest.java:68)
    |_                     → at com.thehecklers.aircraftpositions.PositionService$MockitoMock$883678645.getAllAircraft(null:-1)
    |_           Flux.from → at org.springframework.http.codec.json.AbstractJackson2Encoder.encode(AbstractJackson2Encoder.java:178)
    |_    Flux.collectList → at org.springframework.http.codec.json.AbstractJackson2Encoder.encode(AbstractJackson2Encoder.java:179)
    |_    Flux.collectList → at org.springframework.http.codec.json.AbstractJackson2Encoder.encode(AbstractJackson2Encoder.java:179)
    |_            Mono.map → at org.springframework.http.codec.json.AbstractJackson2Encoder.encode(AbstractJackson2Encoder.java:180)
    |_            Mono.map → at org.springframework.http.codec.json.AbstractJackson2Encoder.encode(AbstractJackson2Encoder.java:180)
    |_           Mono.flux → at org.springframework.http.codec.json.AbstractJackson2Encoder.encode(AbstractJackson2Encoder.java:181)
    |_           Mono.flux → at org.springframework.http.codec.json.AbstractJackson2Encoder.encode(AbstractJackson2Encoder.java:181)
    |_           Flux.from → at org.springframework.http.server.reactive.ChannelSendOperator.<init>(ChannelSendOperator.java:57)
    |_      Mono.doOnError → at org.springframework.http.server.reactive.AbstractServerHttpResponse.writeWith(AbstractServerHttpResponse.java:221)
    |_                     → at org.springframework.http.codec.EncoderHttpMessageWriter.write(EncoderHttpMessageWriter.java:203)
    |_                     → at org.springframework.web.reactive.result.method.annotation.AbstractMessageWriterResultHandler.writeBody
  (AbstractMessageWriterResultHandler.java:104)
    |_                     → at org.springframework.web.reactive.result.method.annotation.ResponseBodyResultHandler.handleResult(ResponseBodyResultHandler.java:86)
    |_          checkpoint → Handler com.thehecklers.aircraftpositions.PositionController#getCurrentACPositions() [DispatcherHandler]
    |_        Mono.flatMap → at org.springframework.web.reactive.DispatcherHandler.lambda$handleResult$5(DispatcherHandler.java:172)
    |_ Mono.onErrorResume → at org.springframework.web.reactive.DispatcherHandler.handleResult(DispatcherHandler.java:171)
    |_        Mono.flatMap → at org.springframework.web.reactive.DispatcherHandler.handle(DispatcherHandler.java:147)
    |_                     → at org.springframework.web.server.handler.DefaultWebFilterChain.lambda$filter$0(DefaultWebFilterChain.java:120)
    |_          Mono.defer → at org.springframework.web.server.handler.DefaultWebFilterChain.filter(DefaultWebFilterChain.java:119)
    |_          Mono.defer → at org.springframework.web.server.handler.DefaultWebFilterChain.filter(DefaultWebFilterChain.java:119)
    |_                     → at org.springframework.web.server.handler.FilteringWebHandler.handle(FilteringWebHandler.java:59)
    |_                     → at org.springframework.web.server.handler.WebHandlerDecorator.handle(WebHandlerDecorator.java:56)
    |_          Mono.error → at org.springframework.web.server.handler.ExceptionHandlingWebHandler$CheckpointInsertingHandler.handle(ExceptionHandlingWebHandler
.java:98)
    |_          Mono.error → at org.springframework.web.server.handler.ExceptionHandlingWebHandler$CheckpointInsertingHandler.handle(ExceptionHandlingWebHandler
.java:98)
    |_          checkpoint → HTTP GET "/acpos" [ExceptionHandlingWebHandler]
    |_                     → at org.springframework.web.server.handler.ExceptionHandlingWebHandler.lambda$handle$0(ExceptionHandlingWebHandler.java:77)
    |_ Mono.onErrorResume → at org.springframework.web.server.handler.ExceptionHandlingWebHandler.handle(ExceptionHandlingWebHandler.java:77)
    |_ Mono.onErrorResume → at org.springframework.web.server.handler.ExceptionHandlingWebHandler.handle(ExceptionHandlingWebHandler.java:77)
```

圖 12-3　除錯的回溯軌跡

在樹的頂端是顯示有罪的證據：在 PositionControllerTest.java 的第 68 行使用 concatWith 引入了一個 Flux 錯誤。多虧了 Hooks.onOperatorDebug()，確定這個問題及其具體位置所花費的時間從幾分鐘（或更多）減少到了幾秒鐘。

然而，對後續所有的 Publisher 的所有組裝指令進行儀器化並不是沒有代價的，使用掛接器（hooks）來儀器化你的程式碼相對來說是很耗費執行時間的，因為除錯模式是全域的，一旦啟用，就會影響 Publisher 執行的每個反應串流的每個運算子串鏈。讓我們考慮另一種選擇。

檢查點

我們可以在關鍵運算子附近設置檢查點（checkpoints）以協助進行故障排除，而不是充填每一個可能的 Publisher 的每一個可能的回溯軌跡。在串鏈中插入一個 checkpoint() 運算子的運作原理就像啟用一個掛接器，但只針對該運算子串鏈的那一段。

檢查點有三種變體：

- 標準檢查點，包括一個回溯軌跡
- 接受一個描述性的 `String` 參數且不包括回溯軌跡的輕度檢查點
- 帶有回溯軌跡，也可以接受一個描述性的 `String` 參數的標準檢查點

讓我們看看它們的實際動起來的樣子。

首先，我在 `PositionControllerTest` 內移除了 `setUp()` 方法中 `PositionService::getAllAircraft` 的模擬方法（mocked method）之前的 `Hooks.onOperatorDebug()` 述句：

```
//Hooks.onOperatorDebug();      註解掉或移除
Mockito.when(service.getAllAircraft()).thenReturn(
    Flux.just(ac1, ac2, ac3)
        .checkpoint()
        .concatWith(Flux.error(new Throwable("Bad position report")))
        .checkpoint()
);
```

重新執行 `getCurrentACPositions()` 的測試，會產生如圖 12-4 所示的結果。

```
java.lang.Throwable: Bad position report
    at com.thehecklers.aircraftpositions.PositionControllerTest.setUp(PositionControllerTest.java:68) ~[test-classes/:na]
    Suppressed: reactor.core.publisher.FluxOnAssembly$OnAssemblyException:
Assembly trace from producer [reactor.core.publisher.FluxConcatArray] :
    reactor.core.publisher.Flux.checkpoint(Flux.java:3196)
    com.thehecklers.aircraftpositions.PositionControllerTest.setUp(PositionControllerTest.java:70)
Error has been observed at the following site(s):
    |_    Flux.checkpoint → at com.thehecklers.aircraftpositions.PositionControllerTest.setUp(PositionControllerTest.java:70)
    |_                    → at com.thehecklers.aircraftpositions.PositionService$MockitoMock$1696125553.getAllAircraft(null:-1)
    |_          Flux.from → at org.springframework.http.codec.json.AbstractJackson2Encoder.encode(AbstractJackson2Encoder.java:178)
    |_   Flux.collectList → at org.springframework.http.codec.json.AbstractJackson2Encoder.encode(AbstractJackson2Encoder.java:179)
    |_           Mono.map → at org.springframework.http.codec.json.AbstractJackson2Encoder.encode(AbstractJackson2Encoder.java:180)
    |_          Mono.flux → at org.springframework.http.codec.json.AbstractJackson2Encoder.encode(AbstractJackson2Encoder.java:181)
    |_          Flux.from → at org.springframework.http.server.reactive.ChannelSendOperator.<init>(ChannelSendOperator.java:57)
    |_                    → at org.springframework.http.codec.EncoderHttpMessageWriter.write(EncoderHttpMessageWriter.java:203)
    |_                    → at org.springframework.web.reactive.result.method.annotation.AbstractMessageWriterResultHandler.writeBody
  (AbstractMessageWriterResultHandler.java:104)
    |_                    → at org.springframework.web.reactive.result.method.annotation.ResponseBodyResultHandler.handleResult(ResponseBodyResultHandler.java:86)
    |_         checkpoint → Handler com.thehecklers.aircraftpositions.PositionController#getCurrentACPositions() [DispatcherHandler]
    |_                    → at org.springframework.web.server.handler.DefaultWebFilterChain.lambda$filter$0(DefaultWebFilterChain.java:120)
    |_         Mono.defer → at org.springframework.web.server.handler.DefaultWebFilterChain.filter(DefaultWebFilterChain.java:119)
    |_                    → at org.springframework.web.server.handler.FilteringWebHandler.handle(FilteringWebHandler.java:59)
    |_                    → at org.springframework.web.server.handler.WebHandlerDecorator.handle(WebHandlerDecorator.java:56)
    |_         Mono.error → at org.springframework.web.server.handler.ExceptionHandlingWebHandler$CheckpointInsertingHandler.handle(ExceptionHandlingWebHandler
  .java:98)
    |_         checkpoint → HTTP GET "/acpos" [ExceptionHandlingWebHandler]
    |_                    → at org.springframework.web.server.handler.ExceptionHandlingWebHandler.lambda$handle$0(ExceptionHandlingWebHandler.java:77)
    |_ Mono.onErrorResume → at org.springframework.web.server.handler.ExceptionHandlingWebHandler.handle(ExceptionHandlingWebHandler.java:77)
```

圖 12-4　標準檢查點的輸出

清單頂端的檢查點將我們引導到了有問題的運算子：緊接在被觸發的檢查點之前的那一個。請注意，回溯軌跡資訊仍在收集中，因為此檢查點反映的是我在 `PositionControllerTest` 類別的第 64 行插入的檢查點的實際原始碼檔案和具體行號。

切換到輕量化的檢查點，以開發者指定的一個實用的 String 描述取代了回溯軌跡資訊的收集。雖然標準檢查點的回溯軌跡收集範圍有限，但它所需要的資源仍然超出了單純儲存一個 String 的範圍。如果做得足夠詳細，輕度檢查點在鎖定有問題的運算子方面提供了同等的效用。更新程式碼以利用輕度檢查點是一件很簡單的事情：

```
//Hooks.onOperatorDebug();       註解掉或移除
Mockito.when(service.getAllAircraft()).thenReturn(
    Flux.just(ac1, ac2, ac3)
        .checkpoint("All Aircraft: after all good positions reported")
        .concatWith(Flux.error(new Throwable("Bad position report")))
        .checkpoint("All Aircraft: after appending bad position report")
);
```

重新執行 `getCurrentACPositions()` 測試，產生的結果如圖 12-5 所示。

```
java.lang.Throwable: Bad position report
    at com.thehecklers.aircraftpositions.PositionControllerTest.setUp(PositionControllerTest.java:68) ~[test-classes/:na]
    Suppressed: reactor.core.publisher.FluxOnAssembly$OnAssemblyException:
Error has been observed at the following site(s):
    |_          checkpoint → All Aircraft: after appending bad position report
    |_                     → at com.thehecklers.aircraftpositions.PositionService$MockitoMock$1153167644.getAllAircraft(null:-1)
    |_           Flux.from → at org.springframework.http.codec.json.AbstractJackson2Encoder.encode(AbstractJackson2Encoder.java:178)
    |_     Flux.collectList → at org.springframework.http.codec.json.AbstractJackson2Encoder.encode(AbstractJackson2Encoder.java:179)
    |_            Mono.map → at org.springframework.http.codec.json.AbstractJackson2Encoder.encode(AbstractJackson2Encoder.java:180)
    |_           Mono.flux → at org.springframework.http.codec.json.AbstractJackson2Encoder.encode(AbstractJackson2Encoder.java:181)
    |_           Flux.from → at org.springframework.http.server.reactive.ChannelSendOperator.<init>(ChannelSendOperator.java:57)
    |_                     → at org.springframework.http.codec.EncoderHttpMessageWriter.write(EncoderHttpMessageWriter.java:203)
    |_                     → at org.springframework.web.reactive.result.method.annotation.AbstractMessageWriterResultHandler.writeBody
 (AbstractMessageWriterResultHandler.java:104)
    |_                     → at org.springframework.web.reactive.result.method.annotation.ResponseBodyResultHandler.handleResult(ResponseBodyResultHandler.java:86)
    |_          checkpoint → Handler com.thehecklers.aircraftpositions.PositionController#getCurrentACPositions() [DispatcherHandler]
    |_                     → at org.springframework.web.server.handler.DefaultWebFilterChain.lambda$filter$0(DefaultWebFilterChain.java:120)
    |_          Mono.defer → at org.springframework.web.server.handler.DefaultWebFilterChain.filter(DefaultWebFilterChain.java:119)
    |_                     → at org.springframework.web.server.handler.FilteringWebHandler.handle(FilteringWebHandler.java:59)
    |_                     → at org.springframework.web.server.handler.WebHandlerDecorator.handle(WebHandlerDecorator.java:56)
    |_          Mono.error → at org.springframework.web.server.handler.ExceptionHandlingWebHandler$CheckpointInsertingHandler.handle(ExceptionHandlingWebHandler
 .java:98)
    |_          checkpoint → HTTP GET "/acpos" [ExceptionHandlingWebHandler]
    |_                     → at org.springframework.web.server.handler.ExceptionHandlingWebHandler.lambda$handle$0(ExceptionHandlingWebHandler.java:77)
    |_ Mono.onErrorResume → at org.springframework.web.server.handler.ExceptionHandlingWebHandler.handle(ExceptionHandlingWebHandler.java:77)
```

圖 12-5　輕度檢查點的輸出

雖然在最上面列出的檢查點中不再有檔案和行號座標，但其清晰的描述使我們很容易在 `Flux` 組件（assembly）中找到有問題的運算子。

偶爾會有要採用極其複雜的運算子串鏈來構建 `Publisher` 的需求出現。在那些情況下，包含一個描述和完整的回溯軌跡資訊對故障排除可能是有用處的。為了展示一個非常有限的例子，我把用於 `PositionService::getAllAircraft` 的模擬方法再重構了一次，如下所示：

```
//Hooks.onOperatorDebug();       註解掉或移除
Mockito.when(service.getAllAircraft()).thenReturn(
    Flux.just(ac1, ac2, ac3)
        .checkpoint("All Aircraft: after all good positions reported", true)
        .concatWith(Flux.error(new Throwable("Bad position report")))
        .checkpoint("All Aircraft: after appending bad position report", true)
);
```

再次執行 `getCurrentACPositions` 測試會產生如圖 12-6 所示的輸出。

```
java.lang.Throwable: Bad position report
    at com.thehecklers.aircraftpositions.PositionControllerTest.setUp(PositionControllerTest.java:68) ~[test-classes/:na]
    Suppressed: reactor.core.publisher.FluxOnAssembly$OnAssemblyException:
Assembly trace from producer [reactor.core.publisher.FluxConcatArray], described as [All Aircraft: after appending bad position report] :
    reactor.core.publisher.Flux.checkpoint(Flux.java:3261)
    com.thehecklers.aircraftpositions.PositionControllerTest.setUp(PositionControllerTest.java:70)
Error has been observed at the following site(s):
    |_    Flux.checkpoint → at com.thehecklers.aircraftpositions.PositionControllerTest.setUp(PositionControllerTest.java:70)
    |_                    → at com.thehecklers.aircraftpositions.PositionService$MockitoMock$1050388294.getAllAircraft(null:-1)
    |_          Flux.from → at org.springframework.http.codec.json.AbstractJackson2Encoder.encode(AbstractJackson2Encoder.java:178)
    |_   Flux.collectList → at org.springframework.http.codec.json.AbstractJackson2Encoder.encode(AbstractJackson2Encoder.java:179)
    |_           Mono.map → at org.springframework.http.codec.json.AbstractJackson2Encoder.encode(AbstractJackson2Encoder.java:180)
    |_          Mono.flux → at org.springframework.http.codec.json.AbstractJackson2Encoder.encode(AbstractJackson2Encoder.java:181)
    |_          Flux.from → at org.springframework.http.server.reactive.ChannelSendOperator.<init>(ChannelSendOperator.java:57)
    |_                    → at org.springframework.http.codec.EncoderHttpMessageWriter.write(EncoderHttpMessageWriter.java:203)
    |_                    → at org.springframework.web.reactive.result.method.annotation.AbstractMessageWriterResultHandler.writeBody
  (AbstractMessageWriterResultHandler.java:104)
    |_                    → at org.springframework.web.reactive.result.method.annotation.ResponseBodyResultHandler.handleResult(ResponseBodyResultHandler.java:86)
    |_         checkpoint → Handler com.thehecklers.aircraftpositions.PositionController#getCurrentACPositions() [DispatcherHandler]
    |_                    → at org.springframework.web.server.handler.DefaultWebFilterChain.lambda$filter$0(DefaultWebFilterChain.java:120)
    |_         Mono.defer → at org.springframework.web.server.handler.DefaultWebFilterChain.filter(DefaultWebFilterChain.java:119)
    |_                    → at org.springframework.web.server.handler.FilteringWebHandler.handle(FilteringWebHandler.java:59)
    |_                    → at org.springframework.web.server.handler.WebHandlerDecorator.handle(WebHandlerDecorator.java:56)
    |_         Mono.error → at org.springframework.web.server.handler.ExceptionHandlingWebHandler$CheckpointInsertingHandler.handle(ExceptionHandlingWebHandler
  .java:98)
    |_         checkpoint → HTTP GET "/acpos" [ExceptionHandlingWebHandler]
    |_                    → at org.springframework.web.server.handler.ExceptionHandlingWebHandler.lambda$handle$0(ExceptionHandlingWebHandler.java:77)
    |_ Mono.onErrorResume → at org.springframework.web.server.handler.ExceptionHandlingWebHandler.handle(ExceptionHandlingWebHandler.java:77)
Stack trace:
        at com.thehecklers.aircraftpositions.PositionControllerTest.setUp(PositionControllerTest.java:68) ~[test-classes/:na] <35 internal calls>
        at java.base/java.util.ArrayList.forEach(ArrayList.java:1510) ~[na:na] <9 internal calls>
        at java.base/java.util.ArrayList.forEach(ArrayList.java:1510) ~[na:na] <23 internal calls>
```

圖 12-6　帶有描述性輸出的標準檢查點

ReactorDebugAgent.init()

有一種方法可以實現應用程式中所有 `Publishers` 都有完整回溯軌跡的好處（就像使用掛接器所產生的那樣），但沒有使用掛接器時啟用除錯而造成的效能損失。

在 Reactor 專案中，有一個名為 reactor-tools 的程式庫，它包括一個單獨的 Java 代理程式（agent），用來儀器化（instrument）包含它的應用程式碼。reactor-tools 將除錯資訊加到應用程式中，並連接到正在執行的應用程式（它作為其依存關係的那個），以追蹤並產生軌跡，記錄每個後續 Publisher 的執行，提供與掛接器同一種的詳細回溯軌跡資訊，而且效能影響近乎為零。因此，在生產環境中執行反應式應用程式並啟用 ReactorDebugAgent 幾乎沒有任何缺點，而且有很多優點。

作為一個單獨的程式庫，reactor-tools 必須被手動新增到應用程式的建置檔中。對於 Aircraft Positions 應用程式的 Maven *pom.xml*，我增添了以下條目：

```
<dependency>
    <groupId>io.projectreactor</groupId>
    <artifactId>reactor-tools</artifactId>
</dependency>
```

儲存了更新過的 *pom.xml* 之後，我重新整理 / 重新匯入（refresh/reimport）了依存關係以取用該專案內的 ReactorDebugAgent。

與 Hooks.onOperatorDebug() 一樣，ReactorDebugAgent 通常是執行應用程式之前，在應用程式的主方法中進行初始化。由於我將在一個沒有載入完整應用程式情境的測試中進行示範，所以我就像對 Hooks.onOperatorDebug() 一樣，在建構用來演示執行期錯誤的 Flux 之前立即插入初始化呼叫。我還刪除了現在不必要的 checkpoint() 呼叫：

```
//Hooks.onOperatorDebug();
ReactorDebugAgent.init();       // 新增這一行
Mockito.when(service.getAllAircraft()).thenReturn(
        Flux.just(ac1, ac2, ac3)
                .concatWith(Flux.error(new Throwable("Bad position report")))
);
```

再次回到 getCurrentACPositions() 測試，我執行它，得到的是圖 12-7 所示的摘要樹輸出，它與 Hooks.onOperatorDebug() 提供的類似，但沒有執行期的負擔。

```
java.lang.Throwable: Bad position report
    at com.thehecklers.aircraftpositions.PositionControllerTest.setUp(PositionControllerTest.java:67) ~[test-classes/:na]
    Suppressed: reactor.core.publisher.FluxOnAssembly$OnAssemblyException:
Error has been observed at the following site(s):
    |_                    → at com.thehecklers.aircraftpositions.PositionService$MockitoMock$563984815.getAllAircraft(null:-1)
    |_          Flux.from → at org.springframework.http.codec.json.AbstractJackson2Encoder.encode(AbstractJackson2Encoder.java:178)
    |_   Flux.collectList → at org.springframework.http.codec.json.AbstractJackson2Encoder.encode(AbstractJackson2Encoder.java:179)
    |_           Mono.map → at org.springframework.http.codec.json.AbstractJackson2Encoder.encode(AbstractJackson2Encoder.java:180)
    |_          Mono.flux → at org.springframework.http.codec.json.AbstractJackson2Encoder.encode(AbstractJackson2Encoder.java:181)
    |_          Flux.from → at org.springframework.http.server.reactive.ChannelSendOperator.<init>(ChannelSendOperator.java:57)
    |_                    → at org.springframework.http.codec.EncoderHttpMessageWriter.write(EncoderHttpMessageWriter.java:203)
    |_                    → at org.springframework.web.reactive.result.method.annotation.AbstractMessageWriterResultHandler.writeBody
  (AbstractMessageWriterResultHandler.java:104)
    |_                    → at org.springframework.web.reactive.result.method.annotation.ResponseBodyResultHandler.handleResult(ResponseBodyResultHandler.java:86)
    |_         checkpoint → Handler com.thehecklers.aircraftpositions.PositionController#getCurrentACPositions() [DispatcherHandler]
    |_                    → at org.springframework.web.server.handler.DefaultWebFilterChain.lambda$filter$0(DefaultWebFilterChain.java:120)
    |_         Mono.defer → at org.springframework.web.server.handler.DefaultWebFilterChain.filter(DefaultWebFilterChain.java:119)
    |_                    → at org.springframework.web.server.handler.FilteringWebHandler.handle(FilteringWebHandler.java:59)
    |_                    → at org.springframework.web.server.handler.WebHandlerDecorator.handle(WebHandlerDecorator.java:56)
    |_         Mono.error → at org.springframework.web.server.handler.ExceptionHandlingWebHandler$CheckpointInsertingHandler.handle(ExceptionHandlingWebHandler
  .java:98)
    |_         checkpoint → HTTP GET "/acpos" [ExceptionHandlingWebHandler]
    |_                    → at org.springframework.web.server.handler.ExceptionHandlingWebHandler.lambda$handle$0(ExceptionHandlingWebHandler.java:77)
    |_ Mono.onErrorResume → at org.springframework.web.server.handler.ExceptionHandlingWebHandler.handle(ExceptionHandlingWebHandler.java:77)
Stack trace:
        at com.thehecklers.aircraftpositions.PositionControllerTest.setUp(PositionControllerTest.java:67) ~[test-classes/:na] <35 internal calls>
        at java.base/java.util.ArrayList.forEach(ArrayList.java:1510) ~[na:na] <9 internal calls>
        at java.base/java.util.ArrayList.forEach(ArrayList.java:1510) ~[na:na] <23 internal calls>
```

圖 12-7　`Flux` 錯誤導致的 ReactorDebugAgent 輸出。

還有其他一些工具雖然不能直接幫助測試或除錯反應式應用程式，但也有助於提高應用程式的品質。其中一個例子是 BlockHound（*https://github.com/reactor/BlockHound*），雖然它不在本章的範圍內，但它可以成為一個有用的工具，用於判斷阻斷式呼叫是否隱藏在你的應用程式碼或其依存關係中。當然，這些工具和其他工具正在迅速發展和成熟，以提供更多方式來提高你反應式應用程式和系統的水平。

程式碼 *Checkout* 檢查

完整的章節程式碼，請 check out 程式碼儲存庫中的分支 *chapter12end*。

總結

反應式程式設計為開發人員提供了一種在分散式系統中更加善用資源的方式，甚至將強大的規模擴充機制延伸到跨越應用程式的邊界並進到通訊頻道中。對於那些只具有主流 Java 開發實踐經驗（由於其明顯的循序邏輯，這通常被稱為**命令式** Java，相對於通常在反應式程式設計中使用的更為宣告式的做法）的開發人員來說，這些反應式功能可能需要承擔一些不樂見的代價。除了預期的學習曲線（由於 WebMVC 和 WebFlux 平行和互補性的實作，Spring 有助於大大攤平學習曲線）之外，在工具、其成熟度以及測試、故障排除和除錯等基本活動的既定實務面向也存在相對的限制。

雖然相對於它的命令式表親，反應式 Java 開發確實還處於初創階段，但它們屬於同一家族的事實，使得實用工具和流程的開發與成熟速度大大加快。如前所述，Spring 同樣建立在其發展過程和社群內已建立的命令式專業知識基礎上，將幾十年的進化濃縮到現在就可用的生產就緒元件（production-ready components）中。

在本章中，我介紹並詳細說明了開始部署反應式 Spring Boot 應用程式時，可能會遇到的測試和診斷 / 除錯（diagnosing/debugging）問題相關的最先進的技術。然後，我示範了如何在生產前和生產中讓 WebFlux/Reactor 為你工作，以各種方式測試和排除反應式應用程式的故障，並展示了每個可用選項的相對優勢。即使是現在，你也有豐富的工具可以使用，而且前景只會越來越好。

在本書中，我不得不從 Spring Boot 無數的「最佳部分」擇一進行介紹，以提供我希望是最好的 Spring Boot 入門與執行方式教程。還有更多的資訊，我多希望能將本書的範疇擴大一倍（或變為三倍）以介紹它們。感謝你陪伴我走過這段旅程；我希望今後能與你分享更多。祝你在 Spring Boot 的冒險中順利前行。

索引

※ 提醒您：由於翻譯書排版的關係，部份索引名詞的對應頁碼會和實際頁碼有一頁之差。

符號

A

B

bean creation methods（bean 創建方法）, Spring Security, 236
bearer tokens（承載權杖，參見 JWT）
Bills of Materials（參見 BOMs）
BlockHound, 331
blocking vs. non-blocking code（阻斷式 vs. 非阻斷式程式碼）, 179, 186, 298
blue-green deployment（藍綠部屬）, 272
BOMs（Bills of Materials）, 2, 156
builder( ), 238

C

Cache-Control 回應標頭 , 234
checkpoint( ), 327
checkpoints, Hooks.onOperatorDebug( ), 327-330
CLI（Command Line Interface，命令列介面）, 15, 19-21
clickjacking（點擊劫持）, 234
ClientRegistrationRepository, 257, 258
Cloud Native（Paketo）Buildpacks, 287-295
cold publishers（冷發佈器）, 186
Command Line Interface（參見 CLI）
command line（命令列）, 容器映像 , 289-292
CommandLineRunner, 183, 187
communications（通訊，參見 Spring MVC）
configuration（組態，或稱「配置」）, 65-92
    @Value, 67-71, 75, 76
    Actuator, 81-92
    autoconfiguration, 4-5, 47, 79-81
    R2DBC 與 H2, 183
    Spring Boot 外掛 , 287
configure(HttpSecurity http), 246
ConnectionFactoryInitializer, 183
Consumer, RabbitMQ, 161, 162
container images（容器映像）, 285-295
    從命令列 , 289-292
    從 IDE, 288-289
    執行容器化的應用程式 , 292
    檢視用的工具程式 , 293-295
    驗證映像 , 290
Cross Site Scripting（參見 XSS）
CRUD, 51
CrudRepository, 51-56, 108, 115, 127, 140, 148

D

Dark UI toggle, 17
Data Definition Language（參見 DDL）
data 關鍵字 , Kotlin, 127
Data Manipulation Language（參見 DML）
data storage and retrieval（資料的儲存與檢索，參見 Spring Data）
database access（資料庫存取）, 47-62
    新增一個依存關係 , 48-49
    新增程式碼 , 49-56
    autoconfig 預先配置 , 47
    發佈程式碼 , 60-62
    儲存與檢索資料 , 56-60
DataLoader, 61, 120
DbConxInit, 183
DDL（Data Definition Language）, 118, 118, 183
Debugger for Java, 22
debugging（除錯）, 65
declarative approach with Reactive Streams（使用 Reactive Streams 的宣告式做法）, 186
DELETE, 38, 44, 59
deleteById( ), 55
dependency management（依存關係管理）
    資料庫存取 , 48-49
    解壓縮依存關係 , 278-285
    簡化過的 , 1-3
deployment of Spring Boot applications, 271-295
    容器映像 , 285-295
    可執行的 JARs, 272-285
diagnosing and debugging（診斷與除錯）
    Hooks.onOperatorDebug( ), 316-330
    ReactorDebugAgent.init( ), 330-331
dive 工具程式 , 294
DML（Data Manipulation Language）, 118, 118
Docker, 163, 287, 288
Docker Hub, 291
domain class（領域類別）, 31-33, 96
Domain-Driven Design（Evans）, 96
DSL（Domain Specific Language）, 9, 124, 131

E

Early Access（EA）, 10
Eclipse, 21
encoded password format（編碼密碼格式）, 241
encoder（編碼器）, 密碼 , 239

F

G

H

I

J

K

L

M

N

O

P

Q

R

S

T

U

V

W

X

關於作者

Mark Heckler 是 VMware 的軟體開發人員和 Spring Developer Advocate、會議講者、Java Champion 和 Kotlin 的 Google Developer Expert，專注於為雲端計算快速開發創新的生產就緒軟體（production-ready software）。他曾與製造、零售、醫療、科學、電信和金融行業以及各種公共部門組織的主要參與者合作，及時並在預算內開發和交付關鍵功能。Mark 是開放原始碼的貢獻者，也是一個以開發者為中心的部落格（*https://www.thehecklers.com*）和一個偶爾有趣的 Twitter 帳號（@mkheck）的作者 / 策劃者。

出版記事

本書封面上是一隻美洲尖尾鷸（pectoral sandpiper，學名 *Calidris melanotos*）。

作為「草雀（grasspipers）」之一，這些鳥通常在北美的草叢沼澤或濕地中發現，主要是在 Great Plains，在大西洋以東的數量較少。「pectoral（胸的）」這個名字是指雄性尖尾鷸胸前的氣囊，它在飛越凍原時會膨大，這些鳥在那裡度過夏季交配季節。

這些中等大小的水鳥可以透過牠們有大量條紋的胸部和形成鮮明邊界的亮白色腹部來識別。為了在求愛時吸引雌鳥，雄鳥會飛到雌鳥上方，跟著雌鳥到地面，並表演一種精心設計的舞蹈，最後結束時翅膀伸向天空。一旦牠們在凍原上的夏天結束，鷸鳥就會遷徙到南美洲，有些則會到澳洲或紐西蘭過冬。

O’Reilly 書籍封面上的許多動物都瀕臨滅絕；所有的這些動物對世界來說都很重要。

封面插圖由 Karen Montgomery 創作，是來自於《*British Birds*》的黑白雕刻。

Spring Boot：建置與執行

作　　者：Mark Heckler
譯　　者：黃銘偉
企劃編輯：蔡彤孟
文字編輯：江雅鈴
設計裝幀：陶相騰
發 行 人：廖文良

發 行 所：碁峰資訊股份有限公司
地　　址：台北市南港區三重路 66 號 7 樓之 6
電　　話：(02)2788-2408
傳　　真：(02)8192-4433
網　　站：www.gotop.com.tw
書　　號：A674
版　　次：2021 年 07 月初版
建議售價：NT$580

國家圖書館出版品預行編目資料

Spring Boot：建置與執行 / Mark Heckler 原著；黃銘偉譯. -- 初版. -- 臺北市：碁峰資訊, 2021.07
面；　公分
譯自：Spring Boot: Up and Running
ISBN 978-986-502-861-9(平裝)
1.系統程式　2.電腦程式設計
312.52　　110008103

讀者服務

- 感謝您購買碁峰圖書，如果您對本書的內容或表達上有不清楚的地方或其他建議，請至碁峰網站：「聯絡我們」\「圖書問題」留下您所購買之書籍及問題。（請註明購買書籍之書號及書名，以及問題頁數，以便能儘快為您處理）
http://www.gotop.com.tw
- 售後服務僅限書籍本身內容，若是軟、硬體問題，請您直接與軟體廠商聯絡。
- 若於購買書籍後發現有破損、缺頁、裝訂錯誤之問題，請直接將書寄回更換，並註明您的姓名、連絡電話及地址，將有專人與您連絡補寄商品。